住房城乡建设部土建类学科专业"十三五"规划教材

高等学校风景园林（景观学）专业推荐教材

景观设计研究方法

Design Research Methods for Landscape Architecture

王志芳　著

中国建筑工业出版社

图书在版编目（CIP）数据

景观设计研究方法 = Design Research Methods for
Landscape Architecture / 王志芳著. -- 北京：中国
建筑工业出版社，2021.12（2024.3重印）
住房城乡建设部土建类学科专业"十三五"规划教材
高等学校风景园林（景观学）专业推荐教材
ISBN 978-7-112-26652-4

Ⅰ. ①景… Ⅱ. ①王… Ⅲ. ①景观设计—研究方法—
高等学校—教材 Ⅳ. ①TU983

中国版本图书馆CIP数据核字（2021）第193433号

为了更好地支持相应课程的教学，我们向采用本书作为教材的教师提供课件，有需要者
可与出版社联系。
建工书院：http://edu.cabplink.com
邮箱：jckj@cabp.com.cn　电话：（010）58337285

责任编辑：杨　琪　陈　桦
版式设计：锋尚设计
责任校对：姜小莲

住房城乡建设部土建类学科专业"十三五"规划教材
高等学校风景园林（景观学）专业推荐教材
景观设计研究方法
Design Research Methods for Landscape Architecture
王志芳　著
*
中国建筑工业出版社出版、发行（北京海淀三里河路9号）
各地新华书店、建筑书店经销
北京锋尚制版有限公司制版
建工社（河北）印刷有限公司印刷
*
开本：787毫米×1092毫米　1/16　印张：15　字数：302千字
2022年4月第一版　2024年3月第二次印刷
定价：**45.00**元（赠教师课件）
ISBN 978-7-112-26652-4
（38495）

序

　　打开北京大学建筑与景观设计学院王志芳老师所著《景观设计研究方法》，细心品读了前言和目录，粗粗泛读了全文，颇为感动，全然不顾及自己在景观设计学科面前是个外行，欣然敲字写序。鼓起这股勇气的关键之一，是全书充满了"科学"研究的"味儿"。无论自然科学、工程科学还是社会科学，概念准确、逻辑清晰是科学研究的基本前提。立足规划与设计实践的研究，依据前人的学术积累，论述本学科若干概念之间的逻辑关系，给出定性或定量的表述，就可能形成新的原理乃至理论和方法，贡献学术研究的同时更好地指导实践。

　　景观设计研究方法，其主题词是"研究方法"，界定词是"景观设计"。景观设计隶属于工程设计范畴，其研究方法就需遵从工程科学研究方法的共性原则。而景观设计同时具有的工程科学、艺术学和社会科学属性，又决定了景观设计的研究方法必然有其特有的"法则"。景观设计，就"设计功能性"而言，其"约束"条件是较为"宽松"的，即满足使用者室外行为的功能和心理需求即可。但景观所指代的室外空间存在尺度多元以及自身"约束"多维的特性。从微尺度（Micro）环境，到局地（Local）环境，再到区域（Regional）环境，一直到全球（Global）环境；从城市单元的"庭院"，到城镇不同功能小区；从城市和乡村，到河谷、流域、平原、高原生态环境，一直到全球气候变化，对这些不同尺度空间环境的所有"约束"条件，如空气污染防治、城市热岛减缓、城市生态平衡与修复、生物多样性保护、二氧化碳减排和全球气候变暖减缓等等，全都会"落在"景观设计的"头"上。一个景观设计方案，只要有一条关键性约束没有涉及，随时都有可能"出局"。

　　《景观设计研究方法》一书从梳理基本概念说起，以景观设计实践为载体，回应了学界一直以来所关注的一些建筑类学科研究的现状问题、研究对象、研究成果等学科挑战。该书界定了景观设计研究，并将其视为促进设计实践"创新性"以及"科学性"并存的媒介途径；回应了景观设计研究的包括哪些重点领域和特色，景观设计研究寻求如何将科学研究的思维引入设计过程，设计研究如何支持整合项目从策划到施工和维护全过程等常见设计教育与实践中的问题；归纳整理出了景观设计的内在规律及对其他学科的贡献，并利用研究促进设计实践的创新性。

该书具有一系列原创性思考与创新点：1）从跨学科的视角认知景观设计研究。该书从跨学科的角度理解景观设计实践对知识的潜在贡献，剖析设计实践、设计研究与其他学科研究的差异，立足设计实践的独特性做功。2）从设计实践全流程界定设计研究。该书结合设计实践的不同阶段探究如何开始设计研究，让设计实践的每一个环节都成为知识储备的过程。3）从可操作层面介绍景观设计研究。该书以理论、案例、技术流程、使用建议以及自查清单等多种形式逐步引导设计研究的思路以及具体步骤。

我相信以设计实践为对象的设计研究不仅有着基础研究所无法替代的作用，也能更好地指导实践项目的开展，理应吸引更多学者积极加入。通过《景观设计研究方法》一书，希望读者不仅能学习到一些基本的研究思路与分析方法，更为重要的是促使大家一起思考：如何将"科学知识"进行提炼与转化用于设计实践？如何将设计"经验知识"进行归纳与传承指导实践并贡献于跨学科科研以及中国智慧的提炼？并通过积极尝试设计研究，为设计实践提供新的设计视角与途径，进而搭建设计实践与现代科研的桥梁，促进本书作者所倡导的"循证设计"以及"寻解研究"。我期待更多的学者积极贡献于设计研究，以更好地服务于设计实践、服务于跨学科合作、服务于中国设计智慧的提炼。

阅读此书及作者发表其他众多论文得知，王志芳老师早年在北京大学和密歇根大学接受本硕博教育，良好的人文与科学素养，成就了她在人文、艺术和科学的交汇点—景观设计研究与实践方面不断腾跃，今著成此大作，乃多年学术积累之集中体现。非常荣幸有机会为此书写点感想，以为序。

2022年初夏于古城西安

前 言

授人以鱼，不如授人以渔；授人以渔，不等于直接放人下水捉鱼。

如何教会学生及实践者一些基本的研究方法，促使大家开始：将"科学知识"进行提炼与转化，将设计"经验知识"进行归纳与传承，进而为设计实践提供新的设计视角与途径，并搭建设计实践与现代科研的桥梁，是本书的重点。

21世纪的设计变得越来越复杂，越来越综合。人类既要解决环境污染、生态退化以及气候变化等所带来的生态挑战，又要在城市化水平提高的过程中满足人们日益增长的对美好生活的向往。城市更新、乡村振兴、棕地改造以及生态修复等一系列问题，都是跨尺度、跨学科的综合性挑战，需要"创新性"以及"科学性"并存的设计途径。

本书所聚焦的景观设计研究，探索的就是景观设计中创新性与科学性的关系，寻求如何将科学研究的思维引入设计过程，归纳整理出景观设计的内在规律，以及设计学与其他相关学科的关系，并利用研究促进设计的创新性。

基本出发点

授人以鱼，不如授人以渔；授人以渔，不等于直接让人下水捉鱼。

自古而来，国内外的传统学徒制一直是传承技能、习得知识的重要途径。学徒制是在近代学校教育以及现代科学出现之前，师傅带领学徒在做的过程中学习，在"下水捉鱼"的过程中学习"渔"的本领，是一种高度情景化的学习方式。学徒制是"经验知识"传承的有效方式，它在历史上适用于各行各业，直到今天也都依然存在并发挥着作用。然而，在科技高度发展与现代教育为主导的背景下，景观设计的教育既需要思考学徒制的有效性，又需要考虑现代科学的影响，最为关键的三个核心问题是：

1) 在科学与科研高度发达的今天，景观设计如何能够将众多的"科研知识与成果"转化成"渔"之能力？景观设计的尺度与范畴已经开始无限延展，跨学科以及系统综合的需求日益突出，如何在现代科学的语境下，探寻将现代科学转化为设计语汇的方法，值得深入的反思与探索。

2）如何进一步延续"经验知识"的价值，发掘归纳设计过程中经验，并进一步指导设计？当今的景观设计过程变成了一个黑箱，我们只看到原场地的状况，以及或漂亮或华丽的景观结果，但整个设计过程中，设计师的挣扎与智慧，并没有得到有效的整理、归纳以及传播。

3）传统的下水捉鱼过程是缓慢有序、循序渐进的，需要一步步过关。日本米其林三星餐厅的寿司之神就要求10年的煎蛋学徒资格。然而当今的风景园林行业、学科尚未完全自成体系，限制了系统教育以及分阶段管控的有效性。项目太多，使得绝大多数人都沉浸在快节奏的项目任务上，无法进行深入的思考。直接下水捉鱼有时已经成为我们专业实践以及教学的常态。当今专业教育的一大难题，就是如何利用短暂的时间，进行适度的方法提升，避免直接下水捉鱼的盲目性？

本书肯定做不到全方位地授人以渔，但其目的是提供一些适用的捉鱼途径与方法。如何教会学生及实践者一些基本的研究方法，促使大家开始将"科学知识"进行提炼与转化，将"经验知识"进行归纳与传承，进而为设计实践提供新的设计视角与途径，避免直接下水捉鱼的状态是本书的基本出发点以及目标。这本书主要针对景观设计领域承担研究需要面临的多重挑战，填补了基于"实践"的设计研究方法的空白。

内容与框架

本书分为两个部分。第一部分是偏理论层面的思考与分类，包括第1至第8章，主要是论述景观设计研究的特色以及分类思考。通过利用各种案例，向读者展示各种类型的设计研究，并尝试证明设计无论是作为名词还是动词，都可以成为研究的对象，同时景观设计实践的全过程都可以是研究的过程。这部分共分8个章节，第1章是基本概念，第2章重点讨论景观设计研究的内涵，第3章介绍本书对于景观设计研究的分类框架，之后的第4章至第8章，是不同类型景观设计研究的案例。

本书的第二部分主要是实际操作指引，分别在第9章至第15章里逐步展开。从文献资料检索、研究问题界定、文献综述过程，以及数据收集方法等具体操作的层面，一步步引导设计研究的流程。第13章是数据类型，第14章是数据分析方法，第15章是典型研究思路以及研究类文章开展的途径，每一步都有具体的操作建议。本书以理论、案例、技术流程、使用建议以及自查清单等多种形式逐步引导设计研究的思路以及具体步骤。

编写特色

结合风景园林专业特点，本教材的写作追求"深入浅出、言简意赅、图文并茂、为求而不为解"。为了采用图文并茂的形式解释枯燥乏味的理论与研究过程，本书的写作着重于"图示—对比—案例"，以"图示"表达主要理论、科研与问题，以"对比"的形式展示不同研究的方法及其设计贡献，用"案例"支撑并强化读者对研究以及相关问题的理解。

本书的写作还重点探索研究过程以及对于问题解剖的程序，而不是直接归纳总结技术方法以及结果。本书强调的是思维过程，是对于问题的理解以及剖析问题、寻找问题解决之道的途径，而不只是教会学生几个新的数据分析软件、几个程序。

适用对象

如何让实践者和研究者都觉得本书有用，是作者写作过程中的重点考虑因素。本书主要介绍景观设计的研究方法，特别面向研究方法在实践问题上的实际应用。它的重点可能并不是为想学科学研究的学生们提供高深的数理统计逻辑以及科研方法，而是更多地将设计学科的学生以及实践者视为高深科研成果的汲取者，能够有效汲取现有研究成果与设计实践的经验，学会读懂研究并初步介入研究，思考设计与研究的关系。

《景观设计研究方法》是对设计实践以及设计研究的归纳与反思，适用于风景园林、城乡规划及建筑学等专业的设计研究教学工作，能够训练学生对于设计的深层次认知以及循证思维，让学生们掌握景观设计研究的基本思路与方法，是一本能够引导学生们入门并进行适度相关研究应用的教材。本书同时面向管理和建造方面的从业人员，学习如何"循证"设计实践的方法和步骤。书中提供了大量的资料以及快速检索途径，以及相关软件与方法的使用建议，能够为学生和专业人士提供参考。本书扩大了设计的内涵，将规划层面的意义也包含在内。本书以景观设计为主要对象以及案例基础，但同时可以成为其他相关行业借鉴的重要教程。它能够在人才培养过程中启发学生的科学思维，传授正确的研究途径，进而促进学生在设计过程中的批判性以及创作性思考方式。本书应对时代发展，强调设计过程中科学与艺术性的共存，强调跨学科思维的价值与意义，能够为相关设计与研究人员，开拓新的思维与方法体系。

使用建议

本书提供了很多具有实用价值的方法途径、网络链接以及各种自查与互查清单，以方便使用者在实际过程中，迅速找到相关的内容，是一本设计研究实用手册。设计研究包含多样的方法与形式，并可在多元的环境中进行。本书分类成设计问题研究、设计策略研究、过程实施落地研究以及设计成果研究的目的在于，促使大家从设计流程的角度思考研究的方向与可能性。不同部分的详细内容与指引见实用快速检索目录部分。

对于设计从业者的建议是：如果想简单了解行业基本情况可以参考第2~4章；想进一步学会如何科学地认知场地问题，重点看第5章设计问题研究；想了解如何归纳总结自己的设计过程，并提炼成一定的研究成果，请参考第6章的设计策略研究以及第7章的落地实施研究；想理解设计项目建成后的效果，可以参考第8章有关设计结果研究的建议。

对于教师以及研究者，本书能提供较为全面的入门知识。为了清晰地展开不同的内容，本书并没有按照课堂的形式安排章节。但本书的内容可以在一个学期内完成。建议用两次课的时间，重点探讨讲授第1章、第2章。从第三次课开始利用三次课的时间结合学生们的阅读，讨论设计研究的分类以及案例，详细理解第3章至第8章的内容。这个过程可以比较清晰地展示设计不同环节能够产生的研究类型与成果，能够促使那些对研究感兴趣的人，更着眼于与景观设计相关的研究，而不是盲目学习其他SCI或SSCI的架构，直接走入其他领域。之后开始利用7~8周的时间，继续让学生们用边做边学的方式，开展一个独立研究。这个研究的题目可以是一个小的实证研究，或是第6章所介绍的研究归纳，或是第10章里的系统综述。第9章以及第15章的内容可以不用课堂授课，而是在做研究的过程中，参考着用即可。学生不明白的地方，课堂上可以进行讨论。

即便本书提供了一系列的指引以及使用建议，本书同时想要强调：

第一，请不要问什么方法以及什么研究问题是最好的，这在设计研究中是一个伪命题。设计本身就是一个"没有明确好坏、只有相对更好"的过程，设计研究也是如此。任何定义哪一种方式是最好的研究方法的尝试，都是错误的。不同领域的研究者都曾经说过，什么是最好的方法与研究，只有你能够提供哲学答案的东西才可能最有意义和价值[1]（Hill 1981）。对于设计研究而言，由于场地特点以及社会背景的差异，常常只有最适合的方法，没有普适的最好方法。

---

[1] Hill, M. R. (1981) Positivism: a 'hidden' philosophy in geography. In Harvey, M. E. and Holly, B. P. (eds), Themes in Geographic Thought. Croom Helm, London, pp. 38-60.

第二，请不要盲目地像购物一样去挑拣本书所提供的研究方法与研究思路，而是要认真思考何种方法最合适你的研究问题以及研究对象。特别是要通过基本的文献以及项目检索，尝试一定的文献综述过程，最后结合实际需要，选择最合适的研究问题与研究方法。

最后，本书并没有提供明确的分析技术与软件应用，只涉及设计研究的思路以及方向。任何更加深入的研究，特别是和其他学科相接轨的研究，都可以本书为起点，去专门的学科，例如生态学、社会学等，寻求专门的研究设计或研究方法。因为这些常规科学类学科的研究方法是既定且相对成熟的，但却缺乏实践应用的针对性。本书的重点在于强调设计研究和传统科研的差别，以及如何做对设计更有用的研究。

景观设计研究的思路与体系远未完善。本书作为一种尝试，唯愿抛砖引玉，以期与各位同仁共同进一步探索。

目 录

第1部分 理论与案例

第1章 相关概念

> 从C-K理论的视角理解"设计",能够使设计摆脱纯粹经验以及默会式决策,走向一定的逻辑理性。在C-K视角下,设计是理性以及感性的综合体。

理解"设计""研究"的概念,是探讨景观设计研究的基础。本章主要概述了"设计"与"研究"的不同理解方式,并对由设计以及研究组合而成的几个易于混淆的概念进行对比,从而为后续景观设计研究的讨论奠定基调。

1.1 什么是设计?

"设计"有无数种内涵,面向不同的人以及群体可能代表不同的意义。对普通大众而言,"设计"一词可能会让人联想到三种情况:代表一种类型的职业、作为名词的设计以及作为动词的设计。作为名词的设计多指设计创作的结果,即设计产品;作为动词的设计则代表着设计创作的全流程[1];作为职业类型的设计涵盖了前面两种情况,因为职业既要进行设计创作,又要产生设计结果(图1-1)。

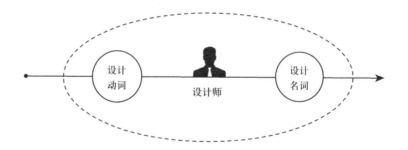

图1-1 人们对设计的联想(王璐、揭华 绘)

学术界对于设计的认识,一直处于百花争鸣的状态。Suh(1990)[2]给出的定义更实用、更面向功能,"设计是功能与设计参数或结构之间的绘像(mapping)过程",这可以通过少量的固定步骤(经典的系统设计)来实现,也可以遵循一个更渐进的过程。还有一些人更强调问题的解决之道,例如Steinitz(1995)[3]认为"设计"作为名词描述的是设计过程的结果,在这个过程中,一个产品(即设计),已经被绘制出来并给出形状,并且在一个积极的

[1] Lee-Anne S M, Robert D B. The relationship between research and design in landscape architecture[J]. Landscape and Urban Planning, 2003, 64(1): 47-66.

[2] Suh N P. The principles of design[M]. Oxford University Press on Demand. 1990.

[3] Steinitz C. Design is a Verb; Design is a Noun[J]. Landscape Journal, 1995, 14(2): 188-200.

决策结果的情况下，可能会被实施；Hatchuel和Weil（2009）[4]认为设计是"对专业性问题的实际解决方案"，设计师从客户那里收到产品（或服务）的"简介"或"规格"，然后提供一些符合这些规格的"建议"或"设计"。还有人更强调创新，认为设计是一个创造事物的过程——创造新事物的形式，有意识地创造以前没有的东西[5]。整体而言，所有人都认为设计很重要，但对其内涵的解释却又因学科以及设计方向而略有变化。设计在大多数情况下被视为一种默会、经验化的问题解决之道。

1.2　设计的C-K理论

景观设计、城市设计、园林设计等相关实践过程的特点是，既有理性分析也有感性决策。因此本书重点介绍一个更适用的设计定义与理论，以有效理解并深度阐释设计过程：C-K理论（图1-2）。C指代概念想法（Concept），K是知识（Knowledge）。

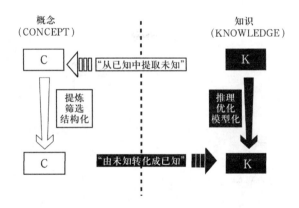

图1-2　C-K理论的基本框架（王璐改绘　来源：Kroll Z, Le)

C-K理论的初稿由阿曼德提出，然后由他与同事共同发展[6]。C-K理论"将设计建模为具有不同结构和逻辑的两个相互依赖的空间之间的相互作用：概念空间（C）和知识空间（K）"。进而认为"设计是一种推理活动，从一个未知对象的概念开始，将其扩展为其他的概念或者新知识，这些扩展出来的知识中，部分特定命题可以被看作是新对象或新知识"。"设计的实用视图和现有

[4]　Hatchuel A, Weil B. C-K design theory: an advanced formulation[J]. Research in Engineering Design, 2009, 19(4): 181-192.

[5]　Fallman D. Why Research-Oriented Design Isn't Design-Oriented Research: On the Tensions Between Design and Research in an Implicit Design Discipline[J]. Knowledge, Technology & Policy, 2007, 20(3): 193-200.

[6]　Hatchuel A, Weil B. C-K design theory: an advanced formulation[J]. Research in Engineering Design, 2009, 19(4): 181-192.

设计理论都将设计定义为所需功能和所选结构之间的动态映射过程。但动态映射对于新的对象和新的知识的产生难以描述,而新对象和新知识是设计的独特功能"。概念虽然用的是Concept一词,但它实际上和创造力(Creativity)有密切关系,因为创造力的本质就是对如何做一件事进行持续不断地改进,从而对生活产生积极改变的一种习惯。C-K理论定义了设计推理规律,并介绍了逻辑延拓的过程,即组织并创造未知事物的逻辑。该理论建立在几个传统的设计理论上,包括系统设计、公理设计、创造理论、一般设计理论和基于人工智能的设计模型……

在C-K理论体系下,设计不再仅仅是一种玄妙的感觉以及个人的经验,设计变成了一种严谨的推理过程,可以习得并成为研究对象。C和K空间包含所有已建立的真实命题(或可用知识)。空间C表示的"概念"是K空间中关于部分未知物体的不确定性命题,即在K中不是真或假。通过设计项目将不确定的命题转化为K中的真实命题,过程中通过设计人员的行动实现C和K的转换。其设计过程可能存在四种情况的转换(图1-3):从老概念到新概念(C-C),已有知识到概念(K-C),概念到新知识(C-K),以及老知识到新知识(K-K)。

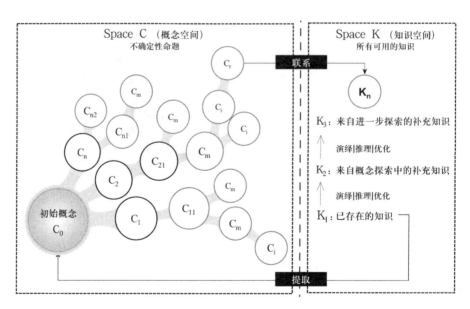

图1-3 C-K理论模式图
(王璐依据Kroll et al.
2014绘)

结合上述思考,本书更倾向于认为"设计既是一种解决专业性问题的手段,又是一种解决专业性问题后所呈现出的结果,其特点是创造新对象或新知识。设计是理性以及感性综合体"。将C-K理论引入景观设计、环境设计、园林设计以及城市设计等相关专业,具有多重意义。

其一,C-K理论的价值与魅力在于其打开了设计过程的"黑箱"(图1-4),不再模模糊糊地界定设计过程以及设计结果,而是尝试建构并讨论设计过程中可能出现的各种情况以及逻辑转化。我们要开始思考设计过程中各种逻辑并考

图1-4 设计过程作为一种黑箱的存在（揭华、王璐 绘）

虑其差异，而不是只讨论前期概念以及最后的成果与效果图。在C-K体系下，设计过程依然具有创新性，但同时具有很强的逻辑性，可以被追踪。设计不再是一个纯粹的艺术经验以及默会式决策，设计变成了一个具有逻辑性的创新过程。

其二，C-K理论有助于我们反思设计过程的现状与问题。环境设计、景观设计、园林设计以及城市设计等一直以来就被认为是科学与艺术的结合体，即使是古代中国传统园林设计以及城市规划过程中，先辈们对地方问题的适应性认知也经由传统经验知识体现在设计过程与结果中。然而，随着现代科技的发展以及学科分类的细化，设计实践操作上的科学性成分常常被无限压缩，无论是大尺度的景观规划，还是小尺度的空间设计，设计行业的很多实践在科学性上常常处于空白或者仅仅停留在理论假设以及科学口号上面的状态，未能真正实现以科学为基础的设计。当今时代，知识很多，但被我们相关行业用的太少，我们专业对于知识的贡献也非常有限（图1-5）。

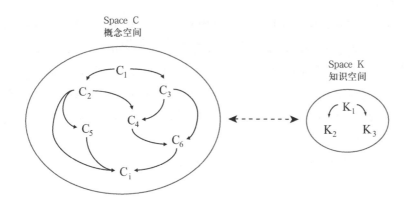

图1-5 点子多但知识少的景观设计现状（付宏鹏 绘）

1.3 什么是研究？

研究的定义也有不同的观点，其内涵可大可小，从科学研究到知识产生的过程都被不同的人定义为研究。Shuttleworth（2008）[7]认为从广义上来说，研

[7] Shuttleworth M. Human rights education: A phenomenological explica[M]. ProQuest Dissertations Publishing, 2008.

究包括任何数据、信息和事实的收集；Creswell & Creswell (2014) [8] 则认为，"研究是通过收集和分析信息以促进我们理解某个话题或问题的过程"。包括三个步骤：提出问题、为回答问题而收集数据和给出问题的答案；Glanville (2015) [9] 认为学术意义上的"研究"指的是对问题的答案进行严格且深入的探索，并发现新的见解。

结合行业特点以及C-K思维，本书更倾向于使用Wang & Groat (2002) [10] 在探索建筑研究时的定义，研究是指"对于知识创造的系统性探究"，直接对应于C-K理论下的知识空间。研究就是在概念生成以及演化的过程中，使用知识并产生新知识的过程，代表着设计实践对于知识的贡献（图1-6）。

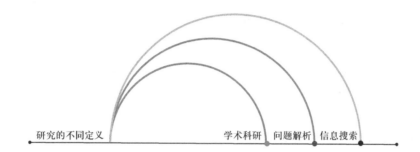

图1-6 研究的不同定义、学术科研、问题解析、信息收集（付宏鹏、王璐 绘制）

研究的不同定义　　　　　　学术科研　问题解析　信息搜索

1.4 研究的四种范式

为深层次理解设计研究的特点，本书介绍四种尝试区分理论与实践的研究范式[11]。美国哲学家和规划理论家唐纳德·舍恩 (2001) [12] 认为，在社会实践（例如，生态实践中规划、设计、建造、恢复和管理以及教育、法律或医学等）的不同领域中进行研究时，学者们需要做出选择——站在理论研究的高地或深陷实践的沼泽低地。在理论高度以及实践应用的思维象限里，共存在四种研究范式（图1-7）。

第Ⅰ象限的研究活动为自然科学家们的纯基础理论研究，该类研究活动与以玻尔（Bohr）为代表的原子物理学家对原子结构的探索活动非常相似，故被称为玻尔象限；第Ⅱ象限被称为巴斯德象限，该象限的研究活动实现了应用目

[8] Creswell J W, Creswell J D. Research design: Qualitative, quantitative, and mixed methods approaches[M]. Sage publications, 2014.

[9] Glanville R. The sometimes uncomfortable marriages of design and research[M]. The Routledge companion to design research, 2014.

[10] Wang D, Groat L. Architectural Research Methods: Birkhäuser-Verlag[M]. UK: Wiley, 2002.

[11] 象伟宁, 王涛, 汪辉. 魅力的巴斯德范式vs. 盛行的玻尔范式——谁是生态系统服务研究中更具生态实践智慧的研究范式? [J]. 现代城市研究, 2018 (07): 2-6, 19.

[12] Schön, D. The crisis of professional knowledge and the pursuit of an epistemology of practice[J]. Counterpoints, 2001, 166: 183-207.

图1-7 四种研究范式
（王璐根据象伟宁等,
2018绘）[13]

标与科学认知目标的结合，是由应用而激发的基础研究；第Ⅲ象限包含仅追求
应用目标而不寻求全面解释科学现象或理论的研究，该类研究与爱迪生从事的
研究相吻合，故被称为爱迪生象限；第Ⅳ象限包含既不考虑一般的解释目的、
也不考虑其结果的实际社会应用的研究，特指那些系统地探索特殊现象的研
究，被称为约翰逊象限。

1）玻尔范式

玻尔范式由美国政治学家Stokes（1997）[14]在其1997年创立的科学研究范
式模型中提出。作为一名纯基础研究的学者，他们坚持基础研究"仅需探寻基
本认识（理论高地问题）而不需要考虑实际使用"的立场。在研究过程中，纯
基础研究者们力图通过遵循科学逻辑得出从属于高地问题（关于科学逻辑的定
义特征和局限性的最新简述，见Sandberg and Tsoukas（2011）[15]）的"纯粹的、
客观的和理性的"知识。

2）爱迪生范式

爱迪生范式是指单纯的应用研究或者行动研究[16、17]。爱迪生范式下的学
者沉浸在实践研究的沼泽低地，"仅仅追求应用目标（实践中问题的解决）而非
探寻某一科学领域中某一现象的一般认识"。应用基础研究者遵循科学逻辑，
坚持通过知识转换过程，将纯基础研究者产生的"纯粹的、客观的和理性的"

[13] 象伟宁，王涛，汪辉. 魅力的巴斯德范式vs. 盛行的玻尔范式——谁是生态系统服务研究中更
具生态实践智慧的研究范式？[J]. 现代城市研究，2018（07）：2-6，19.

[14] Stokes D E. Pasteur's Quadrant: Basic Science and Technological Innovation[M]. Washington, D. C.:
Brookings Institution Press, 1997.

[15] Sandberg J, Tsoukas H. Grasping the Logic of Practice: Theorizing Through Practical Rationality[J].
Academy of Management Review, 2011, 36(2): 338-360.

[16] Smith G J, Schmidt P J, Edelen-Smith et al. Pasteur's Quadrant as the Bridge Linking Rigor With
Relevance[J]. Exceptional Children, 2013, 79(2): 147-161.

[17] Stringer E T. Action Research [M]. Los Angeles: Sage, 2014.

知识应用到"低地问题"的解决中去，甚至是产生可行性解决方案[18、19]。然而，应用基础研究的学者们在论证理论知识的实用性时，常常不得不采取"削足适履"的策略，他们对一些研究问题进行主观臆断以套用现成的理论和技术[18、20]，这些研究问题往往涉及"由于人类认知、社会因素以及管理方法而造成的不确定性、主观性和偏见"[21]。

3）巴斯德范式

巴斯德范式是司托克斯以法国微生物学家路易·巴斯德（Louis Pasteur）来命名的科学研究范式，位于模型中右上角的象限（图1-7）。巴斯德对于创造新知和影响实践都有着浓厚的兴趣，并善于在研究过程中将理论与实践相结合[22、23]。

巴斯德范式下诞生了实践学者（scholar-practitioner）。根据美国管理学家Ed·沙因（EdSchein）的定义[24]，实践学者"致力于创造对实践者有用的新知识"。实践学者被定位在舍恩—斯托克斯模型中的巴斯德范式里，他们对于低地问题和高地问题都保持着研究兴趣，将自身视作致力于实践的"因应用引发的基础研究"学者或简单地视作"实践研究"学者[25]。这一研究过程"既拓展认知的前沿，又考虑到以应用为导向"[22]；实践学者的简要说明见Wasserman & Kram（2009）[24]。

4）约翰逊范式

第四象限命名为约翰逊范式（Johnson's quadrant），以纪念英国历史学者保罗·约翰逊（Paul Johnson）。这是因为他对"现代诞生"前后的研究和知识获取进行了自由探索[26、27]。该范式既不以扩展科学边界认识为目的，也不以

[18] Schön D. The crisis of professional knowledge and the pursuit of an epistemology of practice[J]. Counterpoints, 2001, 166: 183-207.

[19] Xiang W N. Ecophronesis: The ecological practical wisdom for and from ecological practice[J]. Landscape Urban Plan, 2016, 155: 53-60.

[20] Churchman C W. Wicked problems[J]. Management Science, 1967 14(4): 141-142.

[21] Cook B R, Spray C J. Ecosystem services and integrated water resource management: Different paths to the same end?[J]. Journal of Environmental Management, 2012, 109: 93-100.

[22] Stokes D E. Pasteur's Quadrant: Basic Science and Technological Innovation[M]. Washington, D. C.: Brookings Institution Press, 1997.

[23] Smith G J, Schmidt M M, Edelen-Smith P J et al. Pasteur's Quadrant as the Bridge Linking Rigor With Relevance. [J]. Exceptional Children, 2013, 79(2): 147-161.

[24] Wasserman I C, Kram K E. Enacting the Scholar-Practitioner Role An Exploration of Narratives[J]. The Journal of applied behavioral science, 2009, 45(1): 12-38.

[25] Xiang W N. Ecophronesis: The ecological practical wisdom for and from ecological practice[J]. Landscape Urban Plan, 2016, 155: 53-60.

[26] 象伟宁, 王涛, 汪辉. 魅力的巴斯德范式vs. 盛行的玻尔范式——谁是生态系统服务研究中更具生态实践智慧的研究范式? [J]. 现代城市研究, 2018（07）: 2-6, 19.

[27] Johnson P. The Birth of the Modern: World Society1815-1830 [M]. New York: Harper Perennial, 1992.

应用为目的，而是以探讨日常技能与经验为主。这个象限中输出结果为科研成果的例子并不多，毕竟这种无目的的科研实属少数。

1.5 易于混淆的几个概念

本书首先对于"设计""研究""方法"所形成的概念组成进行详细的界定，以明晰不同概念的内涵，进而在后续对其展开有效讨论。主要涉及的概念包括：设计方法、设计研究、研究设计、研究方法。

1）设计方法

设计方法（Design Methods）是一个统称，涵盖用于设计的程序、技术、辅助手段或工具。它们提供了设计师可以在整个设计过程中使用的多种不同类型的活动。常规的设计程序（例如工程图）或一些新兴的设计程序都可视为设计方法。设计方法的共同点是"试图公开迄今为止设计师的私人思想，使设计过程具象化"[28]。在设计过程中，根据设计对象的性质和特点，设计可以依据不同的设计原理和设计程序，采取不同的规范性的程序、技术和工具。

设计方法从大类上讲，可以分为科学主义的设计方法以及基于人本主义的设计方法。基于科学主义的设计方法强调描述性（descriptive），注重理性，强调按照自然科学的方法、技巧、手段、思维来进行设计，解决设计中纷繁复杂的问题，并强调自然科学这一研究方式的唯一正确性，穷尽一切办法，力求达到精确，热衷于将抽象的概念、符号、公式、模型及大规模生产、统一化标准应用到具体的设计中，如：柯布西耶的"新建筑"[29]。基于人本主义的设计方法重视价值规范性（normative），注重经验，强调以人为本，主张运用人文学科的思维、方法来进行设计，强调设计的复杂性和多样性。如：在能源危机背景下出现的"3R"设计方法——Reduce、Reuse、Recycling。

2）设计研究

20世纪60年代以来，为揭示"设计"的内在性质，来自不同领域的学者从哲学、社会学、人类学、心理学、教育理论等不同方向开展了以"设计"为对象的研究工作，逐渐产生了一门相对独立的研究领域，即"设计研究"。设计研究最初是对设计过程的研究，由设计方法的工作发展而来。但这个概念已经扩展到嵌入设计过程中的研究，包括与设计语境相关的工作和以研究为基础的设计实践。这个概念保留了一种概括性，旨在广泛地理解和改进设计过程和实

[28] Jones J C. Design Methods[M]. UK: Wiley, 1980.

[29] 勒·柯布西耶，Le corbusiera. 走向新建筑[M]. 西安：陕西师范大学出版社，2004.

践，而不是开发任何专业设计领域的特定知识。广义来讲，设计研究就是了解与改善设计流程和最终结果的做法。主要应用在产品设计领域，次要领域则可涵盖任何范围，如服务设计，界面设计，环境设计等等专业领域。对于设计研究的定义不同学者有不同的观点，与此同时，"设计研究的本质不只是研究设计本身，更多的是为设计而进行的跨学科研究。同时设计科研的过程是为了搭建设计实践与其他传统科研学科之间的交流桥梁，弥补传统科研的不足，并促进设计实践的科学性"[30]。

结合上述观点，笔者认为，设计研究（Design Research）是以设计为对象或是着眼点的所有研究活动和研究范式，包括作为名词的设计以及作为动词的设计。设计研究是在设计概念生成以及演化的过程中，用到以及产生的各种知识的过程，代表着设计实践对于知识的贡献。设计研究并不局限于"设计"本身，而是同时关注为设计而进行的各种跨学科研究。

3）研究设计

对于"研究设计（Research Design）"的定义，不同的学者有不同的观点，有学者将"研究设计"定义为将研究结果的正确性最大化的逻辑计划，通常等同于研究的结构蓝图，该逻辑计划的概念——研究设计通常也指研究战略，包括某种将经验实际纳入研究的特定方法，从而尽可能明确地回答研究问题；Kumar（1999）[31]把"研究设计"作为一个过程，并把这个过程分为三个阶段：决定研究对象、规划研究内容、开展研究活动。概括而言，研究设计是根据研究内容所设计的研究方案，是将研究结果的正确性最大化的逻辑计划，该方案包括研究问题的制定、实验设计、数据收集和采样、数据分析和报告。

研究设计是开展研究的基础，也是重中之重的思维过程。然而实践类研究学者，常常有一个研究误区，就是通常不了解什么是研究设计，也不知道研究设计的构成，以及哪些研究设计适用于设计类研究。因此，常常忽视研究设计这一流程，直接进入收集数据以及数据分析的过程。对于缺少研究问题和研究思路就进行收集的各种数据，在后续的研究过程中往往并不能真正解答设计实践的疑问并指导实践。不少文章和书籍常常建议，研究需要有定量、定性设计，或一系列的访谈或问卷调查。但定性或定量研究并不是研究设计的本身，而仅仅是所收集数据的类型。同样，访谈或问卷调查也不是研究设计，而只是数据收集的形式。

如何具体地开展景观设计研究的研究设计是一个挑战，因为设计研究可能的重点与方法各有不同。本书将尝试在第11章，对此进行一定的解剖。概括

[30] 王志芳，李明翰. 如何建构风景园林的"设计科研"体系？[J]. 中国园林，2016（4）：10-15.
[31] Kumar R. Research methodology: A step-by-step guide for beginners [J]. Investigación Bibliotecológica: Índice Acumulativo, 1999, 13(27).

而言，本书认为城市规划方向的研究设计，完全适用于我们专业。引用伊丽莎白·A·席尔瓦 等（2016）[32] 的界定，研究方法需要包含6个层面的要素，包括：①研究背景；②研究主旨；③研究目的；④方法论范式；⑤方式方法；⑥数据来源。设计研究要明晰研究背景与主旨以及具体想要达到的目标，确保设计研究的实践性以及实用性，同时要从方法论以及方法方式的层面明确研究的具体过程，并进一步明确数据来源与分析途径。只有这样，设计研究才能真正既有研究意义，又有实践价值。

景观设计研究是一个系统性的探究过程，它既是一个思考的过程，也是一个寻找研究"技巧"的过程，因而需要系统的研究设计。景观设计研究需要我们将观察到的实践现象和问题，与具有操作性的研究技术结合，这个过程需要具备分析和解释技能以及开展系统性研究的能力。研究设计就是一步步思考：研究如何发起、如何聚焦、如何开展、如何分析以及如何撰写的过程。这个过程不仅与知识取向和数理逻辑相关，还受到制度环境和从事特定实践需求的影响。因此研究者应当在研究的早期阶段停下来思考其研究如何一步步细化并展开的具体步骤，特别是如何适应制度环境和场地特色，出于什么目的进行研究以及研究最终试图呈现怎样的成果。

4）研究方法

研究方法（Research Methods），是研究过程中的重要环节，是指根据研究问题、对象、性质等特点，在研究过程中所采取的策略、工具和手段，从而更好地帮助研究进行。研究问题过程中所采用的技术和程序被称为研究方法。它包括进行研究操作的定性和定量方法，例如案例研究、访谈交流、问卷记录等。研究方法可以分为三类：第一类是涉及数据收集的方法。当现有数据不足以解决问题时，将使用此类方法。第二类是分析数据的方法，即识别模式并建立数据与未知数之间的关系。第三类是数据检验的方法，包括检查所得结果准确性的方法。具体方式包括观察、调查、实验，以及上述方法的组合使用等[33]。

研究方法的定义，在一定程度上需要和研究方法论（Research methodology）进行区分。Kampen & Tobi（2011）[34] 认为研究方法论是系统地研究从设计研究项目到报告研究结果的整个研究过程的学科，包括研究方法或技术和研究工具，研究方法基于研究所选的方法论，强调实际用到的研究程

[32] 伊丽莎白·A·席尔瓦，帕齐·希利，尼尔·哈里斯.规划研究方法手册[M].北京：中国建筑工业出版社，2016.

[33] Surbhi S. Difference Between Research Method and Research Methodology [EB/OL]. https://keydifferences.com/difference-between-research-method-and-research-methodology.html, 2018-01-25.

[34] Kampen J K, Tobi H. Social Scientific metrology as the mediator between sociology and socionomy: a cri de coeur for the systemizing of social indicators[J]. Social Indicators Stats Trends & Policy Development, 2011: 1-25.

序、技术。方法论是对各种方法的体系化概括，而研究方法则是具体的执行方式。

5）概念对比

设计方法是设计实践开展的基础，而设计研究是形成设计方法的关键，设计方法也是设计研究的一部分，两者互为补充，互为因果。研究设计是有效推进设计研究的框架性思考，而研究方法则是具体开展研究的执行性程序与过程。研究设计是完成研究问题的计划，而研究方法是用于实施该计划的具体方式。研究设计和研究方法不仅紧密相关，成功的研究设计更可能带来有效的研究成果，而决定研究设计成功的关键之一在于找到合适的研究方法。这几个概念有本质的差别，同时又有关联性。具体的差异见表1-1。

表 1-1：研究设计与研究方法

方面	设计方法	设计研究	研究设计	研究方法
内涵	设计实践的技术途径	为设计实践服务的研究	为研究制定的计划（框架）	研究过程中使用的技术和程序
对象	设计项目	设计对象	研究课题	研究对象
成果	项目方案及问题的解决方法	揭示设计行为、设计思维、设计对象内在的特点和规律	研究计划（框架）	研究成果

1.6 小结

本章的主要作用是在详细探究景观设计研究之前，介绍一些基本的概念，在为后续讨论奠定基础的同时，避免概念上的混乱与混淆。

本章在概述不同学者对于"设计"以及"研究"内涵不同解释的同时，着重强调了两个理论（C-K理论以及研究的四种范式），因为这两个理论和我们专业的实践以及研究更为密切相关。

C-K理论能够将逻辑思维过程带入设计过程，能够使设计摆脱纯粹经验以及默会式决策，打开设计过程的黑箱，使其走向一定的逻辑理性。在C-K视角下，设计是理性以及感性的综合体。

研究的四种范式有助于大家思考：景观设计相关行业的研究到底是应该更强调理论还是更注重应用？在设计越来越跨界、社会越来越复杂的情形下，本书更倾向于认为景观设计相关专业的研究，应该是理论与实践相结合的巴斯德范式，既要有实践价值，又要直接贡献于知识体系的建构。

第2章

景观设计研究

> "几乎所有的建筑师、规划师、景观师，在他们认识到世界运行的规则（即自然过程）以前，应该将他们的双手戴上手铐，并将他们的执照注销"。
>
> "Almost all the architects, planners, and landscape architects should be handcuffed and their licenses taken away until they learn the way the world works"
>
> （伊恩·伦诺克斯·麦克哈格 2006）
>
> 麦克哈格在论述自然过程对于设计师的重要性时，曾以他特有的雄辩语气强调了研究以及知识的重要性。

以前面的基本概念为基础，本章聚焦景观设计研究，尝试从认识论的层面，阐释一下什么是景观设计研究，以及其核心特点。同时探讨景观设计实践与景观设计研究之间的交互关系，并在此基础上对景观设计研究的未来发展趋势进行简单概括。

2.1 什么是景观设计研究？

结合上文对于设计、研究以及设计研究的探索，并综合景观设计行业自身特点，本书认为：景观设计研究是"以景观设计实践为基础，着眼于理论或实际问题，采用或科学或经验的方法，将设计实践过程的经验转化为知识，或是利用已有知识探求设计决策与落地实施的各种过程。它是对设计全流程用到，以及产生各种知识的过程的研究，代表着景观设计实践对于知识的贡献。"

与之前已有的一些讨论相似，本书更多将景观设计研究认定为"实践—知识"的互动研究，它的目的是系统地获取知识并指向特定的设计实践目标[1]。景观设计研究被视为一种创造可验证知识的活动，并能预测或解释设计实践的物理、行为、审美和文化结果[2]。在Stokes（1997）[3]的四种研究范式里，景观设计研究应该更多隶属于爱迪生范式以及巴斯德范式。设计不是凭直觉做出的，而需要以探索、记录、检查和评价（方案分析和比较分析）为基础。我们

[1] Nijhuis S, Bobbink I. Design-related research in landscape architecture[J]. J of Design Research, 2012, 10(4): 239-257.

[2] Chenoweth R, Chidister M. Attitudes toward research in landscape architecture: a study of the discipline. [J]. Landscape Journal, 1983, 2(2): 98-113.

[3] Stokes D E. Pasteur's Quadrant: Basic Science and Technological Innovation[M]. Washington, D. C.: Brookings Institution Press, 1997.

需要从爱迪生范式中提炼知识，同时为了搭建跨学科的沟通桥梁，我们应该更强调巴斯德范式，做既有理论高度又有实践意义的研究。

2.2 景观设计研究、景观设计实践与其他科研的关系

　　景观设计研究有何特殊性？景观设计研究与其他专业的研究有何区别？几乎所有的研究者可能都有此困惑，且常常一开始研究就直接切入到其他领域的研究问题与研究思路，因为其他领域的研究方法以及研究思路相对成熟。定义景观设计研究的特征是个艰难的任务，本书也只是提出一点点看法，供后续的研究者进一步探索，共同思考景观设计研究的特色与核心特征。

　　本书尝试在理解"景观设计实践"与"景观设计研究"以及"现有科学研究"之间区别，以及"景观设计研究"与"现有科学研究"之间关系的基础上，理解景观设计研究的核心特征（图2-1）。

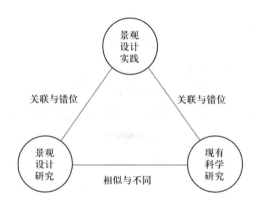

图2-1 理解三者之间的关系是探索景观设计研究独特性的关键

2.2.1 景观设计实践与景观设计研究的分离

　　景观设计行业不能说没有研究，但整体而言，研究和设计之间的联系比较薄弱。国内外业界寻常的理解与做法就是"研究设计"（research on design），即研究已有的设计大师、设计手法以及建成案例，特别是历史上的著名作品以及大师。这类研究本身很重要，能够对专业的发展历程进行基础性的规律总结，并在此基础上提炼一定的理论与方法[4]。这些研究虽具有一定的实用性，能够促进设计实践的发展，但却局限于经验的总结，鲜少能走出自己行业，更

[4] Frayling, C. Research in Art and Design[M]. Royal College of Art Research Papers 1, 1994.

多地推动理论的发展与进步[5]。

与此同时，景观设计研究的执行者多是高校老师或是专门的研究人员，他们由于学科或者自身评估的需求，积极介入到研究过程并发表相应的成果。然而，绝大多数设计实践者基本对于研究没有太多概念，并不积极主动介入研究过程，甚至并不认为研究对于实践有价值。整体而言，景观设计实践与景观设计研究存在分离的现象。

2.2.2　景观设计实践与其他学科研究的错位

景观设计与其他学科之间存在充分交叉，但同时又有本质上的差异。充分认识设计实践与其他学科研究差异，是开展独立性研究的基础。

科学研究与设计实践之间的本质差异，即理论与实践的错位，作为世界性的难题已经受到越来越多的重视。中国国家层面的基本国策，也已经开始倡导"把论文写在祖国大地上"。科技部部长2020年的最新讲话即在倡导如何进行"巴斯德式"的研究，试图寻求理论与实践的有机结合。思考如何解决相关设计实践与其他学科的理论接轨以及互动等问题迫在眉睫。由于景观设计行业涉及的学科多元性，笔者从最为熟悉的生态方向，以生态科学以及生态实践为例，剖析景观设计实践与其他学科科研之间的关系。

笔者认为：生态科研与生态应用实践之间，存在很大的错位，深入理解错位，是思考我们如何做有别于生态学家的研究以及设计实践如何借用生态学理论与研究结论的基础。国外学者多数用"GAP"来界定生态研究与生态实践的差异。GAP直译为差距、缺口或是间隙，但是本书认为"错位"是更好的意译。从生态位的角度讲，"错位"指错开生态位发展，错开竞争，是生物进化的一种自然规律。但自然界虽有生态位错位发展，不同物种的生态位之间仍互有交集，形成一个完整的生态系统。此外，"错位"也指离开原来的或应有的位置。将生态科研与生态实践之间的差异表述为错位，既强调两者应该错位发展，又表明这种错位发展需要互相促进，形成一个有机的互动体系，不能偏离系统各自为政，行无交互。因而，这里将生态科研与生态实践错位定义为："生态科研与生态实践在错开竞争的过程中过度并行发展，彼此之间缺乏应有的互动与交集，从而无法延续整体生态系统完整性，无法实现科研指引实践的现象"。

生态科研与实践错位的相关思考从1990年前后就开始有人提及，但直到2010年左右才逐渐作为世界性的难题，受到越来越多的重视。"生态科研"涵

[5]　Forester, J. 2019. Five generations of theory–practice tensions: enriching socio-ecological practice research[J]. Socio-Ecological Practice Research 2: 111-119. doi: 10.1007/s42532-019-00033-3.

盖广义上的各类生态科学以及相关研究，是和生态相关的各类学术与研究探索的总称。同样，"生态实践"也是一个广义概念，它涵盖对生态进行改变的各种手法与尝试，包括政策、管理、规划、设计以及工程措施等[6、7]。任何对生态环境产生影响的实际行动都可以称为生态实践，大到宏观政策，小到一个地方地形的改造。相对应地，"景观生态科研"以及"景观生态实践"特指以景观为对象开展的各类学术探索以及对生态环境进行改变的实际行动。

近年来，《科学》杂志接连发表了一系列文章谈论生态环境问题中实践与科研的错位及可能的应对建议[8~10]，其他重要杂志也有一些"科研—实践"的探索[11~14]，例如Biotropica在2009年以及Journal of Applied Ecology在2014年都有专辑文章探索生态科研向实践转换的阻力、挑战以及机遇。大多文章试图从理论和实际操作层面对如何解决两者之间的错位给出提议和尝试。整体而言，欧美国家对于生态科研与生态实践错位的研究比较多，其他国家相对较少。

生态科研与生态实践之间的错位存在多方面的表象，学者从不同角度提出了不同的看法。2008年Biological Reviews中的一篇文章[15]综述了122篇相关文章，将两者之间的错位分为两大类：单向（one-way）与双向（two-way）错位。单向错位主要体现在知识产生中的问题（包括碎片化的研究与科研问题、尺度问题、解构主义研究方法、时间周期长、过度抽象复杂等），以及知识传播中的问题（包括相关知识并不为决策者所知、文化差异、盲目使用成果、无效传播等）。双向错位主要体现在两个群体之间的互动不足，认知体系差异以及不同协会组织需求差异等。国内对于该问题的讨论刚刚起步，这种错位被归结为多个层面的差异，如表2-1所示。

[6]　Nassauer J I, Opdam P. Design in science: extending the landscape ecology paradigm[J]. Landscape Ecology, 2008, 23(6): 633-644.

[7]　Xiang W N. Ecophronesis: The ecological practical wisdom for and from ecological practice[J]. Landscape and Urban Planning, 2016, 155: 53-60.

[8]　Briggs S V, Knight A T. Science-Policy Interface: Scientific Input Limited[J]. Science, 2011, 333(6043): 696-697.

[9]　Grimm N B, Faeth S H, Golubiewski N E, et al. Global Change and the Ecology of Cities[J]. Science, 2008, 319(5864): 756-760.

[10]　Nisbet M C, Mooney C. Framing Science[J]. Science, 2007, 316(5821): 56-56.

[11]　Beunen R, Opdam P. When landscape planning becomes landscape governance, what happens to the science?[J]. Landscape and Urban Planning, 2011, 100(4): 324-326.

[12]　Braunisch V, Home R, Pellet J, et al. Conservation science relevant to action: A research agenda identified and prioritized by practitioners[J]. Biological Conservation, 2012, 153: 201-210.

[13]　Opdam P, Nassauer J I, Wang Z, et al. Science for action at the local landscape scale[J]. Landscape Ecology, 2013, 28(8): 1439-1445.

[14]　Wang Z, Tan P Y, Zhang T, et al. Perspectives on narrowing the action gap between landscape science and metropolitan governance: Practice in the US and China[J]. Landscape and Urban Planning, 2014, 125: 329-334.

[15]　Bertuol-Garcia D, Morsello C, El-Hani C N, Pardini R. A conceptual framework for understanding the perspectives on the causes of the science-practice gap in ecology and conservation[J]. Biological Reviews, 2018, 93(2): 1032-1055.

表 2-1：景观生态科研与实践错位的表象

方面	科研	实践
基本原则	可持续发展	
出发点	科研问题	现实问题
预期目标	事实、关系或是理论	地方问题的解决之道
方法	解构、还原主义	整体、场地决策
语汇	数据和统计分析	图纸和白话文字
时间	长期研究	短期决策
不确定因素	控制、回避	直面、恐惧

现代生态科研与生态实践之间存在明显错位，而错位最根本的问题源于生态科研"解构"性与生态实践的"整体"性。生态科研的"解构性"体现在生态学科分类的细化以及研究问题的聚焦性。比如按照所研究的生物系统结构分类，有个体生态学、种群生态学、群落生态学、生态系统生态学、景观生态学，而其应用分支有农业生态学、产业生态学、城市生态学等。生态科研拟解决的问题大多较为明确，比如生物多样性维持、景观格局优化、水质治理、水量控制等。生态科研的解构与细化源于现代科学对于还原主义（Reductionism）的强化，认为复杂系统以及复杂事物可以被化解为小的组成部分来加以理解和描述。而景观生态实践却完全不同，在城市设计、景观规划设计层面，政府管理部门以及设计师面对的问题永远是着眼于某一块场地的"整体"决策，比如滨水公园设计、旧城改造、居住区景观设计、湿地公园规划等。这种以场地为对象的解决途径需要综合考虑多种问题以及采用多种思路。显而易见，单一问题（或单要素）的生态科研以及多种问题（或多要素）混合的景观生态实践之间缺乏有效的沟通与衔接。除却部分与整体之间的差别，景观生态科研与实践还存在多方面的不同，包括其出发点、预期目标、所用语汇、耗费时间以及对于不确定因素的态度等[16, 17]。传统科研的成果一般只在专业期刊上发表，研究问题可能并不针对实践需求，且缺乏具体的景观实践指导建议。分散的成果甚至片段化的成果、晦涩不具实践性的语言以及针对过去以及关系的研究成果进一步限制了生态科研的实践应用可能[18~20]。

景观设计以及城市设计等相关设计行业科学性的匮乏是跨学科交叉的问

[16] 王志芳. 生态实践智慧与可实践生态知识[J]. 国际城市规划，2017，32（4）：16-21.

[17] 王志芳. 图解景观设计实践与现代科研的错位与解决途径[J]. 景观设计学，2019，6（5）：66-71.

[18] Cortner H J. Making science relevant to environmental policy[J]. Environmental Science and Policy, 2000, 3(1): 21-30.

[19] Wyborn C, Jellinek S, Cooke B. Negotiating multiple motivations in the science and practice of ecological restoration[J]. Ecological Management & Restoration, 2012, 13(3): 249-253.

[20] 王志芳，李明翰. 如何建构风景园林的"设计科研"体系？[J]. 中国园林，2016（4）：10-15.

题，是传统科研与设计实践错位的结果，是各个国家普遍存在的现象。强化设计实践与科研的差别，是为了凸显设计研究的价值，同时倡导设计研究作为一个以实践和空间塑造为载体的过程，能够在桥接科研与实践的过程中起到至关重要且不可替代的作用。这种衔接作用需要相关设计专业的研究者以及实践者了解实践问题，看得懂科研文章，但这并不意味着要开始从事传统科研工作。设计专业在多大程度上参与传统科研是仁者见仁，智者见智的事情，但不变的核心，是要看得懂科研内容与成果，并能够将它们整理成设计专业需要的形式。设计研究提出的目的在于将设计科研与传统科研相区分，弥补传统科研的不足，并推进行业的科学性以及独立的学科设计观以及价值体系。

2.2.3 景观设计研究带有许多其他学科的属性

即便景观设计实践似乎和任何一种研究都存在脱节，景观设计研究却与其他学科研究密切相关。概括而言，我们现代研究体系至少存在四种不同的倾向：理科思维下的逻辑实证主义解释途径、文科思维下的现象学与诠释途径、工科思维下的工具理性以及发明创造途径以及艺术思维下的默会与非显性途径。理科思维，例如物理、生态、化学与生物等，多利用实证研究来建立各种逻辑推理，发现并解释各种关系与现象，数理以及定量分析是常态。文科思维，例如社会学、语言学以及历史学等，大都习惯非理性过程，尝试以现象学以及诠释的方式来理解各种问题，非定量的质性分析是常态。而工科思维更多的是将科学和技术原理应用到实践、制造或程序的操作中，以解决对应的问题。一直以来，城乡规划、风景园林等相关学科都在工学门类之下。艺术思维是比较独特的存在，它讲究创意以及非逻辑性、非理性，整个过程可能是"只可意会不可言传"，需要暗自领会。

景观设计研究，由于其设计对象"景观"的复杂性以及设计过程的综合性，可能会综合不同的思维以及不同的方法（图2-2）。景观设计既包含工程

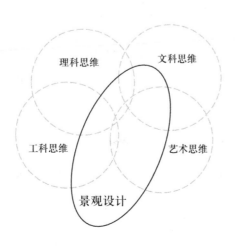

图2-2 景观设计研究与现代科学研究各种思维关系

应用，又可能会涉及理科方向的工作，特别是生态学。同时由于最终设计的景观环境要为人所用，因而又会考虑艺术学的创意以提升成果的美感，并涵盖文科思维方式以加强对产品使用者的理解。景观设计需要借鉴方方面面的知识，与各种不同的思维都密切相关。同时借鉴不同学科的方法与途径不等于完全照搬别的学科的研究，而是要在借用的基础上，形成自己的特色。

2.3　景观设计研究的核心特征

以景观设计实践、景观设计研究以及其他学科研究之间的对比为基础，本节提出景观设计研究的三个核心特征（图2-3）。这三个特征使得景观设计研究有别于其他科研，同时又能直接贡献于景观设计实践。

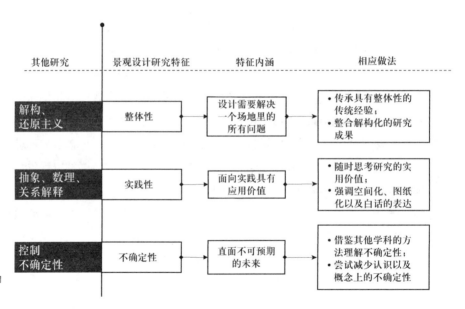

图2-3　景观设计研究的特征、内涵与相应做法

2.3.1　景观设计研究的整体性

设计实践与现代科研最大的错位在于：科研的"解构"性与设计实践的"整体"性。由于现代科学对于还原主义的强化，现代科研具有"解构性"，"认为复杂系统以及复杂事物可以被化解为一系列小的组成部分来加以理解和描述"[21]，这种"解构性"具体体现在学科分类的细化和研究问题的聚焦性上。然而，在城市设计和景观规划设计层面，政府管理部门和设计师面对的问题却是如何制定场地导向的"整体"决策，景观设计实践需要综合考虑多种问题以

---

[21] 王志芳. 生态实践智慧与可实践生态知识[J]. 国际城市规划，2017，32（4）：16-21.

及多种思路[22]，与单一问题（或单要素）的科研相比它具有"整体"性，它们之间缺乏有效的沟通与衔接。

为有效解决现代科研与实践之间在"解构"与"整体"上的矛盾，设计研究一定要强化整体性的研究思路与方法，在能够整合的情况下，尽量避免把问题过度解构。具体的研究思路可能会包括两个层面的整体性思路：传统地方智慧与现代科研系统。

如何研究传统地方智慧并进行现代应用是一个思路。无数研究表明，农耕文明下的生态科研与实践是一体的，是经验主义下的整体决策[23、24]。而现代科学体系以还原主义为基础，景观生态学研究也日益走向细节与解构，各种研究方法越来越多，越来越复杂。经验主义与还原主义之间的关系是对立的还是互补的，传统经验主义在现代生态应用体系下是否尚有其应用价值都亟待进一步探讨。地方生态智慧的研究方法与现代应用途径是在传统经验语境下，以认同整体地方经验为前提，进行的整合性研究。国内外的研究已经发现，世界各地都有很多建立在经验主义基础上的整体生态智慧，例如中国的风水、玛雅人的有机农业体系[25]等。这些地方生态智慧虽行之有效，且是传统文化的有机组成部分，但大多都是以农耕文明为基础的，如何在现代社会有效认知并充分利用地方生态智慧值得深入探索[26]。这类研究可能更多依赖于质性研究与分析途径，例如景观人类学等，并辅以现代科学分析方法进行深化。如何有机结合这些地方生态智慧，将自下而上的整体性经验决策变成设计决策的一部分是一大挑战。景观生态科学的一部分将进一步拓展景观生态学的内涵，引导景观生态学从专家为主的研究走向社会大众的共同决策。

面向实践决策的景观服务关系及影响因素是在现代科学语境下，以接受景观服务可以被解构为不同类型为前提，开展以不同类型服务关系为基础的整合性研究。国内外已有不少研究从协同、权衡以及博弈的角度来探索景观服务抑或生态系统服务之间的关系，这些关系常常是一些数理关系，一般都认为几种服务都高就是协同，一种低一种高就是权衡。与已有研究不同的是，这里所倡导的景观服务关系研究需要面向实践并从实践决策的角度理解这些不同服务之间的关系，例如两种价值都高这对实践意味着什么？是这个地区景观服务特别

[22] 王志芳，沈楠. 综述地方知识的生态应用价值[J]. 生态学报，2018，38（002）：371-379.

[23] Jernigan K, Dauphine N. Aguaruna Knowledge of Bird Foraging Ecology: A comparison with scientific data[J]. Ethnobotany Research and Applications, 2008, 6: 093-106.

[24] Wang Z, Jiang Q, Jiao I. Traditional Ecological Wisdom in Modern Society: Perspectives from Terraced Fields in Honghe and Chongqing, Southwest China[M]. Ecological wisdom, 2019, 125-148.

[25] Findeli A, Brouillet D, Martin S, et al. Research through design and transdisciplinarity: A tentative contribution to the methodology of design research[C]//Focused–Current Design Research Projects and Methods. Swiss Design Network Symposium. 2008: 67-91.

[26] Wang Z, Jiang Q, Jiao I. Traditional Ecological Wisdom in Modern Society: Perspectives from Terraced Fields in Honghe and Chongqing, Southwest China[M]. Ecological wisdom, 2019, 125-148.

好需要重要保护？还是这个地方景观服务存在潜在竞争，需要有效的管理策略来协调？哪些因素可能会导致刚刚提及的两个矛盾性决策思路？这类思考与问题需要和实际场地以及实践需求紧密结合，探索景观服务之间数理关系及背后对应的实践决策关系。

2.3.2 景观设计研究的实践性

设计研究的根本是要服务于设计实践，应该时刻考虑如何将设计实践过程结合进研究过程或是随时问自己"这个研究对实践的价值在哪里"？否则，从事研究的人往往会被问及"那又怎样"。郭湧曾专门强调了设计研究相关性的问题，即设计研究与设计实践的关联性。他认为设计研究面临"严谨性"与"相关性"[27]的矛盾。设计知识的生产过程依赖实践经验的积累，从而具有较强的设计行为主体的主观性和默会性。设计知识积累以及设计研究目的面向的是问题的解决方案，这与科学研究的客观立场、科学实验的系统化方法有一定的区别。如何促使研究的"相关性"更为突出，既能促进学科进步又能为实践提供更多的指导。俞孔坚认为设计研究必须要依托于实践，脱离实践的空泛研究不仅于解决当下的实际问题毫无益处，也使学生们在毕业后无法快速适应社会需求[28]。研究结果在实践中可用是必要条件，研究所获得的知识应具有可在计划、项目或计划过程中实施，进而适用于解决社会问题的作用。虽然它可能只涉及解决一个具体的设计问题，但结果通常并不完全适用于任何一种情况或景观，但它们为设计策略、设计原则和其他环境和类似景观的设计准则奠定基础[29]。

为凸显设计研究的实践性，设计研究的过程以及表达方式应该学习设计实践的语汇，注重"空间化""图纸化"以及"适度白话"。规划设计是空间性的学科，大部分设计研究应该以物质空间为着眼点，发现和解释这些场所的运作方式，同时注重探索不同空间场所之间的关系，并从其他地方学习借鉴经验[30]。此外，设计实践是以图纸为基础的工作，设计实践者常常被称之为"视觉动物"，是能够更快通过"图示与符号"来理解并传到各种复杂关系的人群。为了面向设计实践，设计研究需要考虑适度"图纸化"自己的科研成果，并避免过度的科学术语，通过适度的白话，促进设计研究的实用性转化。

[27] Findeli A, Brouillet D, Martin S, et al. Research through design and transdisciplinarity: A tentative contribution to the methodology of design research[C]//Focused–Current Design Research Projects and Methods. Swiss Design Network Symposium. 2008: 67-91.

[28] 俞孔坚. 实践研究：创新知识和方法的范式[J]. 景观设计学，2020，8（04）：6-9.

[29] Nijhuis S, Vries J D. Design as Research in Landscape Architecture[J]. Landscape Journal, 2019, 38(1-2): 87-103.

[30] Bishwapriya S. Comparative Planning Cultures[M]. Scopus, 2005.

2.3.3　景观设计研究的不确定性

设计行业的最大特点，尤其是规划设计行业，永远是在有限的时间以及有限的数据下，面对无限的未来可能做决策。在不确定中做决策是我们的特长。我们善于也必须"摸着石头过河"。这是其他科学行业，例如医药产业所不能容忍的。设计实践是一个动态、弹性的过程，具有不确定性，设计研究必须面对设计实践的不确定性，开展对应的探索以更好地应对实践需求。

不确定性的原因很多，例如多数城市和景观设计涉及的利益主体多元，充满不确定性[31、32]。利益主体的不确定性使得设计研究需要考虑不同利益主体的需求以及潜在博弈。与此同时，设计的核心是面向未来。Wang和Groat[33]在对比设计和其他研究的差异性时提出：设计是面向未来的决策，而绝大多数科学研究是针对过去或者是现在的，两者之间存在本质的区别，我们在做设计研究时，一定要考虑到未来发展的可能性，并把对未来的建议变成设计研究的有效组成部分。

如何面对不确定性进行研究尚有待进一步的探索。可以像规划学科一样，考虑如何通过研究减少概念的不确定性和认知的不确定性。规划的目标和方式常常存在的不确定性是概念的不确定性[34~36]。这种不确定性要通过详细探讨不同利益相关群体的关系，进行系统分析，进而减少其影响。而要对规划方案进行正确的评判往往也缺乏实践中的数据来支撑，这就是认知的不确定性[37、38]。认知上的不确定性可以通过加大力度的跨学科合作以及数据积累来进行弥补。与此同时，我们还可以借鉴生态学等相关学科对于

[31] Dronova I. Landscape beauty: A wicked problem in sustainable ecosystem management?[J]. Science of the Total Environment, 2019, 688: 584-591.

[32] Davison A, Patel Z, Greyling S. Tackling wicked problems and tricky transitions: Change and continuity in cape town's environmental policy landscape[J]. Local Environ, 2016, 21(9): 1063-1081.

[33] David W, Linda G. Architectural Research Methods[M]. Birkhäuser-Verlag, 2002.

[34] Jessop W N, Friend J K. Local government & strategic choice: an operational research approach to the processes of public planning[J]. Administrative ence Quarterly, 2014, 15(3): 386.

[35] Rolf B. Testing Tools of Reasoning: Mechanisms and Procedures[J]. APA Newsletter on Philosophy and Computers, 2007, 7(1).

[36] Simon H A. Models of bounded rationality: Empirically grounded economic reason[M]. MIT press, 1997.

[37] Faludi A. A decision-centred view of environmental planning[M]. Elsevier, 2013.

[38] Davoudi S. Evidence-based planning: rhetoric and reality[J]. disP-The Planning Review, 2006, 42(165): 14-24.

不确定性的研究，例如研究方法上的不确定性[39, 40]，或是景观风险的不确定性[41~43]。

设计研究是面对动态的社会和自然挑战，不断创新思想、理论、方法和技术的必由途径，对于景观设计和城乡规划设计学科而言尤其如此。说到底，规划设计实践本身就是针对某一个或一组问题，寻求最优解的研究过程。面向未来挑战的原型研究成果将不断拓宽景观设计学科的发展路径，为设计师及相关领域的学者提供更具前瞻性的设计思路和更有弹性的工作方法，以促使我们更好地适应充满不确定性和挑战的未来[44]。

2.4　景观设计实践与研究之间的互补

即便我们一再强调景观设计研究的重要性，我们也要意识到设计实践与研究之间，原则上应该存在多元关系：可以完全独立，可以有一定关联，也可以几乎完全重合。随着设计强化重点的变化，设计与研究之间的关系会发生转移。Milburn和Brown（2003）[45]认为研究与艺术灵感两者都渗透在整个设计过程中的每一个阶段，因为对待两者的方式不同，可以区分出不同的设计模式：艺术模式、直觉模式、适应模式、分析模式以及系统模式。不同的模式之间存在一个由感性到理性的梯度，艺术模式更偏感性设计，而系统模式更偏理性决策。

在不同的设计模式下，设计实践与研究之间的关系也存在很大的差别。艺术模式下的研究独立于设计理念。研究是对设计的潜在限制，过多地研究会导致创造力的丧失。但研究在这个模式中有它的一个作用：设计者可以获知被用于评估、排序、评判、改变理念的有用的信息。直觉式模式下，研究信息被吸收于设计理念中并激发理念产生。研究为设计提供信息，但在创造性设计过程中使用时必须经过重大改变。适应式模式里，研究先于设计理念的产生并为理念所吸收，研究激发设计理念，设计理念是研究的另一种表达，它保留了其所

[39] 陈建军，张树文，郑冬梅. 景观格局定量分析中的不确定性[J]. 干旱区研究，2005，(01)：63-67.

[40] 于贵瑞，王秋凤，朱先进. 区域尺度陆地生态系统碳收支评估方法及其不确定性[J]. 地理科学进展，2011，30（1）：33-45.

[41] 付在毅，许学工，林辉平，王宪礼. 辽河三角洲湿地区域生态风险评价[J]. 生态学报. 2001，21（3）：365-373.

[42] 彭建，党威雄，刘焱序，宗敏丽，胡晓旭. 景观生态风险评价研究进展与展望[J]. 地理学报，2015，70（4）：664-677.

[43] Neuendorf F, von Haaren C, Albert C. Assessing and coping with uncertainties in landscape planning: an overview[J]. Landscape Ecology, 2018, 33(6): 861-878.

[44] 俞孔坚. 实践研究：创新知识和方法的范式[J]. 景观设计学，2020，8（04）：6-9.

[45] L, S, M. The relationship between research and design in landscape architecture[J]. Landscape and Urban Planning, 2003, 64(1-2): 47-66.

基于的信息的形式和内容。研究是设计方法的中心：它有意识地促使设计理念产生、设计理念与研究发生转换。分析模式中研究根据场地的问题和项目的关注点被诠释，与设计中的问题相互作用。系统模式下，研究决定设计理念，理念是把研究贯彻到综合复杂的场地的一种传导工具。这些模式都进行设计前的研究，这有助于设计师了解类似的场地或者得到潜在的解决方法；适应式、分析式、系统式方法有意识地在设计中利用研究；所有的模式都利用研究对解决方案进行评估、优先排序、判断及改变。总的来说，在设计中引入研究可以令设计过程更为理性和客观，并且不丧失创造性和综合性，研究还可以为作为设计内在组成部分的个性与规则提供更大的灵活性[46]。

　　对于景观设计领域而言，设计实践（包括规划、设计和工程以及维护和建设）是有意进行的景观变更[47]，研究是应用科学的方法探求景观设计领域存在的各种问题答案的一种过程，着眼于理论或实际课题，通过系统地收集数据、分析数据，进而获得有意义的研究结论。设计实践和研究之间也可能存在着的多元和复杂的关系，但整体而言，设计实践与研究完全独立的状态可能存在，但却不适用于绝大多数场所。本书更倾向于认为，景观设计实践与研究之间应该至少存在关联性关系，在局部设计实践中也可能是完全重合的关系，即图2-4所示的关联状态或是重叠状态。强化设计实践与研究的互动与关联，是系统解决复杂以及抗解问题的关键，进而实现：循证设计（evidence-based design）以及循解研究（problem-driven research）。以问题为导向的，以探索问题解决之道为目的的研究称之为循解研究。

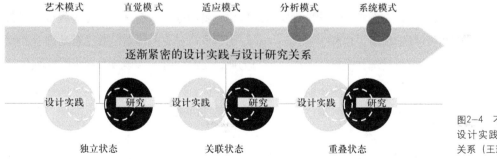

图2-4 不同设计模式下设计实践与研究之间的关系（王璐 绘）

[46] L, S, M. The relationship between research and design in landscape architecture[J]. Landscape and Urban Planning, 2003, 64(1-2): 47-66.

[47] Nassauer, J. I. and P. Opdam. Design in science: extending the landscape ecology paradigm[J]. Landscape Ecol, 2008, 23: 633-644.

2.4.1 景观设计实践为什么需要研究？（图2-5）

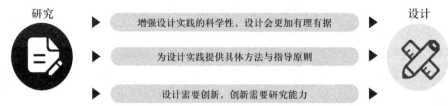

图2-5 研究对于设计实践的价值（尚珍宇、王璐 绘）

研究 ▶ 增强设计实践的科学性，设计会更加有理有据 ▶ 设计

▶ 为设计实践提供具体方法与指导原则 ▶

▶ 设计需要创新，创新需要研究能力 ▶

1) 增强设计实践的科学性，设计会更加有理有据

风景园林等相关学科都是艺术与科学的结合体，然而科学的成分在实践中常常被无限压缩。强化研究，可以把科学带到艺术当中，使设计更具科学理性。城市化的快速发展深刻改变着人居环境，当下的景观设计实践面对着社会、文化、生态等一系列综合复杂甚至从未面临过的问题，单纯靠过往传统的经验已无法满足设计实践需求。风景园林专业作为一门综合协调的学科，与其他学科有着紧密的联系，涉及交叉学科的研究，诸如水文学、大气科学、景观生态学、自然地理学以及环境心理学等。研究（尤其是交叉研究）通过找出实践问题相关方面的科学理论与方法依据，以科学严谨的思路理清前因后果，帮助做出合理的科学性决策[48]。通过这些研究可以保证景观设计专业的规划、设计以及管理决策能够以事实为基础，进行有理有据的科学性决策[48]，促进设计实践的科学性。

2) 为设计实践提供具体方法与指导原则

从C-K理论看，研究是一个能够起到综合整理设计实践概念，并将其转化成知识，进而指导后续设计实践的作用。就中国现状而言，设计实践目前存在设计经验很多，但鲜少有人归纳整理的状态，已有的错误以及已有的进步都没有被有效整理并进行广泛的交流与沟通。与此同时，大多数人进行设计项目时又会开始提出很多所谓的新思路以及新方法，但这些新思路与已有设计方法之间的关系也鲜少有人梳理。研究的作用是能够把设计实践转化成知识，特别是具体的设计方法与指导原则。

研究的介入可以提炼设计实践的价值，通过对已有的设计师、设计手法以及建成案例等进行研究，我们能够对专业的发展历程进行基础性的规律总结，并在此基础上提炼一定的理论与方法[49]，这些理论与方法可以有效指导我们后续的景观设计实践。如朱育帆通过拓延文物保护的3种策略（整旧为新、整旧

[48] Deming M E, Swanffield S. Landscape Architectural Research: Inquiry, Strategy, Design[M]. Wiley, 2011.

[49] Frayling C. Research in Art and Design[M]. Royal College of Art Research Papers 1, 1994.

如旧、新旧并置）提出三置论，形成一套景观设计的方法策略，为涉及文化议题的设计实践具体操作提供清晰明确的指导和建议。它表明在设计活动介入之前，设计者就应理清选择哪种具体方法与指导原则。

3）设计需要创新，创新需要研究能力

创造性以及创新能力一直是设计业界所强化的核心所在。然而创造性的设计思维不等于"拍脑袋"，以及"凭空想象"。人的思维是有等级以及差异性的，创造性是最高级的思维模式，而该思维模式需要研究能力作为支撑。

为有效推进创新，美国教育体系中流行一个概念：HOTS（Higher-order thinking skills），即高阶思维能力。该方法是一种学习分类法，是Bloom [50] 在1956年的著作《教育目标的分类法：教育目标的分类》中创建的。概括而言，人的思维可以被分为6大类，且呈现出一个金字塔式的分布形式：记忆、理解、应用、分析、修改和创造。低阶思维技能（LOTS）（Lower-order thinking skills）涉及记忆、理解等基本能力，而高阶思维需要应用并分析这些知识。该思维金字塔将批判性思维技能与低阶学习成果（如死记硬背）区分开来。HOTS包括综合、分析、推理、理解、应用和评价，进而进行创造。低阶思维技能容易被绝大多数人习得，而创造性却在金字塔尖，需要一系列高阶思维能力支撑。这其中就包含分析以及评价技能，而分析和评价恰恰是设计研究的基本形式。

将高阶思维能力（HOTS）和景观设计行业的实践相结合，我们可以轻易看出匠人和大师的区别。如图2-6所示，匠人所在的思维高度是需要记忆、理解并应用相关知识，而要想达到创造性的层面，设计大师需要有分析、评价的

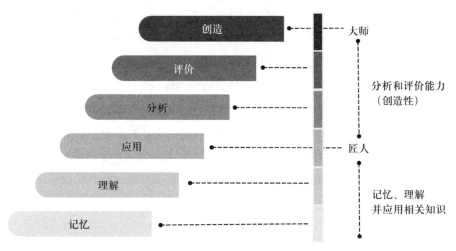

图2-6　高低思维阶梯以及"匠人"和"大师"所在的位置。他们之间的差距就是分析以及评价能力（王璐依据Bloom的理论绘制）

[50] Bloom B S. Taxonomy of educational objectives: the classification of educational goals[M]. D. McKay, 1956.

研究技能，知其然并知其所以然，才能站在巨人的肩膀上成功，才能实现创新。研究能力以及研究性思维是促进创新的基础所在。

诚然，本书提及的高阶思维能力可能并不适用于一些大学，比如专科类学校、职业高中等。然而即便是做一个匠人，也是需要一定的理解力以及因地制宜的应用能力，这过程中也需要一定的研究能力，才能把看到的以及学到的，用得恰如其分。

带着研究想法以及高阶思维能力，设计业界可以极大地避免盲目模仿现象。盲目照搬照抄的一个原因是缺乏思考与理解，不明就里，因而只能原样照搬，将别人的研究或者成果当成"基本导则"与"基本原理"来应用，或者原本照抄别人的设计形式以及设计效果。设计不仅仅是一个技术的过程，更是思考的过程。

2.4.2　景观设计研究为什么需要设计实践？

图2-7　设计实践对于研究的价值（尚珍宇、王璐 绘）

1）设计实践为研究提供问题与方向

传统科研中所有科研问题都由科学界提出、实践中许多亟待解决的问题没有受到科研重视[51]，而设计实践可弥补这一不足，通过为研究者提供反馈，定义科学研究重点与科研方向。实践过程中遇到的种种实际问题可以为研究提供丰富且具有现实意义的选题。设计实践中产生或发现的问题可作为研究的主题或动机，启动一个新的研究过程，催生新的研究课题[52]。如在开发中无法说服开发主体在高地价商业区设置商业公共空间时，对商业公共空间价值（特别是经济价值）的定位与评估则为亟待解决的问题，并催发商业广场价值评估体系、开发需求估算模型等研究课题。研究成果形成反馈可用于指导公共空间开发与设计实践。部分学者在探索如何让实践决定研究重点时，尝试了以下步骤：调研梳理各类问题；专家或公众等对问题重要性、迫切性进行排序；统计

[51]　Deming M E, Swanffield S. Landscape Architectural Research: Inquiry, Strategy, Design[M]. Wiley, 2011.

[52]　付喜娥. 风景园林研究与设计教育关系初探[A]. 中国风景园林学会. 中国风景园林学会2013年会论文集（上册）[C]. 中国风景园林学会；中国风景园林学会，2013；360-362.

分析确定核心问题及亟待解决问题[53]。

与此同时，实践可以促使研究变得更符合实际需求、更实用。美国著名教育学家舍恩将专业实践分为"高硬之地"和"低湿之地"，当下各个专业领域的研究受到科技理性实证主义认识论的影响[54]，往往追求标准化、统一化、确定性，对应"高硬之地"这一层次的实践情境和目标，但对于规划设计这类实践工作而言，它们则是专业实践中的"低湿之地"，往往充满着"复杂性、模糊性、不稳定性、独特性和价值冲突"，是实践的"不确定地带"[55]，以景观设计实践过程为例，设计师们要从场地基本现状出发，综合考量当地文化背景和社会环境等因素，创造满足使用者不同需求的场所，同时要注重对特定文脉和记忆的传承。这个过程充满了显性的实际问题和隐形的价值冲突，单独依据科技理性的实证主义认识论来解决实际实践过程中遇到的问题，可能会缺乏指导意义。及时收集实践过程中遇到的复杂问题，并反馈给研究者，就能够为后续调查和研究提供了方向，对于完善研究成果和提高研究的可实践性具有不可替代的意义。在解决行动差距中的一些挑战方面，实践本身可以是创新的。实践和科学可以共同发展和实现创新，以达到最有效的效果。

2）设计实践是开展研究的场所

设计实践常常是研究者开展实证研究、田野调查（所有实地参与现场的调查研究工作，也称"田野研究"）的场所。"田野"一词通常包括实践的环境，如开放空间、被访问者生活场所等[56]。田野是相对于学术机构而言的，是实验室之外的研究。绝大多数研究所聚焦的物质空间环境，在一定程度上都是设计实践的结果，只要是野外的研究，都可以与设计实践发生关联。设计实践在这类研究中的价值，以及如何促使这些田野研究进一步得出对设计有参考和指导意义的信息值得深入探索。

与此同时，设计实践过程本身也可以成为研究的场所。例如，田野调查作为人类学学科的基本研究方法论，在一定程度上可以介入景观设计实践与研究，通过开展田野调查，设计师们可以充分感知场地中人与环境的联系，尽可能地克服自身认识的局限性，对事物构建全面而真实的认识。通过设计实践进行研究不仅完全可能，也是十分可行的。设计实践本身也为研究活动提供了除文献分析、实验等方法外的新研究方式，这可以为研究提供新的知识，并帮助

[53] Palmer M A, Menninger H L, Bernhardt E. River restoration, habitat heterogeneity and biodiversity: a failure of theory or practice?[J]. Freshwater Biology, 2010, 55: 205-222.

[54] 康晓伟. 论舍恩反思行动的教师实践性知识思想[J]. 外国教育研究，2014（04）：14-20.

[55] Schön D A. The reflective practitioner: How professionals think in action[M]. New York: Basic Books, 1983.

[56] 慕晓东. 阐释、自治和互设：景观设计与理论之间的3种关系[J]. 风景园林，2018，25：115-121.

研究人员发现实践中迫切需要解决的问题，明确科研重点[57]。进一步地，科学家可以通过参与设计提高研究的针对性与有效性，与设计师共同创造并更新知识[58]。这需要研究人员真正做面向实践的研究，以获得可供有效利用的"整体性"的知识，而非仅仅面向论文发表开展研究。

3）设计实践作为研究的对象

设计实践可以直接作为研究的对象，可分成已完成和正在进行两大类。对于已完成的设计实践作品，如果被一致认为影响深远或对社会做出重大贡献，并被认为对学术研究具有深远意义，可直接成为研究对象。研究对设计实践的成功性与合理性进行评判，通过对比、评价、归纳研究建成的设计项目，形成此类项目建设标准与框架或形成设计理论具体指导设计。同时，这些研究如何对人居环境，以及人类社会产生影响，也都可以成为研究的重要对象与方向。

对于正在进行的实践，人居环境学科领域强调研究目的是指导"在实践中做什么"，重点更多地在于以证据为基础的策略制定和研究的"影响"[59]。大学中的研究者，完全可以活跃在一些咨询项目中，或者与企业和政府部门合作，积极探索实践过程中的研究内容。研究者可以研究用户、设计者在设计过程中的挣扎、设计实践中的问题，也可以记录设计实践的真实过程。研究者可以跨越专业以及学科背景，承担不同的角色，积极地在实践中创造更具实用价值的研究。

4）设计实践检验研究结果的有效性

由于技术条件等限定，研究可能基于某一假定或对复杂的现实情况进行简单概括模拟，结果可能会出现偏差和不准确。设计实践则为研究成果提供试验场，在多因素作用下的现实中检验研究的合理性与有效性，帮助研究反思误差缘由和改进思路，引导知识的变化发展和拓展。

同时，绝大部分研究可能是基于某一特定场地展开的，将这类研究成果进行设计实践应用，可以测试研究结果的普适性，并在此基础上提炼更多的研究发现，拓展研究成果的落地性以及研究成果的适用性。

[57] L, S, M. The relationship between research and design in landscape architecture[J]. Landscape and Urban Planning, 2003, 64(1-2): 47-66.

[58] Nassauer J I, Opdam P. Design in science: extending the landscape ecology paradigm[J]. Landscape Ecology, 2008, 23(6): 633-644.

[59] 伊丽莎贝特·A·席尔瓦，帕齐·希利，尼尔·哈里斯，等. 论规划研究的技巧[J]. 国际城市规划，2018，01（v. 33；No. 163）：105-114，146.

2.5　景观设计研究现状与未来

　　本书主要从四个群体的关系来阐述景观设计研究的现状与未来：景观研究者、景观设计者、景观使用者以及其他学科的研究者。和景观相关的群体很多，但这四个群体与景观设计研究的关系最为密切。如图2-8所示，本书把景观设计研究的现状及未来发展趋势概括为一个由"分离"到"互动"再至"融合"的一个过程。

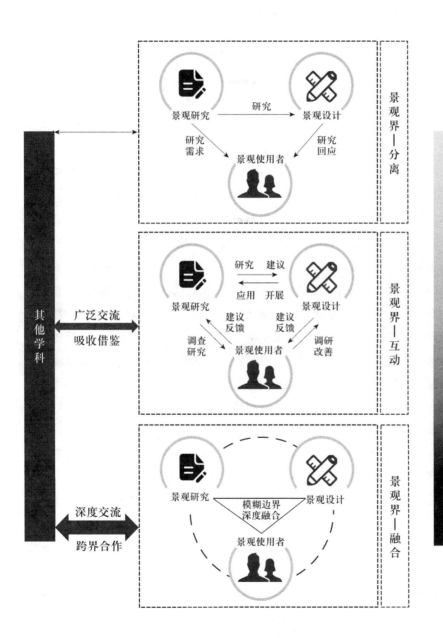

图2-8　景观设计研究的现状以及未来发展趋势：分离—互动—融合（唐金潼、王璐 绘制）

2.5.1 现状景观设计研究

国内外的相关设计行业，包括景观设计以及城市设计等，其研究目前整体存在多元分离的状态。景观研究、景观设计、景观使用者以及其他学科的研究者之间未能紧密的结合，无法形成互相促进的良性关系，这种分离往往导致我们面对复杂的实践问题时，难以形成具有科学性的、基于事实基础的有效决策。

1）景观内部研究、使用与设计的分离

现状景观设计的"分离"主要体现之一就是：研究、设计和使用三者之间的联系比较薄弱。前面已经提及景观设计研究多以案例以及史论为主，缺乏与现代科学的接轨。与此同时，研究和设计对于使用者的关注也是分散零星的，有的设计会强化使用者的需求，有的则没有。特别是在国内，使用者基本无法介入设计过程，或者在场地设计之初，周边是一片空地，根本无法考虑使用者是谁。使用者的诉求与希望在设计中的价值并没有体现。

研究、设计实践以及使用者互相高度分离的状态，是掣肘许多职业学科（professional degrees）发展的核心问题。过度分离的现状使得针对实践进行研究并提取理论与方法成为一大难点。历史上，多数行业的技术都是通过师徒制传承的。20世纪开始，各种行业都开始陆续转变为以高校为基础的教育形式，包括医学、工程和测量等专业[60]。英国的规划和建筑在20世纪早期首次成为大学学科，但实践和学术知识的关系在很长一段时间内并未被理顺。英国杂志《规划理论与实践（英文）》以及美国的《美国规划学会杂志（英文）》和《规划教育与研究杂志（英文）》以及《景观杂志（Landscape Journal)》都在倡导如何从实践中提炼学术知识，且是规划界和景观界公认的重要杂志，但他们的影响因子却相对较低[61]。同时还有很多规划设计相关的文章都发表在引用量更高的专业的、跨学科的期刊上[62]。这既是杂志定位问题，也部分表明规划设计行业实践的相关研究如果过度考虑读者的需求，可能会降低其学术价值。同时我们内部的互相引用以及强化研究的机制并没有得到有效实施。国内的不少杂志期刊也是如此，考虑到读者对非科学性以及实用性的要求，各大期刊无法放弃实践项目的刊发，也不敢过度加大研究文章的比例。期刊的挣扎集中体现了不同群体之间的分离：自说自话，自提自己的要求。

与此同时，研究者、使用者与设计者的分离会直接导致积累性知识的断代

---

[60] 伊丽莎白·A·席尔瓦，帕齐·希利，尼尔·哈里斯. 规划研究方法手册[M]. 北京：中国建筑工业出版社，2016.

[61] Goldstein H, Maier G. The Use and Valuation of Journals in Planning Scholarship: Peer Assessment versus Impact Factors[J]. Journal of Planning Education and Research, 2010, 30(1): 66-75.

[62] Webster, C. Commentary: On the Differentiated Demand for Planning Journals[J]. Journal of Planning Education & Research, 2011, 31(1): 98-100.

与不连续，进而引起行业的衰弱。国内外传统的师徒制虽以经验为基础，但其积累性知识会在实践中被一代代人传承，按部就班，却也循序渐进地自成体系。现代科学语境下，多元分离的状态使得针对设计实践的研究处于片段、零散的状态，缺乏循序渐进式的发展与转变，思想以及知识存在不连续以及不系统性。这个发展过程也会有进展与创新，然而诚如伊丽莎白·A·席尔瓦等 (2016) [63] 所言，这样发展也许能创造出新的车轮，且新轮比旧轮更圆可能不是一个大问题，但由于思想的碎片化与不连续性，有的新轮会更有棱角，更有问题。碎片以及片段化的研究无法真正帮助设计实践者产生更加高效以及合理的设计决策。多元分离的群体所导致的碎片与零星研究已经成为掣肘专业发展的关键。

2) 与其他学科研究者的分离

与其他学科相关知识库的微弱联系，也是掣肘规划设计领域发展的一大问题。伊丽莎白·A·席尔瓦 等 (2016) [64] 曾提及前英国首相戈登·布朗在就任英国财政大臣时，问过：规划能促进还是阻碍经济的增长？显然，规划师可能无法直接回答这个问题，因为绝大多数的规划师并没有这方面的知识储备，也没有在规划设计中从这一方面思考。

与其他学科研究者的分离，集中体现在设计科学性的缺乏。前面已经讨论了景观设计实践与其他科研之间的错位。设计面临的问题具有综合性的特点，然而实践过程却依然强调艺术化设计或者头脑风暴式的设计决策，即缺乏对场地问题的有效认知，也基本没有了解现有的各种研究成果[65]，而其他学科的研究者对于知识的实用性研究也完全缺乏兴趣[66]，其成果也更多地分散在专业期刊中，语言晦涩，难以为一线的规划设计者工作者所采用[67]。与此同时，一个更大的挑战是，设计相关专业即要参与到这些交叉研究当中，又要进一步界定我们在其中的作用，以及我们作为一个独立学科与专业在交叉研究中的价值。如何建立良好的跨学科交叉关系以及"设计实践—交叉研究"相互作用是一大挑战。

跨学科合作在城乡规划以及景观规划设计过程中亟待提升。新时代城市发展背景下，社会以及技术状况越来越复杂，城市及景观的未来也越来越不确定。而社会问题、生态问题等各种挑战因其多维度性与不明确性，注定也无

[63] [64]　伊丽莎白·A·席尔瓦，帕齐·希利，尼尔·哈里斯. 规划研究方法手册[M]. 北京：中国建筑工业出版社，2016.

[65]　王志芳. 生态实践智慧与可实践生态知识[J]. 国际城市规划，2017，32（04）：16-21.

[66]　象伟宁，王涛，汪辉. 魅力的巴斯德范式vs. 盛行的玻尔范式——谁是生态系统服务研究中更具生态实践智慧的研究范式？[J]. 现代城市研究，2018（07）：2-6，19.

[67]　王志芳，李明翰. 如何建构风景园林的"设计科研"体系？[J]. 中国园林，2016（4）：10-15.

法用单一的学科或专业来解决[68]。这就为跨学科研究以及跨学科合作创造了需求和机会。风景园林专业作为一个综合协调的学科，不能回避与其他学科的关系，这是为何最近国际业界开始倡导另外一种设计研究思路，"为设计而研究"（Research for design）。这类科研是交叉学科的研究，会涉及其他行业如水文学、土壤科学、景观生态学、地理学以及环境心理学等。参与这些交叉研究的关键是找出相关方面的科学理论与方法依据，以确保风景园林专业的规划、设计以及管理决策能够以事实为基础，进行有理有据的科学性决策[69]。随着中国走向新型城镇化、生态文明以及"海绵城市"建设，风景园林的科学性也将会变得越发重要，因为绝大部分和生态有关以及"以人为本"的问题都需要以科学严谨的思路，理清前因后果，有理有据地决策才能真正地解决实际问题与客观需求。

2.5.2 景观设计研究未来走向

多元分离的状态是现代科学还原主义（Reductionism）的必然产物。即便我们认识到这其中的各种问题，但任何改变都不可能一蹴而就、立竿见影。因而本书建议未来可以分两步走，逐渐改变现有的各种问题与挑战：先是强化不同群体之间"互动"，进而走向"融合"性发展。

"互动"的过程强调加大不同群体之间的沟通力度。景观研究者更多考虑如何系统提炼设计实践者的实践过程，转化成一定的积累性知识，并进一步把相关知识反馈给设计实践者进行使用。景观研究者还应该通过一定的技术途径，深入理解景观使用者的状态与需求，并将其整合纳入知识体系进而传递给设计实践者。此外，设计实践过程也应该充分考虑使用者的需求以及使用者的经验，尽量让使用者也能逐渐成为设计实践的一个重要参与者。与此同时，加大与其他学科的交流力度，并互相吸收借鉴经验，也是互动的重要环节，以及拓展跨学科合作的关键。

"融合"是最佳的结果，也是很难实现的状态。传统师徒体系下，研究者和实践者是合而为一的，且需要运用综合的经验形成积累性知识的传承。未来相关设计行业的最佳状态，也是如此，所有的实践者都能够做研究，而所有的研究者也都参与到实践过程。使用者也是如此，越来越多的国外专家开始将规

---

[68] Klein J T. Interdisciplinarity and complexity: An evolving relationship[J]. E-CO Special Double Issue, 2004, 6: 2-10.

[69] Deming M E, Swanffield S. Landscape Architectural Research: Inquiry, Strategy, Design[M]. Wiley, 2011.

划设计实践者称之为"辅助人员"，而使用者是规划设计的实际执行者[70]。使用者在一定程度上，只要体系建构完善，是可以逐步参与到实践过程的。当然，融合过程的重中之重，是如何实现与其他相关学科的深度交流，实现真正的跨界合作与融合。

当不同群体之间的界限趋向模糊之际，不同的参与者可能都开始疑惑，特别是设计师，可能会开始惶恐自己的作用与价值在哪里。然而角色的模糊并不代表着价值的缺失。恰恰相反，设计师的作用依然重要，且能够在将具体设计能力以及设计需求汇集成协作设计过程中发挥核心作用[71]。设计师会更加成为创新过程的驱动者和推动者，利用设计技能提升其他参与人员的设计能力，进而促进协作式设计成果的升华。

无论是互动还是融合，未来景观设计研究的最大趋势是跨学科拓展。通过向使用者和其他学科拓展，可以将设计和研究两者进行联系，改善目前相关群体多元分离的问题，从而进一步明确景观设计的核心特色和独特优势。

1）跨学科拓展

跨学科研究可以理解为跨越、超越或者介于不同学科边界之间的研究。同时这种跨越的边界不仅涉及科学领域，也包括实践领域。跨学科研究的目的是通过将不同学科的知识连接起来并对其进行有效整合，以应对复杂的现实问题，并对其有一个全面的认识（Nicolescu，2002）。

自20世纪70年代起，有关现代科学的反思逐步开始盛行，还原主义的科学世界似乎不能解决所有社会需求与问题，跨学科研究在此过程中被视为一种创新模式[72]。跨学科研究主要是为了应对科学世界以外的难题，即需要科学家与拥有实践经验的专家合作共同克服的难题[73]。这些难题一般具有复杂性与不确定性，受到社会、技术、经济、价值观以及文化等因素的交叉影响。当出现的问题具有争议性，且明显不属于某一个领域，或存在较大不确定性时就需要跨学科研究。跨学科研究的价值与目的就是通过将不同学科的知识连接起来并对其进行整合，从而对这个世界或其所面临的各种挑战有更加全面的认识[74]。跨学科研究能够拓展学科范围以及学科间交叉的研究内容，同时也需要研究者

[70] Wang Z, Tan P Y, Zhang T, et al. Perspectives on narrowing the action gap between landscape science and metropolitan governance: Practice in the US and China[J]. Landscape & Urban Planning, 2014, 125: 329-334.

[71] Manzini E. Design When everybody designs[M]. Cambridge: MIT Press, 2015.

[72] Hadorn G H, Hoffmann-Riem S, Biber-klemm W, et al. The emergence of transdisciplinarity as a form of research[M]. Netherlands: Springer Houten, 2008.

[73] Godemann J. Promotion of Interdisciplinarity Competence as a Challenge for Higher Education[J]. Journal of Social Science Education, 2006, 5: 51-61.

[74] Nicolescu B. Manifesto of transdisciplinarity[M]. New York: Trans. K-C. Voss. SUNY Press, 2002.

们不断调整或改变其研究方法以适应不同学科的碰撞以及研究问题的变化。科学家与学术界内外的实践者之间进行合作，是跨学科研究的重要过程。跨学科研究已经被运用到各个领域，例如参与性规划、设计、环境评估以及政策制定等[75~77]。

　　跨学科研究存在不同的研究模式，本书将其简单概括为三大类，这三大类也可是被视为是进行跨学科研究与合作逐步深化的过程，主要是交叉学科（interdisciplinary）研究、多学科（multidisciplinary）研究以及跨学科（transdisciplinary）研究。交叉学科研究多指研究的领域或者运用的方法处于自己学科范围以外，但是很多内容还与所属领域相关，例如利用雨洪径流模型模拟场地径流并进行规划设计、利用大数据的方法研究景观感知等，都是典型的交叉学科研究。交叉学科研究涉及的学科或者领域可能相对简单，且不同学科之间只是借用关系，没有太多互动。多学科研究会将彼此独立的多种学科进行整合，将关注的研究话题在不同学科中同时进行研究，进而形成思想碰撞，并发现更多有趣的结论以及更加全面有效的问题解决途径。这过程中各学科保留各自的方法与观点，研究者们进行合作而非互动[78]。最容易理解的一个案例是医学，一个病人可能需要不同专业的会诊，产生一个最有效的诊疗方案。城市与景观规划设计过程中的很多问题，原则上也应该像医学一样，形成基于多学科（生态、社会、经济等）的问题诊断途径与解决思路。跨学科研究的最佳以及最理想模式是将若干学科的方法实现交互运用，并实现跨专业的积极有效互动，推进一个全新的能够面对复杂问题的交叉学科解决方案与方法体系[79~82]。

　　跨学科研究的有效推进依赖于很多实际的考虑，其实施依然困难重重。其一，如何依据问题的不同，不断转换思路，探索具备路径敏感性和环境特定性

[75] Scholz R W, Hberli R, Bill A, et al. Transdisciplinarity: Joint Problem Solving Among Science, Technology, and Society? an Effective Way for Managing Complexity[M]. Birkhäuser Basel, 2000.

[76] Antrop M, Rogge E. Evaluation of the process of integration in a transdisciplinary landscape study in the Pajottenland (Flanders, Belgium)[J]. Landscape & Urban Planning, 2006, 77(4): 382-392.

[77] Hadorn G H, Hoffmann-Riem, Biber-klemm W et al. The emergence of transdisciplinary as a form of research[M]. Netherlands: Springer Houten, 2008.

[78] [82] Augsburg T. Becoming Interdisciplinary: An Introduction to Interdisciplinary Studies[M]. Kendall Hunt Publishing Company, 2016.

[79] Funtowicz S O, Ravetz J R. A new scientific methodology for global environmental Issues[M]. New York: Columbia University Press, 1991.

[80] Nicolescu B. Manifesto of transdisciplinarity[M]. New York: Trans. K-C. Voss. SUNY Press, 2002.

[81] Jessop B, Sum N L. On pre- and post-disciplinarity in (cultural) political economy. [J]. Economie et Société-Cahiers de l'ISMEA, 2003, 39: 993-1015.

的跨学科过程[83]。跨学科研究必须能够不断调试方向并应对地方需求差异。其二，跨学科研究重要的环节是要平等对待来自不同领域的参与者，无论是科研人员还是实践人员，都应该放下身段求同存异，共同探索最佳的研究方案与路径。这一过程在当今中国的实施过程中面临较大阻力，这是因为不同学科有各自的话语体系以及权威感，科研人员常常会想："你们这些搞实践的懂什么叫研究吗"，而实践者也会想："你们这些研究有什么用？"目前唯学术论文的评价体系需要逐步改变，高校及研究机构要认识到实践的价值[84]。而实践者也要认识到科学的价值，不能把学科的实践性变成忽视科研以及科研价值的借口。如何建议一种有效沟通以及合作机制是一大挑战。其三，如何切实实现"理论—实践"的有效对话，以及如何将"约定俗成、基于经验的知识"与"系统化的、基于实证的研究"整合起来均亟需解决。本书尝试将实践中的经验提炼成系统化的结论，以更好地与现代科学接轨，进而形成有效互动（图2-9、图2-10）。

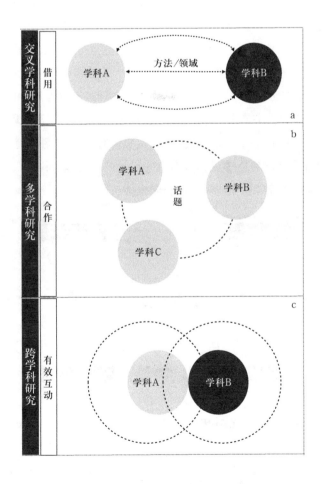

图2-9　跨学科研究的不同模式（a\b\c）（王璐 绘制）

[83] Miciukiewicz K, Moulaert F, Novy A, et al. Problematising Urban Social Cohesion: A Transdisciplinary Endeavour[J]. Urban Studies, 2012, 49(9): 1855-1872.

[84] 俞孔坚. 实践研究：创新知识和方法的范式[J]. 景观设计学，2020，8（04）：6-9.

图2-10 跨界鄙视链
(王璐 绘)

　　跨学科研究需要协调各种利益相关者和从业者的角色定位，且随着项目重心以及目的的不同，不同人员的定位会有所改变。然而在开展并参与跨学科研究之前，更为重要的是，我们设计从业者需要思考我们的定位是什么。物质景观环境是所有变化的载体，景观是一个设计的过程与媒介，而不仅仅是设计的结果，所有变化都必须经由景观设计过程实现。将设计与研究的关系上升到理论层面并和传统生态科研接轨的早期主要文章是琼·纳索尔和保罗·奥普德姆在2008年发表的"科学中的设计：拓宽景观生态学的范畴"[85]。该论文一经发表就广受科研以及实践行业的关注。其基本的论点就是将设计融入科学，设计应该是景观生态科学的重要组成部分，设计师应该是科学研究的主要参与者[86]。如图2-11所示，科学研究自成体系，但设计能够成为其中的重要组成部分。在各种城市建设决策与实践过程以及科学研究之间，设计过程本身是一个重要的界面，是打通科研以及物质景观真实变化的桥梁。以此为基础，后续一些探索都围绕景观如何能够成为城市生态设计的媒介以及过程[87、88]，以及在景观尺度，如何构建能够指导实践的科学框架与过程而展开[89]。

图2-11　设计作为科学与景观变化之间的界面
（王璐依据Nassauer et al. 2008绘）

[85] 王志芳，李明翰. 如何建构风景园林的"设计科研"体系？[J]. 中国园林，2016（4）：10-15.

[86] Nassauer J I, Opdam P. Design in science: extending the landscape ecology paradigm[J]. Landscape Ecology, 2008, 23(6): 633-644.

[87] Musacchio L R. The grand challenge to operationalize landscape sustainability and the design-in-science paradigm[J]. Landscape Ecology, 2011, 26(1): 1-5.

[88] Nassauer J I. Landscape as medium and method for synthesis in urban ecological design[J]. Landscape and Urban Planning, 2012, 106(3): 221-229.

[89] Ahern J. From fail-safe to safe-to-fail: Sustainability and resilience in the new urban world[J]. Landscape and Urban Planning, 2011, 100(4): 341-343.

在我国社会经济以及城市化进展快速发展的当下，越来越多、越来越复杂的建设问题要求多个学科的协同与合作。本书强调：设计研究的本质不只是研究设计本身，更多的是为设计而进行的跨学科研究。同时设计研究的过程是为了搭建设计实践与传统科研学科之间的交流桥梁，弥补传统科研的不足，进而促进设计实践的科学性[90]，并带动跨学科实践的可能性。

2）向使用者拓展

向使用者拓展原则上来说，是跨学科的一部分，但为凸显其重要性，强化其在设计研究以及设计实践中的作用，本书单独展开介绍。概括而言，非学术人士的参与是跨学科的一个重要特征，在实践或者研究过程让相关从业者与外行使用者介入，是确保研究具有科学性以及实践意义的重要环节[91]（图2-12）。

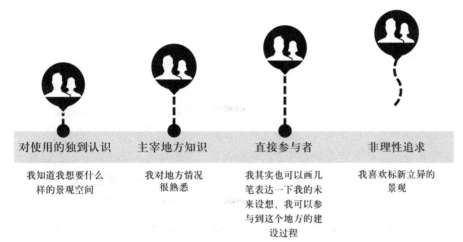

对使用的独到认识	主宰地方知识	直接参与者	非理性追求
我知道我想要什么样的景观空间	我对地方情况很熟悉	我其实也可以画几笔表达一下我的未来设想、我可以参与到这个地方的建设过程	我喜欢标新立异的景观

图2-12　使用者在景观研究与实践中的作用（王璐 绘）

其一，使用者对问题有独到的基于使用的认知。使用者是最直接的产品接触者，对问题进行更深入的理解不可避免地需要向从业者以及使用者咨询。特别是在中国的城市化已经达到50%以上，城市已经开始由增量发展，走向存量更新的过程中[92]，如何针对使用者的使用需要开展相应的研究并提炼规划设计问题，是非常迫切且重要的时代议题。与此同时，整体城乡环境所体现的问题也正趋向复杂化，抗解问题（wicked problems）需要更深层面地介入利益相关者，从而形成有效的解决方案。基于使用者的问题认知具有更大的普适性、针对性以及有效性。

[90] 王志芳, 李明翰. 如何建构风景园林的"设计科研"体系? [J]. 中国园林, 2016 (4)：10-15.

[91] Tress B, Tress G, Valk, et al. Interdisciplinary and Transdisciplinary Landscape Studies: Potential and Limitations. Netherlands: Wageningen, 2003.

[92] Wang, Z. Evolving landscape-urbanization relationships in contemporary China[J]. Landscape and Urban Planning, 2018, 171: 30-41.

其二，使用者是地方知识的主宰者，如何跨界拓展地方知识，并将其融入规划设计过程是跨界思维的重要过程。地方知识是当地人与长期居住的环境密切互动，形成的改造和管理地方景观的独特文化和特色体验，是地方人长期延续的生存方式[93]。地方知识在国外的很多领域都日益受到重视，并被运用到设计和研究过程中。例如Eidinow（2016）[94]就撰稿讨论了神话故事中所承载的生态智慧，及这种智慧对于现代生态规划设计的意义。概括而言，地方知识可以有四种价值：作为背景知识、提供基础数据、提供未来方案以及参与生态管理[95]。国外已有很多研究与实践都对地方知识进行了全方位的应用，但总体来说国内研究基本集中于对地方知识的现状描述，在深入层面的研究以及实际应用层面呈现急剧下势。仅有少数人开始尝试将地方知识真的融入研究以及实践过程，例如将地方知识融合到安全格局过程的探索[96]。与地方知识相类似的一个流行概念是公民科学（civic science），泛指基于大众产生的各种信息开展的研究。如何正确认知并有效将地方知识或是公民科学融入设计研究，是未来发展的重要环节。

其三，使用者也不仅仅是一个被采访者或者被动参与者，在一定的环境下，使用者可以是研究或是实践的直接参与者。在欧美体系下，公众参与是规划设计决策的重要组成部分。在一定程度上，公民素质的提升以及对地方景观理解的加强，可以使大众逐步成为规划设计的决策者，而规划师设计师在其中的角色可以逐渐弱化为规划设计的辅助人员，帮助地方人做决策[97]。在这样一个协作过程中，科学与治理之间的界限变得模糊。以地方景观和使用者为基础，整体决策和对不确定性的适应都可能因此而变得更高效[98]。类似的过程在中国也开始有一定的尝试。例如国内同济大学教师刘悦来、华南理工大学教师何志森、盖娅设计工作室创始人高健等人都在积极探索如何强化公众参与，促进社区营造[99]。在跨学科领域，非学术型的终端使用者可以远远超越信息来源的价值，并在研究与实践进程中产生一定影响。这才是跨界的终极成果。

诚然，对使用者潜在能力的强化也并不意味着设计研究与实践需要完全听

[93] Geertz C. 地方性知识——阐释人类学论文集[M]. 北京：中央编译出版社，2003.

[94] Eidinow E. Telling stories: Exploring the relationship between myths and ecological wisdom[J]. Landscape and Urban Planning, 2016, 155: 47-52.

[95] 王志芳, 沈楠. 综述地方知识的生态应用价值[J]. 生态学报，2018, 38（02）：371-379.

[96] 衡先培, 王志芳, 戴芹芹, 等. 地方知识在水安全格局识别中的作用——以重庆御临河流域龙兴, 石船镇为例[J]. 生态学报，2016, 36（13）：4152-4162.

[97] Nassauer J I. Landscape as medium and method for synthesis in urban ecological design[J]. Landscape and Urban Planning, 2012, 106(3): 221-229.

[98] Belfrage K, Tengö M. Local Management Practices for Dealing with Change and Uncertainty: A Cross-scale Comparison of Cases in Sweden and Tanzania[J]. Ecology and Society, 2004, 9(3): 301-303.

[99] 刘悦来, 尹科娈, 葛佳佳. 公众参与协同共享日臻完善——上海社区花园系列空间微更新实验[J]. 西部人居环境学刊，2018, 33（04）：8-12.

从使用者的需求，因为使用者可能是非理性的。一个典型的案例就是当今社会以及设计行业对于"网红"的追求。网红是流行审美的集中体现，它满足了使用者对于标新立异的幻想，但具有网红效益的设计，并不一定是一个很好的设计[100]。设计研究与实践需要以实际需求为出发点，既顺应时代发展变化的需求，又秉承设计初心；既倾听并融合使用者的声音，但又不能盲从。

本章要点总结

1）基本概念辨析与深层次理解：设计、研究、设计方法、设计研究、研究设计、研究方法；

2）理解景观设计实践与研究之间的关系；

3）理解景观设计研究的现状与未来。

推荐课堂作业

详细阅读第1章以及第2章之后，推荐学生们结合知名设计大师的设计实践进行深层次的思考。并用一堂课的时间讨论对比奥姆斯特德（Frederick Law Olmsted）（1822—1903）、麦克哈格（Ian Lennox McHarg）（1920—2001）、彼得·沃克（Peter Walker）（1932—），詹姆斯·科纳（James Corner）（1968—）、玛莎施瓦茨（Martha Schwartz）（1950—）等，归纳他们在概念以及知识空间里的差异，进而理解我们专业的特色。思考以下问题：

他们的设计概念是如何产生的？

他们的设计概念是来应对什么问题的？

他们的设计需要什么样的知识？

在他们的设计实践里，设计概念和知识之间的关系是什么？

他们体现了我们专业怎样发展的趋势？

---

[100] 罗璇. 从网红经济的视角看未来景观设计的发展趋势[J]. 城市建设理论研究（电子版），2019（06）：33-34.

第3章 景观设计研究分类

景观设计实践的每一个环节都可以进行研究。

　　本章尝试对景观设计研究进行细化，依据景观设计实践的特点，把研究和实践的关系进行适当的逻辑归类。

　　本章首先介绍了已有研究对于景观设计研究的各种分类，之后综合各位学者的意见，尝试从三个维度对景观设计研究进行分类。①从哲学层面分成认识论或是方法论；②在方法论里面结合设计过程分成四种类型：设计问题研究、设计策略研究、实施落地研究以及设计结果研究。③在每一种类型里，强调设计目标，即设计力求实现的"社会—生态"的状况。

　　对景观设计研究进行归类的主要目的是凸显景观设计研究的多元性，并强调景观设计实践的每一个环节都可以进行研究。此外，归类还能促进景观设计研究的可操作性。这就如同后面第10章研究问题里所探讨的"大概念"以及"可操作变量"之间的差别。如果仅仅在景观设计研究大概念的层面讨论研究，它会是一个笼统而又默会的现象，因为涉及的东西太多显得无处下手。把景观设计研究进行分类与细化，就能够从实践项目的每一个流程出发，探索C-K（概念—知识）如何互动并指导实践，以及如何在每一个环节产生新的知识。与其他学者们一样，本书认为设计的每一个环节都能够成为产生对实践有用的知识，设计实践本身就是知识产生的重要途径[1, 2]。

3.1　已有景观设计研究分类

　　设计研究与景观设计研究在国内外已经有不少的探索，概括而言，这些探索在对景观设计研究分类上，呈现两大核心趋势：基于设计过程的分类理解以及基于设计认知的分类理解。

3.1.1　基于设计过程的分类理解

　　从设计过程的角度对设计研究进行分类是一种本能的考虑，因为只有研究贯穿设计实践全过程，设计研究才会更实用并具有实践价值。

　　一个典型的例子是Lee-Anne等人的研究，他们对8名风景园林教育者进行了深入访谈，并对北美所有风景园林教育者进行了邮寄调查。通过归纳总结不

[1]　Schn D A. The Reflective Practitioner: How Professionals Think In Action[M]. Basic Books, 1984.

[2]　N. Designerly Ways of Knowing[M]. Springer London, 2007.

同的意见,认为研究包含在设计过程的三个阶段:设计前、设计中、设计后[3]
(图3-1)。设计前主要是信息收集并产生艺术灵感,设计中主要是探究理念并
对理念进行评估,设计后是进行绩效评价。

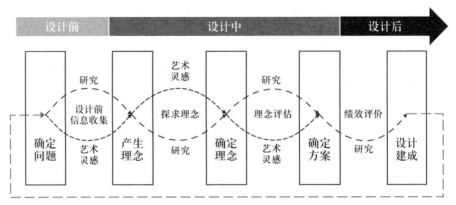

图3-1 研究贯穿设计全过程(来源:黄志彬、王璐改绘自*The relationship between research and design in landscape architecture*—文插图)

从强化设计科学性的视角,王志芳和李明翰(2016)[4]认为国内外景观设
计实践业界的"设计研究"过于注重"设计本身",没有强调其作为独立学科
的价值,且忽视本专业的内在科学性。于是他们也强调设计研究应该贯穿设计
实践的前、中、后三个阶段(图3-2),一步步和科学知识相结合,进行设计
问题研究(Research on design problems)、设计策略研究(Research for design
solutions)、设计即是研究(Research through design process)、设计结果研究
(Research on design results)。设计前,对场地的研究有助于发现场地核心问
题,认识场地的独特性与差异性,避免盲目复制先前做法或简单拍脑袋进行设
计。设计中,研究通过深入理解和归纳与设计实践核心问题相关的已有科研成
果,将零散的专业知识与科研成果(如土壤、社会学、景观地理学等)转化为

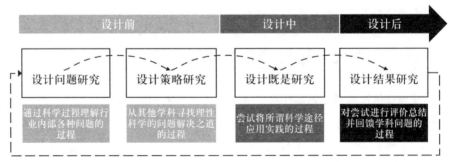

图3-2 设计科研的主要内容与相互关系(来源:根据王志芳、李明翰(2016)绘制)

[3] L, S, M. The relationship between research and design in landscape architecture[J]. Landscape and Urban Planning, 2003, 64(1-2): 47-66.
[4] 王志芳,李明翰.如何建构风景园林的"设计科研"体系?[J].中国园林,2016(4):10-15.

设计导则或空间模式，确定科学合理的设计策略，为场地提供具体的解决途径。设计后，结合建成情况对设计进行总结反思并评判设计方法优劣称为建成后评价（POE）或绩效评价。

3.1.2　基于设计认知的分类理解

从设计理论出发，试图通过分类获得一个比较清晰的设计本体认知的研究从20世纪一直就在不断进行。1993年，英国皇家艺术学院的克里斯多夫·弗莱林（Christopher Frayling）对设计研究的内涵做出了重要的诠释，他提出设计研究包括：关于设计之研究、为了设计之研究、通过设计之研究，这为后续的"设计研究"理论奠定了基本话语体系[5]（图3-3）。

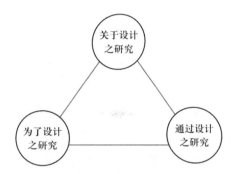

图3-3　弗莱林"设计研究"理论

赵江洪[6]一直致力于设计研究的探索，认为设计研究是描述和解释设计的研究活动，包括解释或说明设计结果（名词性）和设计过程（动词性）的外延和内涵。设计研究可以明确归纳为两个领域：一是将设计作为一个设计问题求解过程来进行研究，即设计"动词化"研究；另一个将设计作为满足需求的一个对象物（产品）来研究，即设计"名词化"研究。设计研究包括设计行为、设计过程和设计中认知活动的分析和模型构建。机器时代的思维逻辑，是知识的规范化和形式化表达。2019年[7]该框架进一步演化为四类研究：设计求真研究、设计求用研究、设计实践研究以及设计框架研究。类似的以设计思维为整体对象的国内探索还包括，辛向阳（2018）[8]提出设计研究分三个体系：临床研究、反思研究、基础研究。周志（2018）[9]认为设计研究可以涵盖史论研究、实践研究、民艺研究以及教学研究。

[5]　Frayling C. Research in art and design[J]. Royal College of Art Research Papers. 1993, 1(1): 1-5.

[6]　赵江洪. 设计和设计方法研究四十年[J]. 装饰，2008（9）：44-47.

[7]　赵江洪，赵丹华，顾方舟. 设计研究：回顾与反思[J]. 装饰，2019（10）：24-28.

[8]　辛向阳. 临床、反思和基础设计研究[J]. 装饰，2018（09）：28-31.

[9]　周志. 寻找设计研究新范式——2018首届《装饰》学术年会综述[J]. 装饰，2018（06）：54-59.

以景观设计认知为着眼点，较为典型的分类是Nijhuis & Vries（2019）[10]发表的通过设计进行研究（Research through design）。它将设计研究能够产生的知识分为三类：关注概念的、关注项目的和关注形式的。①关注概念的知识，主要是在理念以及策略上思考如何建构更好的未来，以及如何一步步实现这些未来畅想。②关注项目的知识又可以分为与项目背景相关以及综合性的知识。关注项目的知识将空间—视觉、地理、生态、社会或历史背景作为进一步发展的基础，强调在时间和空间上的理解景观发展历程（例如历史分层、景观传记等）。并可以综合探索设计项目与土壤条件，水文、植被和土壤之间的关系（如千层饼方法）。③关注形式的知识又可以分为视觉以及材料上的知识。视觉上多强调以图示为核心，通常是直观的或联想的（如直接类推或符号类推），或是借用的知识，如仿生学。这些视觉上的知识也可以成为一种类型，例如景观类型或模式语言等。材料上的知识主要技术以及材料发展所能够带来的各种功能上的效果。

3.2　本书所倡导的分类框架

景观设计研究分类是有效推进并开展景观设计研究的核心过程。因为景观设计研究如果不能被分解为具体的步骤与内容，那所有的探索都只能继续停留在倡导设计研究重要性层面，而无法真正推进设计研究。

结合已有的各种研究分类，本书倡导从三个层面对景观设计研究进行分类：哲学理论、设计过程以及设计目标。

从哲学理论层面考虑，首先可以将景观设计研究分为：认识类以及实践类（图3-4）。认识类研究是以认识论为基础的"求真"研究，实践类研究是"求用"研究。认识类研究主要涵盖的内容就是与设计实践相关的各种哲学以及理

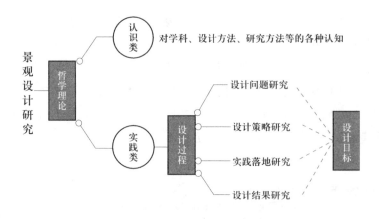

图3-4　设计研究初步分类

[10] Nijhuis S, Vries J D. Design as Research in Landscape Architecture[J]. Landscape Journal, 2019, 38(1-2): 87-103.

论认知层面的思考，包括对于学科以及设计对象本体、设计方法以及研究方法
等各层面的探究，是寻求真理的过程（具体见第4章）。实践类的研究主要以
项目开展为依托，是以研究为基础寻求实际使用。

　　实践类研究又首先可以从设计过程的维度进行分类。设计过程（图3-5）
上，本书建议从设计问题提炼、设计策略制定、设计施工落实以及设计成果检
验四个步骤展开。设计问题主要聚焦项目开展之初，场地问题的发现以及提炼
过程。设计策略环节是设计决策产生的全流程。落地实施聚焦于如何将设计决
策进行实际的施工与现场落实。而设计成果研究则针对项目建成管理阶段，如
何对建成项目的效果进行全方位的评价与管理，以进一步反馈设计全流程。从
设计过程的维度思考设计研究将有助于设计研究的实际应用，以及对于设计研
究的提炼。将研究渗透到设计实践的每一个步骤，有助于将实践经验进行深层
次的归纳整理，持续地从概念（C）层面整理知识（K），实现概念与知识的良
性循环。

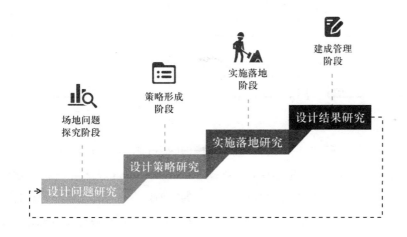

图3-5　设计过程维度
（王璐　绘）

　　在具体研究设计每一个过程的同时，本书都建议思考一下设计目标的重要
性。设计目标是指一个设计实践项目想要实现的意图或是所在的场所，例如自
然环境为主的生态类设计、人居环境为主的社会类设计及需要综合考虑社会—
生态交互以及耦合关系的综合类设计意图。强调不同的设计目标是因为相关的
专业知识都分散在截然不同的学科领域。只有进一步明晰设计目标，才能有针
对性地寻找合适的领域，并采用不同的方法与途径以更好地进行研究。与此同
时，从生态、社会以及综合的视角理解并看待设计研究有助于跨学科合作。只
要我们的研究能够意识到我们的设计侧重是"生态"还是"社会"，我们就能
够对应地去找寻相关的学科知识，并思考跨学科合作的潜力与可能（图3-6）。

　　将设计目标维度结合实际情况融入设计过程，可能会产生很多交互的研究
问题（图3-7），可以体现在每一大类的研究过程中。

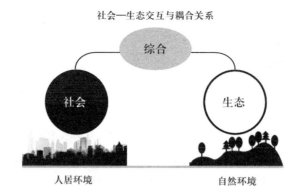

图3-6 设计目标维度（生态、社会与生态 - 社会交互与耦合）（王璐 绘）

图3-7 设计目标与过程交互可能产生的不同研究问题

　　设计问题类研究聚焦项目前期对于场地问题的探究，致力于思考用什么样的方法以及形式去更好地发现并归纳提炼项目存在问题以及核心矛盾。这种问题提炼的研究可以是定性的也可以是定量的。项目开始之初，设计者需要不断探究一块场地是否存在生态问题？是否存在社会问题？是否有人地矛盾？以及哪种问题是场地最核心以及最迫切需要解决的问题。对于场地核心问题的强化既能解决当前设计界不顾现状与问题，过多模仿已有设计或仅仅依据自我喜好进行设计的问题，又能够在一定程度上对现有科研进行反馈，有效弥补现状缺陷，即所有科研问题都是由科学家提出，科研问题有时研究的并不是实践中最迫切需要解决的问题。对于设计问题类研究的具体介绍见第5章。

　　设计策略类的研究聚焦于设计策略形成的全流程，致力于思考通过何种过程可以找到场地问题的最佳解决之道。这类研究既包括初步的案例分析，也应该包含跨学科思维，深入理解并归纳与核心问题相关的已有科研成果，探索传统科研知识及理论体系在多大程度上能够支撑所对应问题的科学设计决策。这是一个以实践的视角整理已有设计案例以及传统科研结果的过程。同时需要在已有知识的基础上进行恰当的选择与创新，尝试新的解决思路与方案。设计师的理性分析以及即兴创作能力也是极为重要的[11]。设计研究需要不断地思考如何针对生态进行设计？如何针对社会需求进行设计？如何利用设计策略耦合生态与社会？具体有关设计策略类研究介绍见第6章。

实施落地类研究聚焦设计方案的实施过程，这一过程对于项目效果的作用至关重要，是绝大多数设计单位以及施工单位最为关注的议题，但却鲜少有人进行详细的研究，这是由于实践者并不知道该如何进行研究，而专门的研究人员又鲜少介入实施落地过程。实施落地方面的研究可以包含实施程序控制和落地影响因素（政策、施工问题和成本分析）等多方面的视角。实施落地的过程中需要不断地考虑，生态上是否需要进行实验设计以达到最佳效果？如何让公众参与到具体的实施建设过程中？以及如何博弈生态与社会等。具体有关案例及介绍见第7章。

设计结果类研究聚焦项目建成之后的管理使用阶段，力求通过各种技术途径与方法探究原设计的效益，进而形成对设计的总结反思，并进一步整理优劣设计方法以及场地改造措施等。最为典型的设计结果类研究就是建成后评价（POE），或者景观绩效评价（Landscape performance assessment）。类似的方法自20世纪40年代以来就被运用于诸多领域，力求提供可信的证据（数据及信息）支持，并指导和评价设计决策。建成项目有否按照设计所预想的实现生态效益？有否实现社会效益？以及有否实现综合效益？这些都是设计结果类研究需要重点关注的议题。具体有关案例及介绍见第8章。

3.3 一定要这么分类进行研究么？

本书所提出的分类框架，旨在尝试揭示设计的每一个环节都可以开展研究，研究与设计实践可以紧密相连。然而，并不是所有的景观设计研究都要如此严格分类进行，因为有些项目比较小，可能从前期问题探索到后期实施可以整体变成一个研究议题。与此同时，设计实践的不同环节是相关且循环往复的，设计问题的界定能够影响策略的选择，而策略的选择又会直接影响其具体的实施过程，如果打通不同的环节进行实践以及研究也是行之有效的途径。研究者应该结合场地特征以及项目需要，进行不同的尝试。

本书所提出的分类着眼于：

（1）剖析景观设计研究的各种可能性，凸显研究在设计实践每一步的价值与意义。本书用案例的形式，展示了每一部分都可能开展的各种研究形式，既可以走向中文核心期刊也可以面向SCI期刊。设计实践的每一个环节都具有高

[11]　象伟宁，王涛，汪辉. 魅力的巴斯德范式vs. 盛行的玻尔范式——谁是生态系统服务研究中更具生态实践智慧的研究范式？[J]. 现代城市研究，2018（07）：2-6，19.

度的研究潜力。

（2）界定景观设计研究的边界以及与其他学科的关系。通过分解设计实践过程，本书揭示了设计实践的每一环节都可能与其他学科发生关联的现象，并初步展示了景观设计研究与其他学科研究在每一环节上的潜在区别与联系。以此为基础，景观设计实践与其他学科的融合才具有打通的可能性，进而推进循证设计以及寻解研究。

（3）细化景观设计研究的内涵，推进一个相对比较清晰的景观设计以及设计研究本体认知，进而促进学科体系的完善。有很多人在倡导设计研究，但如何着手开展具体的研究依然具有很大的"默会"性。分类是细化推进景观设计研究的基础，通过分类以及详细的案例展示，不同水平层次的研究者和实践者都可以结合自身能力、项目需求以及时间的多寡，选择性地介入到设计研究的过程中，进而推进设计研究的全方位开花。只有全方位的人员都开始思考"设计的本质"以及"设计与研究"的关系，学科的体系进一步完善与发展才能有序推进。

本章要点总结

1）如何对景观设计研究进行分类？现有研究有哪些分类方法？

2）从设计过程以及设计目标两个层面思考景观设计研究分类的意义在哪里？

推荐课堂作业

在做中学才是学习的本质。景观设计研究的内容如果只是课堂讲授，则会高度晦涩，学生们听过即忘。就本章内容推荐布置一个课堂作业，让学生开始大量阅读国内外的核心杂志，特别是《中国园林》、《风景园林》、《景观设计学》、Landscape and Urban Planning，Landscape Research，Landscape Journal这六个期刊。对其他专业期刊感兴趣的同学可以继续从第9章里查找。

建议学生大量粗读不同期刊里发表的文章，并思考出现的文章可能会被归为哪一种类型。为避免文章筛选的重复性，学生们可以分组阅读不同的期刊，以形成对比。每组学生粗读的文献不能少于50篇，每一类下面提出的文献不要少于5篇。

结合学生们自己的分类，本书建议后面的第4章到第8章以课堂讨论的形式展开。本书后面给出的只是一些案例，课堂教学可以结合实际情况，将4~8章分成3次课，每堂课让学生以汇报和讨论的形式进行。

第4章
认识论类研究

认识论是学科理论，可以从五个层面进行讨论。

认识论（epistemology）是哲学范畴的思考，它在一定程度上以"不可知"为前提，尝试探讨人类认知的本质与客观存在的关系。认识论也可以被称为有关知识的理论，是有关认知的本质及其发生发展规律的哲学理论[1, 2]。

与本专业相结合，本书这里涵盖的内容就是与设计实践相关的各种哲学以及理论认知层面的思考，它既可以经验主义以及观念主义为基础，也可是实证主义以及理性主义的论证过程。

为进一步推进本专业有关认识论方面的研究，本书尝试用案例的形式，从五个方面展示已有的各种认识论：有关学科的认识论、有关跨学科的认识论、有关设计对象的认识论、有关设计方法的认识论，以及有关设计研究的认识论。如图4-1所示，它们之间各有强调的重点，但又有交叉互补的部分。

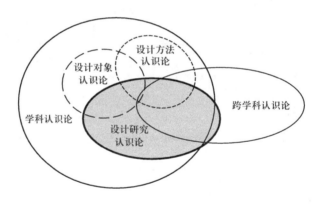

图4-1 各种认识论之间的关系

有关学科的认识论，主要包括学科本体论、学科史论、学科知识体系认识论等。这一部分主要针对的是学科本身的独立属性和知识体系，聚焦学科自身的体系建构以及未来发展思考。

有关跨学科的认识论主要探讨设计与其他专业的关系，包括跨学科的知识如何能转化成设计成果，以及设计实践如何能够在跨学科的语境里，贡献于其他学科理论与知识体系。

有关设计对象的认识论是有关针对什么进行设计的理解，包括生态系统、物理景观、文化特性等。它是设计对象的本体论，这其中关于"景观""自然"以及"生态系统"的认知和分类是重点。

[1]　Thomas K, Steup M, Neta R. The Road since Structure[M]. Epistemology, 2005.
[2]　陈俊. 库恩"范式"的本质及认识论意蕴[J]. 自然辩证法研究，2007（11）：104-108.

有关设计方法的认识论是从理论的角度，对有关设计方法流程，以及设计方法转变的思考。它是实践和设计方法论产生的根本，有助于行业整体对某种设计方法进行有效性的整合性思考与批判。

有关设计研究的认识论则是以设计为载体的所有研究活动，涉及设计研究体系、方法论的整体性思考、跨学科之间的知识转化以及未来的研究重点等。研究方法论的具体定义可以参见第1章的内容。

作为理论和实践紧密结合的年轻学科，从五个方面的认识论进行探讨，有利于促进学科多维度的思考与发展。与此同时，本书强调认识论类研究的核心目的，不仅仅是希望促进这方面的研究，更为重要的，是希望所有的设计实践者以及研究者都开始共同思考本专业的核心所在：什么是我们专业的拳头产品与技能？什么样的工作只能我们专业来做，其他学科都做不了？

4.1　有关学科的认识

不同的学者对Landscape Architecture所涉及的知识内涵以及领域有不同的观点，进而产生非常多元的概括。本书这里只详细展示了五个案例，其中三个是学科本体的认识论，包括三元论[3]、生存的艺术[4]以及境学[5]；一个是学科史方面的认识论[6]，还有一个是有关学科知识体系的认识论[7]。除此之外，还有更多的学者从不同的角度阐述了类似的认识。黄文珊根据教学及实践经验将其概括成知性、理性、感性以及群性四种不同属性的领域[8]。欧百钢等认为学科核心是工学、生命科学与文化艺术，这三个维度相对应的课程设置与人才培养应强化工程规划设计、生物生态与人文社会学[9]。刘晖等认为景观认知与表达需要建立在自然和人文知识之上，景观规划设计应当包括自然与文化两方面的秩序[10]。Brink等人将风景园林定义为一门依赖于自身知识体系的学科，重要的是建立一个共同的理论和方法框架，并开始制定学术质量保证的具体标准，如研究评估[11]。概括而言，不同学者对于学科的知识领域的认识都涉及自然与人文

[3]　刘滨谊. 风景园林三元论[J]. 中国园林，2013，29(11)：37-45.

[4]　俞孔坚. 生存的艺术：定位当代景观设计学[J]. 建筑学报，2006（10）：39-43.

[5]　杨锐. 论"境"与"境其地."[J]. 中国园林，2014，30（06）：5-11.

[6]　孟兆祯. 园衍[M]. 中国建筑工业出版社，2015.

[7]　Langley W N, Corry R C, Brown R D. Core Knowledge Domains of Landscape Architecture[J]. Landscape Journal: design, planning, and management of the land, 2018, 37(1): 9-21.

[8]　黄文珊. 从概念到设计——LA设计课程整体架构之探索[J]. 中国园林，2004（10）：53-56.

[9]　欧百钢，郑国生，贾黎明. 对我国风景园林学科建设与发展问题的思考[J]. 中国林，2006（02）：3-8.

[10]　刘晖，杨建辉，孙自然，马冀汀. 风景园林专业教育：从"认知与表达"的景观理念开始[J]. 中国园林，2013，29（06）：13-18.

[11]　Brink A V, Bruns D. Strategies for Enhancing Landscape Architecture Research[J]. Landscape Research, 2014, 39(1): 7-20.

两大方面，并在此基础之上进行细分如艺术、文化等，而对于景观设计学科而言，学科独立性以及自身的知识体系都是讨论的重点。

学科认识案例：生存的艺术（俞孔坚，2006）

研究方法	文献研究、经验总结

景观设计学是一种土地设计与监护，并与治国家之道相结合的艺术，源于我们祖先在谋生过程中积累下来的"生存艺术"。这一属性来自其固有的、与自然系统的联系，来自于其与本地环境相适应的农耕传统根基，来自上千年来形成的、与多样化自然环境相适应的"天地—人神"关系的纽带，而不是园林艺术的延续和产物。在景观界面上，各种自然和生物过程、历史和文化过程以及社会和精神过程发生并相互作用。俞孔坚从"桃花源"起源说起，到景观设计学面临的三个大挑战：能源、资源与环境危机带来的可持续挑战，关于中华民族文化身份问题的挑战，重建精神信仰的挑战，指出景观设计本质上就是协调这些过程的科学和艺术。

俞孔坚.生存的艺术：定位当代景观设计学[J].建筑学报，2006（10）：39-43.

学科认识案例：三元论（刘滨谊，2013）

研究方法	文献综述、经验

提出对风景园林本体的认识，构建"环境生态""行为活动""空间形态"的耦合互动理念。理论认为风景园林由3种独立且必需的元素组成，能够概括是"园林""风景""地景"的三位一体，包括"环境资源元""感受活动元""空间形态元"三个意义方面，追求环境资源保护、身心健康引导和活动空间创造三类，是与科学、艺术、工程相互合作构成的应用型学科。刘滨谊以对比论证的方法，构建出元素、要素、因素、评价和实践的学科体系，并对多层级学科发展、专业教育和规划设计理论方法体系、各分类三元互动耦合关系进行说明。

刘滨谊.风景园林三元论[J].中国园林，2013，29（11）：37-45.

学科认识案例：境学（杨锐，2014）

研究方法	文献研究、经验总结

"境学"是风景园林学的元概念，具有文化属性、字数少、能够吸收最新成果、起到"枢纽"作用的特点，是从中国语言文化中生成出来的概念框架，分为以物质为载体的"物境"和以精神为载体的"非物境"，"境其地"是对风景和园林两个概念的概括性超越，表意为人类以提高生存、生活、生态、生产品质为目的的土地塑造过程。"境"包括整体涌现性、动态性、复杂性、开放性四个特点。文章以文献研究、概念分析的方法，全面、详实地论述了"境学"观点，明确了境学视角下风景园林学的核心，并指出基本范畴的8种演绎方法，尤其从字义结构的角度分析了"境"的空间、时间和人的三重价值特征。

杨锐.论"境"与"境其地."中国园林[J]，2014，30（06）：5-11.

学科认识案例：史论案例（孟兆祯，2015）

研究方法	文献研究、经验总结、调研、数理统计

孟兆祯院士主要研究中国传统园林艺术的系统理论，并将学习传统文化理论和风景园林设计实践相结合，以现代的科学知识和方法来认识和发展中国传统园林艺术，通过逻辑推演、实地调研、案例研究，直指现代生活的环境与艺术问题。《园衍》一书包括四个部分：首先，"学科第一"追溯了中国风景园林规划与设计作为一级学科的发展脉络。第二篇，"园林理法"提炼出出中国园林的方法论。后两部分分别为"名景析要""设计实践"。全书是对中国古典园林艺术的继承和发展，他对园林艺术的设计和欣赏进行了深入浅出的表述，以中国思维答疑解惑，建立中国人自己的园林审美价值体系；创新扎根于中国园林传统特色中，讲科学、重技术、传文化并举。

孟兆祯.园衍[M].北京：中国建筑工业出版社，2015.

学科认识案例：核心知识领域 (Langley et al., 2018)

研究方法	文献研究、经验总结、调研、数理统计

　　研究通过探讨景观专业与实践的关系，引出对景观设计核心知识领域的探究。主要采用了多元的数据，包括1970年代土地设计和开发专业人员的普查、21世纪初期的美国景观设计师样本、25年内Landscape Journal上发表的文章的两个系统评价、在北美认可的第一专业景观设计大师（MLA）计划中提供的课程。研究运用数理统计的方法分析并确定了景观设计的十个知识领域，然而却发现没有一个是景观设计所独有的。所有数据源都将设计和自然这两个领域确定为景观设计的核心。研究认为知识领域之间的联系，而不是领域本身之间的联系，可能会更适当地定义景观体系结构的核心领域。景观设计领域并不存在独有的知识领域，且所涉及的知识领域可以分为设计、建造、自然、社会、理论与历史、媒体技术与交流、规划、专业、研究与教育。

Langley, W N, Corry R C, Brown R D. Core Knowledge Domains of Landscape Architecture[J]. Landscape Journal: design, planning, and management of the land 2018: 37(1): 9-21.

4.2　有关跨学科的认识

　　本书在第2章就已简单论述了跨学科的重要性，这里仅选三篇和跨学科思想相关的文章，展示跨学科的认识论如何能转化成研究成果。第一篇是可持续思想萌芽下的初步思考[12]；第二篇是尝试将景观融入景观生态学的范畴[13]；第三篇详细探索设计实践与生态研究的差别，并对中美之间的不同也进行了初步概括[14]。如何跨学科将是设计研究的核心，未来任重而道远。

跨学科认识案例：可持续思想的萌芽 (Linehan & Gross, 1998)

研究方法	文献研究、经验总结

　　这是一篇写于20世纪末的文章，在城市生态学和可持续发展理念刚刚进入景观学科的背景下，探索学科的未来展望。文章通过大量的文献阅读作为论证依据，从生态、经济和文化三个维度描述了这些层面的思考如何应用到景观规划中。并且，通过列举当下学科教育和研究中出现的7个现象，提出未来学科应该如何发展的意见，强调景观对社会价值和方向的影响和贡献。核心观点：21世纪景观规划的基础应当考虑生态、经济和文化的层面，走向可持续景观。

Linehan, J R, Gross M. Back to the future, back to basics: The social ecology of landscapes and the future of landscape planning[J]. Landscape and Urban Planning, 1998.

跨学科认识案例：设计应该成为景观生态的一部分 (Nassauer & Opdam, 2008)

研究方法	文献研究、经验总结

　　景观生态学已经产生了关于景观格局与景观过程之间关系的知识，但这些知识却很难被社会理解、接受。文章的分析框架将景观生态学理念拓展到设计领域，将"设计实践"定义为改

[12] Linehan J R, Gross M. Back to the future, back to basics: The social ecology of landscapes and the future of landscape planning[J]. Landscape and Urban Planning. 1998.

[13] Nassauer J, Opdam P. Design in science: extending the landscape ecology paradigm[J]. Landscape Ecology, 2008, 23: 633-644.

[14] Wang Z, Puay Y T, Tao Z. Perspectives on bridging the action gap between landscape science and metropolitan governance: Practice in the US and China. Landscape and Urban Planning, 2014, 125: 329-334.

变景观格局的行动，作为文章的研究方法和研究主题。在两个案例中，设计理念被纳入到改善景观功能的社会行动中，同时也引发了关于模式-过程关系的科学问题。科学家和实践者共同创造的景观设计提高了景观科学在社会中的影响力，也增强了景观生态科学知识的显著性和合法性。由此可见，设计应该是景观生态科学的重要组成部分，设计师是科学研究的主要参与者。科学研究自成体系，但设计能够成为其中的重要组成部分。在各种城市建设决策与实践过程以及科学研究之间，设计过程本身是一个重要的界面，是打通科研以及物质景观真实变化的桥梁。

Nassauer, J., Opdam, P. Design in science: extending the landscape ecology paradigm[J]. Landscape Ecology, 2008, 23: 633-644.

跨学科认识案例：景观设计实践与跨学科科研的关系（Wang et al, 2014）

研究方法	文献研究、经验总结

城市景观的科学知识虽然还不完整，但它足够为大都市区的设计、规划和管理提供依据。关键在于，景观知识很少被充分利用。文章对比了管理决策与景观科学的差别，以及中美不同的奖惩机制和规范带来的影响。指出实践作为适应性行动，在本土化和创新性解决方案方面都有助于减小二者之间的差距。相应的，文章对奖励制度、创新机制和交流机制提出建议，以促进实践的催化剂作用，缩小景观科学与大城市治理之间的差距；也建议实践在中美两国不同的治理体系扮演不同的角色。

Wang Z, Puay Y T, Zhang T et al., Joan Nassauer. 2014. Perspectives on bridging the action gap between landscape science and metropolitan governance: Practice in the US and China. Landscape and Urban Planning, 2014, 125: 329-334.

4.3　有关设计对象的认识

依据实践项目的不同，设计对象的认识也会千差万别。本书这里选取了不同学者对于"景观"以及"自然"的认识，以期展示业界对于设计对象的不同认识。

景观的界定最为多元，如景观是土地及其上事物的总和[15]，景观是人地关系的多维体现[16]，以及景观时续与过程的重要性[17]。除此之外，还有很多其他学者都有类似的对于景观的讨论。Frederick Steiner认为景观提供了一种观察、理解和塑造环境的复杂方法。Landschap起源于荷兰，意在适应文化和自然过程，以创造新的领土。当单词迁移到英语和其他语言时，它也具有视觉含义[18]。Musacchio使用一个非常特殊的视角，通过将其定义为名词来理解景观："它表示人们过去和现在出于永久目的而塑造的地球表面[19]"。有学者认为景

---

[15] Palka E J. Coming to grips with the concept of landscape[J]. Landscape Journal, 1995, 14(1): 63-73.

[16] 俞孔坚. 景观的含义[J]. 时筑，2002（01）：14-17.

[17] Antrop M. Why landscapes of the past are important for the future[J]. Landscape and urban planning, 2005, 70(1-2): 21-34.

[18] Steiner F. Landscape ecological urbanism: Origins and trajectories[J]. Landscape and urban planning, 2011, 100(4): 333-337.

[19] Musacchio L R. Review of What is Landscape?, by John R. Stilgoe[J]. Landscape Journal: design, planning, and management of the land, 2017, 36(01): 87-89.

观是一个地区的一切及其流动。赫格斯特兰德所定义的景观，是"一个地区存在的一切，以及它流向和流出的一切"。他将景观描述为生态系统概念的延伸，因为它还包括人口、建筑和其他与人类相关的特征。因此，物理景观的结构在很大程度上取决于利益主体之间的相互作用，无论是冲突还是合作[20]。张东认为，每个民族的景观都应与当地的文化密切相关，认为设计具有中国文化识别性的景观应当是中国景观设计师价值体系的一部分[21]。

自然，是另外一个很重要的设计对象。对于自然的认知与界定，本书这里展示了国内对于自然的几大分类[15、16、17、22]，以及对设计与自然关系的思考[23]、景观作为设计对象面临的挑战[24]。无论是景观还是自然，对设计对象的界定，是设计实践以及设计方法论产生的根本。

设计对象的案例：景观是人视野内的人和自然现象的集合（Palka，1995）

研究方法	文献研究、经验总结
通过追溯景观这个术语的起源，检视目前的定义和冲突，讨论这个概念对学科的意义，并提出了一个替代定义来把握景观这个概念。论文的组织一共分为四个部分。第一部分探讨景观作用的变化，以突出其效用及其在地理学中功能的动态性质。第二部分追溯该术语的起源，揭示问题的根源。第三部分考察当代定义和冲突的使用，并以解释潜在的争议。第四部分论述了景观概念对学科的意义，并提出了景观的替代定义，认为景观是人的视野内所包含的人和自然现象的集合。	

Palka, E. J. Coming to grips with the concept of landscape[J]. Landscape Journal, 1995, 14(1): 63-73.

设计对象的案例：景观的多维定义（俞孔坚，2002）

研究方法	文献研究、经验总结
本文通过分析景观与人的物我关系及景观的艺术性、科学性、场所性及符号性，由浅入深，揭示了景观的含义。首先，通过对于外国景观史的分析，总结出景观具有视觉美的含义。第二，引用其他分析与个人观察体验相结合，总结出景观具有栖息地的含义。第三，以哈尼族村寨为案例，通过分析总结，从五个方面分别阐述景观作为系统的含义。第四，通过类比景观与文字语言的关系，总结景观作为符号的含义。该文章利用经验总结的方法，通过分析景观与人的物我关系及景观的艺术性、科学性、场所性及符号性，由浅入深，揭示了景观的含义。为陷入城市美化运动的中国城市化提供了新的思路。	

俞孔坚. 景观的含义[J]. 时筑，2002（01）：14-17.

[20] Mattias Q, Anders W. In search of the landscape theory of Torsten Hägerstrand[J], Landscape Research, 2020, 45: 6, 683-686.

[21] 张东. 景观设计的参与、解读与表达[J]. 景观设计学，2019，7（05）：90-97.

[22] 王向荣，林箐. 风景园林与自然[J]. 世界建筑，2014（02）：24-27，133.

[23] Oles T. The course of landscape architecture: a natural history of our designs on the natural world, from prehistory to the present[J]. Landscape Research, 2017, 42(3): 334-335.

[24] Sofia L. Knowing the landscape: a theoretical discussion on the challenges in forming knowledge about landscapes[J], Landscape Research, 2020, 45(8): 921-933.

设计对象的案例：景观的动态内涵（Antrop，2005）

研究方法	文献研究、经验总结

景观是动态的，变化是它们的特性之一。人类一直在调整他们的环境，以更好地适应不断变化的社会需求，从而重塑了景观。文章讨论了18世纪前、19世纪到第二次世界大战期间工业化和城市扩张以及以日益全球化和城市化为特征的战后三个不同历史时期的景观变化的性质，认为要了解真正的景观，必须认识到这三个时期，并分别将它们命名为传统景观、革命时代的景观以及后现代新景观。同时，作者还分析了这些变化的驱动力，作者认为可达性、城市化、全球化和灾害影响等驱动力的综合效应在每个时期都不同，并影响到变化的性质和速度以及人们对景观的认识。最后作者得出结论：景观是动态的，变化是它们的特性之一。人类一直在调整他们的环境，以更好地适应不断变化的社会需求，从而重塑了景观。

Antrop, M. Why landscapes of the past are important for the future[J]. Landscape and urban planning, 2005, 70(1-2): 21-34.

设计对象的案例：对自然的多维认知（王向荣，2014）

研究方法	文献研究、经验总结

在风景园林的视野中，自然有四个不同的层面：第一类是原始自然，即天然景观；第二类是人类生产、生活改造后的自然，表现在景观方面是文化景观；第三类是美学的自然，以园林为代表；第四类是自我修复的自然，即被损害的自然在损害的因素消失后逐渐恢复的状态。这四个维度范围覆盖了地球表面的绝大多数陆地，共同构筑了个国家的国土景观，涵盖了现代风景园林学科研究和实践的不同对象。学者从自然四个维度的内涵与业务拓展阐述了各自的特征与价值，指出只有了解并尊重不同层面的自然的属性，才能真正做到与自然的协调，也才能更好地维护和发展本土的自然景观。

王向荣，林箐. 风景园林与自然[J]. 世界建筑，2014（02）：24-27，133.

设计对象的案例：景观认知重要性与挑战（Sofia Löfgren，2020）

研究方法	文献研究、经验总结

本文以已发表的景观研究和规划理论为基础，探讨了空间规划背景下景观认知形成的关键问题和挑战。文章首先探索了景观知识在空间规划中的应用，以及不同的知识框架中的景观知识特征。在空间规划的背景，综合规划理论和景观研究，指出景观认知发展关键挑战在于：将景观作为一个整体来解读；结合景观多维度视角进行评估，包括不同的道德和伦理观点。

Sofia L. Knowing the landscape: a theoretical discussion on the challenges in forming knowledge about landscapes[J], Landscape Research, 2020, 45: 8, 921-933.

4.4 有关设计方法的认识

设计方法（Design Methods）是一个统称，涵盖用于设计的程序、技术、辅助手段或工具。从认识论的角度，本书这里讨论的不是具体的设计方法，而是整体上或是理论上，有关设计方法流程，以及设计方法转变的思考。有关设计方法的认识论，是从整体或者宏观的角度解读行业应该如何进行设计，以及对某些设计方法有效性的思考与批判。这里仅选取了三篇文献，一篇是在可持续思维进入设计行业的大背景下，有关公园设计新模式的思考[25]，第二篇是对

---

[25] Cranz G, Boland M. Defining the Sustainable Park: A Fifth Model for Urban Parks[J]. Landscape Journal, 2004. https://doi.org/10.3368/lj.23.2.102

于景观都市主义有效性的归纳与反思[26]，第三篇是对卡尔斯坦尼兹设计六步骤
的详细归纳与评价[27]。

设计方法论案例：公园设计新模式 （Cranz & Boland，2004）

研究方法	文献研究、经验总结
公园如何为帮助城市变得更加生态可持续的总体项目做出贡献？美国城市公园的历史表明，人们对社会问题的关注要大于对生态可持续性的关注，目前已经确定了四种类型的城市公园每种都是针对社会问题，而不是生态问题。研究通过归纳总结当前四种公园范式，指出其更关注社会问题而忽视了生态问题的现实困境，结合实践经验总结出第五种公园范式即构建重视生态问题的可持续公园，提炼出资源自给自足、大城市体系组成部分、新审美表达方式三个原则，并探讨了这些属性在公园设计和管理，景观设计实践，公民参与和生态教育方面的政策含义。	

Cranz, G, Boland M. Defining the Sustainable Park: A Fifth Model for Urban Parks[J]. Landscape Journal, 2004. https://doi.org/10.3368/lj.23.2.102.

设计方法论案例：景观都市主义的理解和批判 （Thompson，2012）

研究方法	文献研究、经验总结
在景观都市主义日益成为流行性设计概念的过程中，本文对此概念展开了总结和反思。景观都市主义在逆城市背景下，重新定义了景观行业在城市复兴中价值，认为景观能够替代建筑成为欧美衰败城市再复兴的窗口。本文详细阐述了景观都市主义的内涵，并列举了其在发展过程中确立的十个原则。在这个基础上，作者通过六个问题质问景观都市主义对城乡二元结构、对全球城市化、遗产、景观保护、参与式规划设计的影响以及作用，促使大家更全面地思考什么是景观都市主义，以及景观都市主义在不同社会状况下的潜在价值。	

Thompson, I. H. Ten Tenets and Six Questions for Landscape Urbanism[J]. Landscape Research, 2012. https://doi.org/10.1080/01426397.2011.632081

设计方法论案例：斯坦尼兹框架的内涵、发展及批评 （Hollstein，2019）

研究方法	文献研究、经验总结
回顾了Steinitz框架在20世纪60、70、90年代的演变，指出其本质是自然主义；结合文献阐述框架与决策之间的关系，指出Steinitz框架除了协助决策或组织规划过程的作用外，独特之处在于支持教育和研究两种功能；从提供学科答案、作为信息需求评估工具、基于GIS经验的框架三个角度对Steinitz框架的开发、描述和一般用途进行阐述；对框架的批评：针对其太宽泛、受地域限制纯理论、未定义背景、过度理性等角度进行批评；该研究以Steinitz框架为个案展开研究，通过回顾该框架的作用、适用人群、演变过程以及对其批评，深入认识该框架对于景观设计的意义与作用，并结合发展过程中的动态变化，对未来景观设计框架进行展望。	

Hollstein L M. Retrospective and reconsideration: The first 25 years of the Steinitz framework for landscape architecture education and environmental design[J]. Landscape and Urban Planning, 2019, 186: 56-66.

---

[26] Thompson I H. Ten Tenets and Six Questions for Landscape Urbanism[J]. Landscape Research, 2012. https://doi.org/10.1080/01426397.2011.632081

[27] Hollstein L M. Retrospective and reconsideration: The first 25 years of the Steinitz framework for landscape architecture education and environmental design[J]. Landscape and Urban Planning, 2019, 186: 56-66.

4.5 有关设计研究的认识

设计研究（Design research）是以设计为对象或是着眼点的所有研究活动和研究范式，包括作为名词的设计以及作为动词的设计。设计研究并不局限于"设计"本身，而是同时关注为设计而进行的各种跨学科研究。这里所介绍的有关设计研究的认识论，强调的是一些有关设计研究体系以及方法论的整体性思考。主要选取了四篇：有关如何在设计实践中进行研究并提炼理论的探索[28]，有关设计实践和知识互相转换的调研[29]，有关设计研究科学化体系的建构[30]，以及学科未来研究重点的探索[31]。

设计研究认识论案例：设计介质论（朱育帆 & 郭湧，2014）

研究方法	文献研究、经验总结

设计介质论是在风景园林学科科学性和方法论不足的背景下形成的、力求实现学科设计成果向理论方向转化。其核心是"通过设计之研究"的拓展，将设计实践作为风景园林研究的介质，形成理论检验实践结果、实践中产生和获得新的理论知识的双向互动体系。在这一观点下，设计经验和设计能力是学术研究的重要依据，将设计本身作为重要研究拓展方式，从而达成学科的"严谨性"和"相关性"要求。

朱育帆，郭湧. 设计介质论——风景园林学研究方法论的新进路[J]. 中国园林，2014，30（07）：5-10.

设计研究认识论案例：景观设计学科生产力与有效性探究（Milburn & Brown，2016）

研究方法	文献研究、经验总结、问卷调查、统计分析

这项研究考察了北美大学风景园林学院的研究生产力以及有效性，对风景园林教育工作者委员会（CELA）列出的457名助理教授、副教授和教授进行问卷调查。结果表明，各方面的生产力都有所提高，尤其是期刊论文的平均数量。但关于研究的有效性认知存在较大的偏差，专业实践人士经常使用的前5个研究主题和他们认为有价值的前5个研究领域都不在CELA成员研究的前5个主题中，只有约50%的专业实践人士认为研究适用于实践，而约90%的CELA成员这样认为。研究提出，可以通过从业人员的再教育、改变应届毕业生主观研究态度、创造吸引从业者的交流场所和工具，实现景观设计学科生产力持续增长。

Lee-Anne S, Milburn R D, Brown. Research productivity and utilization in landscape architecture[J]. Landscape and Urban Planning, 2016, 147: 71-77.

[28] 朱育帆，郭湧. 设计介质论——风景园林学研究方法论的新进路[J]. 中国园林，2014，30（07）：5-10.

[29] L S, Milburn R D, Brown. Research productivity and utilization in landscape architecture[J]. Landscape and Urban Planning, 2016, 147: 71-77.

[30] 王志芳. 如何建构风景园林的"设计科研"体系[J]. 中国园林，2016，32（04）：10-15.

[31] Meijering J V, Tobi H, van den Brink A et al. Exploring research priorities in landscape architecture: An international Delphi study[J]. Landscape and Urban Planning, 2015, 137: 85-94.

设计研究认识论案例：风景园林科研方法体系（王志芳，2016）

研究方法	文献研究、经验总结

作者通过文献研究法和对比论证法，探讨了风景园林学科从实践到理论提炼时面对的最大问题，即为了达到专业的科学性而对设计科研体系和方法的构建。这篇文章通过对比设计实践与传统生态方向研究之间形成的错位关系，并通过文献研究进行分析。文章描述了设计问题研究、设计策略研究、设计既是研究、设计成果研究四个过程，以此分析景观/风景园林如何在跨学科的交叉中弥补传统科研的不足，成为一个独立的科学研究体系。

王志芳. 如何建构风景园林的"设计科研"体系[J]. 中国园林，2016，32（04）：10-15.

设计研究认识论案例：学科的研究重点（Meijering, et al., 2015）

研究方法	文献研究、经验总结、调查法

通过对景观设计行业的学术进展与现状简单回顾，引出对景观设计学者的关注研究领域以及对景观设计实践最有用的领域的探讨；借助匿名问卷调查表，使用德尔菲法挖掘景观设计专家的样本在景观设计最重要的研究领域（作为研究学科）和景观设计实践的最有用领域上的认识，专家样本来自六大洲的景观设计专家；结合问卷调查结果，分析景观设计作为研究学科的最重要的研究领域，并比较了领域重要性在学术界和专业人士之间、各个大洲之间的差异；指出景观设计作为学术研究的重点应放在"规划和设计的人为因素""建筑环境和基础设施""全球景观问题"和"绿色城市发展"上。"规划和设计的人为因素"以及"建成的环境和基础设施"似乎对于景观设计实践也更有帮助。并探讨了研究的不足以及未来改进的方向。

Meijering, J V, Tobi H, van den Brink A et al. Exploring research priorities in landscape architecture: An international Delphi study[J]. Landscape and Urban Planning, 2015, 137: 85-94.

4.6 小结

风景园林学是一门年轻的学科，无论是国内还是国外，本学科的发展依然存在诸多挑战，例如理论建构很不完善，相应的知识体系尚未搭建出来，景观设计研究与景观设计实践存在一定程度的背离等。因此从认识论的角度，在重新认识学科、认识学科史以及学科重点、认识设计对象、认识设计方法论，以及认识设计研究方法论等层面进行探索，进一步促进百家争鸣，对于未来学科整体的发展具有重要意义。

需要说明的是，学科理论不是本书的重点，但通过选取和介绍比较典型的认识论案例，本书展示了学科理论的初步体系，倡导避免"以史代论"的理论探索方法。"历史"和"理论"是独立的，是可以分开讨论的，这是一个学科成熟的标志与体现。

与此同时，本书虽然列举了认识论的案例并倡导认识论的重要性，但这并不意味着鼓励所有人都应该进行这方面的研究与探索。这类研究看似简单，但却高度考验研究者的素质与经验。从研究方法上看，认识论方面的研究更多的基于经验总结、个案研究、调查法等定性研究，少部分借助文献调研的方法开展定量研究。看似研究形式灵活多样，方法不拘一格，但对研究者素质要求较高。经验总结法是实践与个人经历的总结，需要凭借个人或团体的特定条件与机遇而获得，带有偶然性和特殊性。文献调查法的优点在于可以突破时间和空间的限制，且主要是书面调查，比口头调查信息更准确可靠；但文献本身可能存在一些缺陷，且知识提炼过程是默会的，需要积累大量经验。调查法能在短时间同时调查很多对象，获取大量资料，同时能对资料进行量化处理，经济省时；但被测试者由于种种原因可能对问题作出虚假或错误的回答。这些研究方法都看似简单，但操作起来都有一定的难度系数。

整体而言，认识论类的研究可以从宏观上把握专业特色以及与其他科学的关系，并基于对如何开展设计实践与研究的思考，为更好的促进景观设计学专业提供支持。所有人都可以进行这方面的思考，但深层次的研究与推论比较困难。建议初入门者多看这方面的讨论但少写这方面文章，同时推荐具有较多实践经验的成熟学者更多地进行设计论类的提炼与归纳研究，更好地总结学科特色与内涵。

本章要点总结

1）什么是认识论类的研究？

2）认识论类研究对学科的意义是什么？

3）如何从认识论的角度，重新认识学科、认识学科史以及学科重点、认识设计对象、认识设计方法论，以及认识设计研究方法论等？

第 5 章

设计问题类研究

如何发现场地中存在的诸多问题，并从中界定出场地核心问题，是设计最根本的起点与基础。

一个项目的设计实践开始时，如何确定场地的核心问题以及核心矛盾十分关键。核心问题和核心矛盾基本决定了后续项目设计的走向。任何一个项目设计，都应该在设计之初强化对场地核心问题的认识，针对核心问题采取精准的设计策略，以避免漫无目的地大量做功带来缺乏重点的工作成果。因为缺乏对场地问题的有效认识，设计策略只能泛泛而言，什么都点到为止。或者找出的问题与场地实际的核心问题不相符，那后续的设计就会更无据可依。场地是设计的原点。场地感受很直接，场地问题很基础。找到问题，并去伪存真，找出最核心的问题，是设计有效进行的核心。这可以是一个科学研究过程，也可以是一个经验以及默会的过程。但无论如何核心问题要聚焦，得到最核心的1~3个即可。

为推进设计行业对于项目场地问题的深化认识，本章以案例的形式，归纳介绍目前已有的认知场地问题的技术过程与方法。并试图结合已发表的文章进一步强调，如何理解场地问题是设计研究的重要组成部分，因为场地问题的界定是一个多元模式，这其中充满各种研究可能。

本章将从设计师、专家或专业技术人员，以及非专业人士三个视角对场地问题类研究进行梳理与展示，并结合具体的案例，总结不同方法的优劣势。场地问题一般都表现为三个层面：场地上可以通过直觉感知到的直观问题、需要通过专家验证的科学问题以及非专业人士在实际使用中体现的问题。设计师更多的是采用直觉、体验、调查以及资料查找的方式去发掘场地问题。其他专业的专家可以带着更多不同专业的技术与方法来协助场地问题的认知。而使用者的意见却需要设计师利用问卷、访谈以及参与的途径，贡献于场地问题的提炼。三个角色在界定场地问题中，各自承担了不同的板块，也相互作用，互相

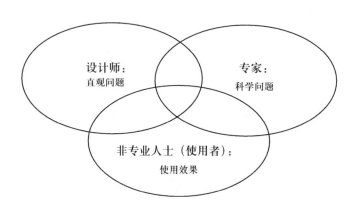

图5-1 设计师、专家和使用者在发掘场地问题中的作用

补充（图5-1）。从设计师、专家或专业技术人员，以及非专业人士三个视角
对设计问题类研究进行梳理，可以梳理出不同研究方法的性质与优缺点，促进
这类研究，以及增强这类研究对设计实践的指导作用。

5.1 设计师探究场地问题的常规途径

设计师一般通过实地调查与查阅资料来解读场地，在这个过程中，常常是
感性与理性并存的。根据感性和理性在问题探究上作用的不同，本章进一步将
设计师常用的途径分为四大类：直觉感知、现场体验、现场调查与资料整理
（如表5-1）。这四种方法各有优劣，在实际案例中通常组合应用。

现场调查被定义为一种定性的数据收集方法，旨在观察、互动和理解自然
环境中的人们，重点在于现场数据的记录与统计，还需要其他研究方法配合使
用才能更完善。其优点是直观，且具有一定的科学性；能够很好地记录和发现
场地当下的问题；帮助感知和理解"是什么"，考虑"可能是什么"。

资料整理主要是指对文字资料和对数字资料的整理。资料整理是根据调查
研究的目的，运用科学的方法，对调查所获得的资料进行审查、检验，分类、
汇总等初步加工，使之系统化和条理化，并以集中、简明的方式反映调查对象
总体情况的过程。资料整理是设计师解读场地的重要方法[1] 常常被用于研究广
泛的规划设计问题，如生物多样性保护[2]。

Mapping的最终目的是基于前期对场地信息的整理调研，在地图上将收集
到的所有内容转化成有效的信息图像。Mapping就是绘制一张以自己的理解为
主导的场所地图。此外，根据具体的研究对象、手法、成果等的不同，也形成
了许多针对性的研究方法。例如，Mapping[3]，就是以现场体验为主，辅以现场
记录，形成一张以"调查者的理解"为主导的场所地图；何志森常用的发现场
地问题的方法就是Mapping，通过"跟踪"摊贩、清洁工人、保安、流浪者和
广场舞大妈之类的普通民众等，这类"小"而容易被忽视的对象，研究人与建
筑之间的关系[4]。本文选取了两篇设计问题类研究文献，以及一个具体实践案
例来说明设计师探索场地问题的常规路径。Mapping操作方便，可以帮助设计
师快速进入场地，且具有艺术性，但是主观性强，花费时间长，受到调研对象
影响较大。

[1] Geroldi C. Spectacle Island: From discarded fill to designed landscape, a 'nature'-looking park[J]. Journal of Landscape Architecture, 2017, 12(3): 16-31.

[2] Richard W, Zuzanna D, Sara P K. Hotspot cities: Identifying peri-urban conflict zones[J]. Richard W; Zuzanna D; Sara Padgett Kjaersgaard, 2019, 14(1).

[3] 何志森. Mapping 工作坊：重新解读城市更新与日常生活的关系[J]. 景观设计学，2017（5）：52-59.

[4] 何志森，杨薇芬. 大地之上：基于人的尺度的图绘[J]. 国际城市规划，2019，34（6）：13-20.

表 5-1：设计师探究场地常用方法分类

性质	研究方法	优点	缺点
感性	直觉感知	直接：对已暴露或已存在的问题直观感受	无科学性的论证，需进一步研究才能找到解决途径
	现场体验	操作方便：快速进入场地通过自身体验，提炼场地问题	主观性强，花费时间长，受到调研对象影响较大
	现场调查（记录与统计）	直观，且具有一定的科学性：能够很好的记录和发现场地当下的问题，帮助感知和理解"是什么"，考虑"可能是什么"	仅有现场数据，需要其他研究方法共同使用才能更完善
理性	资料整理	总结已有的研究，科学完善	缺乏场地的直接数据和直观感受

设计师探究场地问题的常规途径案例：绘制（Mapping）（何志森，2017）

研究方法	Mapping，直觉与经验

　　2017年，在何志森讲授的"菜市场改造"设计课程中，他让学生去"跟踪"菜场里的摊贩，跟他们一起生活。通过这种方式，何志森发现学生的记录大部分与摊贩的手有关，因此他鼓励学生以摊贩的手为主题，并在美术馆里举办了摄影展，以呈现市场中手的故事。学者认为这种过程可以让设计师更好地通过"侦探"的方式来挖掘场地的复杂性和丰富性，也为设计师发掘场地的隐藏特征并真实呈现我们所居住的日常生活空间提供了一种有效手段。

何志森. Mapping 工作坊：重新解读城市更新与日常生活的关系[J]. 景观设计学，2017（5）：52-59.

设计师探究场地问题的常规途径案例：历史资料（Geroldi，2017）

研究方法	以研究场地历史为主，辅以现场调查

　　本文旨在通过研究场地的历史，证明处理废弃填埋场的重要性，以及设计在处理这一问题时扮演的重要角色。首先，描述了与Big Dig挖掘出的物料管理相关的问题，说明废弃填充管理的复杂性和技术性，以及设计师的干预潜力。接着，结合场地的历史资料，设计师选择将干预的"结构性"隐藏在"自然景观之下"。文章讨论了景观设计师在此过程中的角色，指出从设计角度理解并处理废弃填充物问题的好处。

Geroldi C. Spectacle Island: From discarded fill to designed landscape, a 'natural'-looking park[J]. Journal of Landscape Architecture, 2017, 12(3): 16-31.

5.2　专家或是专业技术介入的途径

　　鉴于设计具有的跨学科特征，各种不同专业的技术与方法，只要有需要，都可以运用到场地的分析评价中，以完善调查内容。调查的内涵包括感知、记录，以及对观测结果的可视化或建模，它的基本工作还包括将景观媒介的性质转化为可与他人交流的制图和具象媒介[5]。建立在对特定地点的特征检查和测

[5]　American Congress on Surveying and Mapping(ACSM), http: //landsurveyorsunited. com/acsm, accessed 17 July 2016.
　　Dee C. Form, utility, and the aesthetics of thrift in design education[J]. Landscape journal, 2010, 29(1): 21-35.

量基础上，调查为设计和管理提供了经验基础，是一种感知和理解现状的、预测改变的方式。与传统的技术相比，快速的技术创新已经拓展了调查的现象范围、精准度，并使假设性的动态模拟成为可能[7]。最常见的介入方式包括，为设计调查提供数字地理空间数据集、空间模型、评估模型等。本书以无人机勘测、地理空间建模、InVEST生境评估模型、街道空间视觉质量评价为例，对专业技术的介入途径进行解释。

无人机勘测可以还原场地"本地的、精确的和具有文化特异性的"具体物理现实，将设计师嵌入到一个新的社会技术配置中，为实地工作和地点感知提供了更多元的机会。无人机技术作为测量一种专业技术，通常与场地建模、场地模拟、媒介生态学结合，使特定地点的景观动态更加清晰，同时也为设计现场工作开辟了新的多产途径[6]。模拟场地或建模[7、8]就是在真实的景观中建立原型，作为测试场地或"试验场"，通过无人机、数码相机、实时运动学（RTK）测量设备和一套软件平台的技术，模拟特定的关系以解读场地问题。媒介生态学作为一种探究模式，研究的是技术、人与环境之间的共同创造关系，与传统的"现场参观"相比，可能提供更深入地解读场地的机会。

InVEST（Integrated Valuation of Ecosystem Services and Trade-offs，简称InVEST）模型是由大自然保护协会、斯坦福大学和世界野生动物基金会联合开发的环境服务功能评估模型—生态系统服务和交易的综合评估模型。其中，生态系统服务和交易的综合评估模型的生境模块[9]（InVEST-Habitat Quality），是最常用的子模块，采用土地利用信息结合对生物多样性构成威胁的各种生态威胁因子，对生境质量情况进行总体评价，模型运行结果是反映生境质量的重要指标，下文以北京市通州区的生境质量评价[10]为例对其进行补充说明。

除了无人机现场采集以外，大数据平台与技术也为场地调查提供了大

[6]　Brett M. Making terrains: Surveying, drones and media ecology[J]. Journal of Landscape Architecture, 2019, 14(2).

[7]　Greco S E, Girvetz E H., Larsen E W, et al. Relative elevation topographic surface modelling of a large alluvial river floodplain and applications for the study and management of riparian landscapes[J]. Landscape Research, 2008, 33(4): 461-486.

[8]　Toshiya M, Makoto Y, Atsuki A. Identification of potential habitats of gray-faced buzzard in Yatsu landscapes by using digital elevation model and digitized vegetation data[J]. Landscape and Urban Planning, 2003, 70(3).

[9]　谢余初, 巩杰, 张素欣, 马学成, 胡宝清. 基于遥感和InVEST模型的白龙江流域景观生物多样性时空格局研究[J]. 地理科学, 2018, 38（06）: 979-986.

[10]　张梦迪, 张芬, 李雄. 基于InVEST模型的生境质量评价——以北京市通州区为例[J]. 风景园林, 2020, 27（06）: 95-99.

量的卫星、街景图像，结合图像深度算法，可以完成大规模的空间评估[11]。通过这些专业技术的介入，研究者根据项目的性质和利益相关方关注的问题，进一步对场地的特性进行探究，如栖息地生境评估、水灾脆弱性、地形变化等。

专业技术介入途径案例：无人机与媒介生态学研究（Milligan 2019）

研究方法	现场调查、无人机测量、模拟场地、媒介生态学分析

该项目是利用无人机和场地模拟对Sacramento Weir和Yolo Flood Bypass在较长时间内进行洪水观察和动态方案管理，以及对Antioch Dunes Refuge的地形地貌进行研究。研究结果描述了无人机技术可以提供的独特能力，强调对特定地点的建模，时空景观随时间的变化，并扩大了现场调查和地点感知的技术美学能力。

Brett Milligan. Making terrains: Surveying, drones and media ecology[J]. Journal of Landscape Architecture, 2019, 14(2).

专业技术介入途径案例二：大型冲积河泛滥区空间建模（Greco et al., 2008）

研究方法	相对高程地形图建模技术

研究提出了一种新颖的创建地形图的空间建模技术，以估算洪泛区相对于河道平均低流量水面的标高。并将其应用于美国加利福尼亚州萨克拉曼多河中部121公里的研究区域。结果显著相关（p<0.005），表明建模表面反映了与地下水位垂直距离的合理近似值。洪水淹没模式分析表明，正确预测淹没和未淹没区域的总体准确性为79%。该模型同时被用于检测相对河岸高度和河岸植物群落的分布等景观要素之间生态关系。

Greco S E, Girvetz E H, Larsen E W, et al. Relative elevation topographic surface modelling of a large alluvial river floodplain and applications for the study and management of riparian landscapes[J]. Landscape Research, 2008, 33(4): 461-486.

专业技术介入途径案例三：北京市通州区生境质量评价（张梦迪等，2020）

研究方法	InVEST模型（生态系统服务和交易的综合评估）

该研究分析了通州区2008—2013年和2013—2018年2个时间段的土地转换情况，并运用InVEST模型对通州区的生境质量进行评价。发现，在2008—2018年间，通州区以建设用地为主的低度生境质量逐年增加，而以绿色空间为主要用地类型的一般、中度和高度生境质量呈缩减趋势。这主要由于林地、草地、耕地等用地类型向建设用地转变，从而导致中高度生境质量下降以及以耕地为主的一般生境质量的比例减少。

张梦迪，张芬，李雄. 基于InVEST模型的生境质量评价——以北京市通州区为例[J]. 风景园林，2020，27（06）：95-99.

---

[11] Jingxian T, Ying L. Measuring visual quality of street space and its temporal variation: Methodology and its application in the Hutong area in Beijing[J]. Landscape and Urban Planning, 2019, 191.

专业技术介入途径案例：北京胡同街道空间视觉质量评价
(Tang and Long, 2019)

研究方法	数据集街景图像（Street View Picture，SVP）搜集＋图像深度算法

该研究以北京历史街道空间——胡同作为实证研究对象，旨在构建一种测量方法对大面积街道空间的视觉质量进行识别与评价（vQoSS）。研究首先通过腾讯公司的街景数据和"时间机"功能，搜集2012年至2016年街景图片的数据，共采集1892个地点的51356幅图像。然后选取典型物理特征变量，对物理层面的vQoSS进行自动评价。结果显示除了少数快速改善的胡同（什刹海、南锣鼓巷）和道路（干面胡同、禄米仓胡同等）得到较高的评分外，整体感知的vQoSS并不是满意的。

Jingxian Tang, Ying Long. Measuring visual quality of street space and its temporal variation: Methodology and its application in the Hutong area in Beijing[J]. Landscape and Urban Planning, 2019, 191.

5.3 非专业人士介入的途径

非专业人士在设计问题研究中的介入起源于自下而上的设计需求，旨在召集利益相关者和社会上各类团体（主要是使用者）参与到设计活动中，塑造更具包容性的城市设计和发展[12]。这种渐进式的问题探究除了关注设计事项以外，通常还包含更多的社会、经济、政治等因素，往往涉及多种群体和大量的交流、记录、分析工作。根据参与程度的深浅，常见的研究途径可以分为三大类：问卷调查法、访谈法、参与式制图法。问卷调查法[13]主要是通过大量的问卷以获得使用者的感受，结果较为表面；访谈类[14]，主要在调查样本较少的情况下进行，更多的是采用半结构化访谈（Semi-structured Interviews），即非正式的访谈。也就是对访谈对象的条件、所要询问的问题等只有一个粗略的基本要求，具有更高的灵活性和深度性，但也因此精确度略显不够。参与式绘图法[15~17]将参与者的感知与空间要素更紧密的结合，需要相关专业人士进一步的分析、再现与总结，这类方法致力于将科学知识与本土知识结合。本节前三个案例分别介绍这三类途径在应用中的操作流程与意义，还有一个综合应用案例[18]（表5-2）。

[12] Davis D E, Hatuka T. The right to vision: a new planning praxis for conflict cities[J]. Journal of Planning Education and Research, 2011, 31(3): 241-257.

[13] Rashid M, Ara D R. Designed Outdoor Spaces and Greenery in a Brownfield Inner City Area: A Case Study from Sydney[J]. Landscape Research, 2015, 40(7): 795-816.

[14] Stelling F, Allan C, Thwaites R. An ambivalent landscape: the return of nature to post-agricultural land in South-eastern Australia[J]. Landscape Research, 2018, 43(3): 329-344.

[15] Kim A M. Critical cartography 2.0: From "participatory mapping" to authored visualizations of power and people[J]. Landscape and Urban Planning, 2015, 142: 215-225.

[16] Annette M. Kim. Critical cartography 2.0: From "participatory mapping" to authored visualizations of power and people[J]. Landscape and Urban Planning, 2015, 142.

[17] Greg B, Christopher M. R. Methods for identifying land use conflict potential using participatory mapping[J]. Landscape and Urban Planning, 2014, 122.

[18] Khan M, Bell S, McGeown S, et al. Designing an outdoor learning environment for and with a primary school community: A case study in Bangladesh[J]. Landscape Research, 2019.

表 5-2：非专业人士介入的三类途径

程度	介入途径	优势	不足
简单参与	问卷调查法	快速获得使用者对场地的感受和意见；可通过发放大量问卷获得更客观的结果	结果局限于表层，使用者缺乏深度参与
↓	访谈法	与使用者直接交流，更直观和深入地了解场地问题和矛盾	相比于问卷调查，耗时较长，数据较少
深入参与	参与式绘图法	结合科学知识与本土知识，使数据可视化呈现	主观性强，较大地依赖于利益相关者的知识

非专业人士介入途径案例：布朗菲尔德市区内设计的室外空间和绿化设施
(Rashid and Ara，2015)

研究方法	调查问卷法、实地观察和调查

　　在悉尼内部区域中具有周边街区配置的设计住宅小区，本研究对"建筑师—用户"界面进行分析。它使用问卷调查、建筑师的访谈和观察，以及室外空间的使用变量的均值等检验，探讨了三个问题，在特别高密度的住宅环境中，用户是否重视经过精心设计的空间？设计师是否意识到用户对室外空间的反应？用户对室外空间的感知与设计师的初衷之间是否存在一致性？结果表明，功能性设计和绿色空间在户外空间设计中同样有效

Rashid M, Ara D R. Designed Outdoor Spaces and Greenery in a Brownfield Inner City Area: A Case Study from Sydney[J]. Landscape Research, 2015, 40(7): 795-816.

非专业人士介入途径案例：澳大利亚利益相关者的景观认知矛盾
(Stelling et al.，2018)

研究方法	半结构化访谈法、文献研究法

　　本文关注澳大利亚东南部由自然区域回归后农业景观的土地矛盾，利用了53个半结构化访谈和文献综述，总结了利益相关者对其的看法。通过话语分析，该研究强调了"对这种植物自发生长的景观"的社会矛盾心理，并阐明了这种矛盾心理的根本原因。旨在探索如何利用这种理解，来促进社会对再生景观的认识与接受，并促进"再生景观"在景观恢复中的作用。

Stelling F, Allan C, Thwaites R. An ambivalent landscape: the return of nature to post-agricultural land in South-eastern Australia[J]. Landscape Research, 2018, 43(3): 329-344.

非专业人士介入途径案例：澳大利亚当地人参与绘制土地利用的潜在冲突
(Brown and Raymond，2014)

研究方法	参与式绘画，GIS，多媒体和互联网地图

　　文章提出了一个简单的二维土地利用冲突模型，将现代制图工具和参与式方法结合起来，以澳大利亚的住宅和工业发展为例，收集了11种景观价值和6种发展偏好，并利用空间数据对其进行了操作，将景观价值的空间分布、价值相容性评分、土地发展偏好差异，以及价值与偏好综合得分指数表述为不同的冲突指数并显示在地图中，为区域土地规划从业人员提供参考资料。还结合实践指出这一参与式绘画的局限性。

Greg Brown, Christopher M. Raymond. Methods for identifying land use conflict potential using participatory mapping[J]. Landscape and Urban Planning, 2014, 122.

5.4　综合运用案例

　　大多数项目场地都存在复杂的问题，且有不同的项目愿景，因此也就需要根据项目阶段、目标、性质，研究人员组成、看待问题的角度不同，综合多层面的研究方法来发现并提炼场地问题。事实上，项目运用单一的方法去认识场地问题的过程并不多见。本章在前面列举的案例也大多涉及几种不同的方法，只是以某一种方法为主。本章再次继续列举了四个其他案例，这些案例更加综合地应用多种方法来研究场地问题，包括大波士顿都市区的弹性分区策略[19]、加里西亚景观规划[20]、中国台湾河流修复项目评估[21]。

不同方法的综合应用案例一：大波士顿都市区的弹性分区策略（Alan M, 2020）

研究方法	文献分析、案例研究法、直接感知、现场调查、参与式决策法、模型分析法、专家小组法、评估模型法
	本研究通过文献分析，认为雨洪问题是沿海城市的重大挑战，详细介绍了大波士顿都会区的弹性分区策略。设计团队"弹性分区"的工作理念来自"设计重建"（RBD）竞赛：结合现场调研对场地历史问题进行分析；通过测绘和公共数据建立空间模型识别波士顿港附近的关键基础设施和潜在的破坏点；并成立了区域利益相关者联盟和专家小组，制定了评估模型，共同完成弹性决策。该研究的最终目的是建立一个可服务于城市规划和设计的框架，以实现城市的弹性保护，并指出景观是一项至关重要的公共安全服务。

Alan M. Berger, Michael Wilson, Jonah Susskind, Richard J. Zeckhauser. Theorizing the resilience district: Design-based decision making for coastal climate change adaptation[J]. Journal of Landscape Architecture, 2020, 15(1).

不同方法的综合应用案例二：加里西亚—GIS网络和公众参与进行景观规划（Sante，2019）

研究方法	参与式地图 PPGIS、专家小组、工作坊
	本研究对部分景观案例进行了分析总结，并制定了一套公众参与的程序，即使用专家小组和参与地理信息系统进行景观的分析和诊断，以捕捉当地知识、敏感问题和冲突、促进信息交流和民主化进程。传统的公众参与方法往往局限于规划过程的最后阶段的公众参与，新的公众参与法要求公众在各个阶段都发挥作用。结果表明，通过公民、不同的利益相关者的偏好表达和合作的方式，可以实现更积极的公众参与，以及更灵活的景观规划。

Sante I, Fernandez-Rios A, Maria Tubio J, et al. The Landscape Inventory of Galicia(NW Spain): GIS-web and public participation for landscape planning[J]. Landscape research, 2019, 44(2): 212-240.

———————

[19] Alan M. B, Michael W, Jonah S, Richard J. Z. Theorizing the resilience district: Design-based decision making for coastal climate change adaptation[J]. Journal of Landscape Architecture, 2020, 15(1).

[20] Sante I, Fernandez-Rios A, Maria Tubio J, et al. The Landscape Inventory of Galicia (NW Spain): GIS-web and public participation for landscape planning[J]. Landscape research, 2019, 44(2): 212-240.

[21] Chou R J. Achieving successful river restoration in dense urban areas: Lessons from Taiwan[J]. Sustainability, 2016, 8(11): 1159.

不同方法的综合应用案例三：中国台湾河流修复项目评估（Chou R J., 2016）

研究方法	案例研究法、访谈、实地观察/调查、数据分析法

　　本项目的研究重点是中国台湾河流恢复项目的实际性能，通过深入的访谈，实地考察和对政府文件的审查，提出了有关河流恢复实践中涉及的实际因素；并提出韩国清溪川的河流修复框架，有效地为当地居民提供成功的河流修复实例，包括防洪、娱乐和美学三个方面。研究表明向公众清楚地表达相关信息，并实现持续而广泛的公众参与，以此作为社会目标体系，对于河流恢复的成功至关重要。

Chou R J. Achieving successful river restoration in dense urban areas: Lessons from Taiwan[J]. Sustainability, 2016, 8(11): 1159.

本章要点总结

　　设计实践开始时，如何去界定场地的核心问题以及核心矛盾？又可以采用哪些分析方法？

第6章
设计策略类研究

设计策略的产生是一个感性与理性综合的过程。设计创新要站在巨人的肩膀上，通过充分借鉴、对比现有的设计和科研成果以及未来各种发展可能性，在"有破有立"中推进新策略。

场地问题确定之后就需要制定相应的设计策略，去解决相关问题并畅想未来。设计策略的形成是项目的核心所在，不是一个简单的过程。设计师需要通过各种方式去探究场地问题的最佳解决之道以及最适宜场地的发展前景。

本章重点介绍在设计策略制定的全流程里可以开展的各种研究。这些研究既包括初步的案例分析，也包含跨学科思维，深入理解并归纳与核心问题相关的已有科研成果，探索传统科研知识及理论体系能够在多大程度上支撑所对应问题的科学设计决策。这是一个从实践的视角整理已有设计案例以及传统科研结果的过程。设计策略研究需要在设计问题基础上，探索实现既定设计目标的策略、手段组合，核心内容是将零散的专业知识、科研发现以及实践经验转化成有效设计导则[1]。同时需要在已有知识的基础上进行恰当的选择与创新，尝试新的解决思路与方案。

依据设计策略制定的常规路径："看一下已有哪些类似的做法""比较选择一下哪些做法可能更适合于项目场地"以及"制定对应的设计策略"，本章将设计策略类的研究归纳为策略归纳、策略选择和新策略研究三大类（图6-1）。

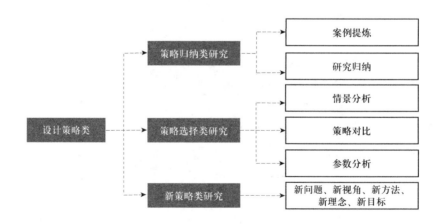

图6-1 设计策略研究分类体系（黄丽云 绘）

归纳类研究主要针对的设计策略前期的常规准备阶段，试图从别人的设计或是研究寻找适合的方法进行借鉴。这一过程又可以分为案例提炼类以及跨学科研究归纳类。

---

[1] 王志芳，李明翰. 如何建构风景园林的"设计科研"体系? [J]. 中国园林，2016（04）：10-15.

选择类研究针对设计策略制定中期阶段，通过对各种已有策略方法的选择对比，以形成更适合于项目场地的策略。这一阶的研究主要是对具体策略进行分析、对比、总结。根据操作内容跟侧重点的不同，可以分这些研究分为情景分析、策略对比、参数分析三类。

新策略类研究聚焦最后策略的制定。新策略是对创新性要求最高的类别，切入点主要包括新问题、新视角、新方法、新理念、新目标五个方面。

6.1　策略归纳类研究

聚焦设计策略前期资料搜索，策略归纳类研究在从别人的设计或是研究寻找灵感与借鉴的过程中，可以做两类研究：案例研究类以及跨学科研究归纳类。案例研究是最常见的设计策略借鉴途径，但本章强调，跨学科研究归纳同等重要，跨学科借鉴是实现循证设计的重要基石（表6-1）。

表 6-1：案例研究和研究归纳特点

	案例研究	研究归纳
内涵	从设计案例中借鉴	从跨学科理论与科研中借鉴
优点	案例研究能提升实证有效性。 有利于研究者把握事件的整体性。 多种研究方法增强了研究有效性与可靠性。 可以拓展对经验世界的认识	通过研究生成的设计导则能够节省大家的时间精力，使设计更科学化。 传统科研成果较为客观，科学性较强，适用性强
缺点	具有一定主观性。 方法在操作中难以标准化	传统科研成果搜集需要较大精力。 传统科研不能解决所有问题，可能难以得到很好的理论与实践的结合。 形成的设计导则需要时间进行实践

6.1.1　案例研究类

案例研究，是一种运用历史数据、档案材料、访谈、观察等方法收集数据，并运用可靠技术对一个事件进行分析从而得出带有普遍性结论的研究方法[2]。广泛用于大多数行业，包括医学、法律、规划和建筑等。这种做法在设计中也越来越普遍。在设计策略研究中，案例研究是指对项目的过程、决策、结果、评价进行系统的记录与分析，并总结归纳出某类项目有效的设计策略[3]。通过案例研究，人们可以对某些现象、事物进行描述和探索，有利于人们建立新的理论，或对现存的理论进行检验、发展或修改；也可以找到对现存

[2]　RK Y I N. Applications of case study research[J]. Design and methods, 1994.

[3]　Francis M. A case study method for landscape architecture[J]. Landscape journal, 2001, 20(1): 15-29.

问题解决方法的一个重要途径。

案例研究分析中至少有三个层次：项目摘要，完整的项目案例研究以及更深入的案例研究，包括项目背景或项目本身的材料。对于设计这样一门实践性极强的学科，设计策略往往直观地存在于项目的书面和视觉文档中，这也使得案例研究类成为设计策略研究中普遍使用的方法。根据案例数量的不同，可以分为特定案例研究和多个案例研究。

1）特定案例的提炼

即对一个案例进行研究得出该项目使用的设计策略，其内容多为就项目论项目，例如国外的某项目给国内建设带来的启示。其结论往往全盘照搬项目的既有设计策略，或结合国内的情况对既有策略进行提炼转译。

2）多案例归纳

即对多个案例进行分析、比较得出的一般性设计策略[4]。强调围绕特定议题的研究，不同于只记录和评价一个地方的或地域的案例研究，需要通过多个紧密相关的案例来确定共同的品质和特征[5、6]。

策略归纳类研究案例：纽约哈德逊河公园（姚朋，2014）

研究方法	特定案例提炼研究
滨水工业地带的更新和开发是城市复兴和城镇化进程的重要组成部分，美国纽约的哈德逊河公园是以绿色开放空间模式为主导对城市滨水工业地带进行更新开发的典型案例，在协调生产生活和自然关系方面有重要的借鉴作用。文章通过对案例实施的机构法案、设计理念及空间结构三方面的研究探讨了我国同类项目规划建设的策略。	

姚朋. 纽约滨水工业地带更新中的开放空间实践与启示——以哈德逊河公园为例[J]. 中国园林，2020，36（01）：49-54.

策略归纳类研究案例：苏黎世开放空间网络（李雰，2014）

研究方法	特定案例提炼研究
苏黎世政府于1983年启动了开放空间优化工程，改善、维护城市中的开放空间，并重建城市开放空间的连接关系，构建了一个多尺度、多层次、多功能的立体开放空间网络体系。这使苏黎世政府持续名列世界宜居城市前10名。文章基于苏黎世案例探讨基于网络思维的城市开放空间优化规划，提炼出社会空间网络构建、自然空间网络构建，以及开放空间管理三个方面的规划策略。	

李雰，费友克. 城市开放空间网络构建——苏黎世从"灰色城市"到"宜居城市"的规划实践启示[J]. 中国园林，2014，30（12）：67-70.

[4] 路易斯，劳瑞斯，陈美兰，等. 基于案例分析的后工业景观改造的规划设计理论[J]. 风景园林，2013（1）：133-148.

[5] 林广思，黄子芊，& 杨阳. 景观绩效研究中的案例研究法[J]. 南方建筑，2020，（03），1-5.

[6] Francis, M., & Griffith, L. The Meaning and Design of Farmers' Markets as Public Space: An Issue-Based Case Study[J]. Landscape Journal Design Planning & Management of the Land, 2011, 30(2), 261-279.

策略归纳类研究案例：农贸市场的公共空间（Francis & Griffith，2011）

研究方法	多案例提炼研究
文章从60个最受欢迎的美国农贸市场中选择了五个规模较大、完善的市场，考察了市场内自然景观特征、空间格局与公共空间运行之间的关系。虽然每个市场在布局和地理位置上都是独特的，文章通过研究其中的共性，为农贸市场空间的规划与设计提出了公共空间设计的永恒性、可操作性、整体性和社会生活性四种普遍实用性设计原则。	

Francis, M., & Griffith, L. The Meaning and Design of Farmers' Markets as Public Space: An Issue-Based Case Study[J]. Landscape Journal Design Planning & Management of the Land, 2016, 30(2), 261-279.

策略归纳类研究案例：中国自然保护地社区参与保护模式
（廖凌云，赵智聪，杨锐，2017）

研究方法	多案例提炼研究
本研究综合考虑了案例地理分布、保护地类型、社区参与保护模式的代表性以及保护成效，选择六个案例作为研究对象和作为中国自然保护地社区参与保护模式的典型代表，所选案例在地理分布上跨越中国西部高原和东南丘陵区。研究发现，他们共同点是以社区为主体，循序渐进地引导社区参与保护；不同点在于组织体系、内容层次、引导方式和保障制度的差异。最后，提出了加强法制建设、多元引导方式、资金保障制度、文化建设等一般性管理、建设策略。	

廖凌云，赵智聪，杨锐. 基于6个案例比较研究的中国自然保护地社区参与保护模式解析[J]. 中国园林，2017，33（08）：30-33.

总结来说，案例研究来源于实践，是对客观事实全面而真实的反映，将案例研究作为一项科学研究的起点能够提升实证有效性；它不仅是对现象进行详实的描述，更是对现象背后的原因进行深入的分析，它能回答"是什么""为什么"和"怎么做"的问题，有助于研究者把握事件的整体性。同时，研究方法逐渐成熟，包括实验、半实验、历史、故事（文档）等，加强了研究成果的有效性和可信度[7]，对实践、教育和理论认知有较大的意义。

但是，案例研究的信息收集存在较多限制，尤其是现场信息，数据共享也存在瓶颈。项目设计者、所有者和管理者可能不愿意完整地提供项目信息，而这些信息对于一个完整的、关键的案例研究是必要的[8]。并且，城市土地研究通常在项目完成一到两年之后才开始进行案例研究。有些项目在十年或更久之后才能得到最好的评估。这就意味着案例研究可能需要极高的时间成本，并且难以进行科学的评估。

6.1.2　研究归纳类

研究归纳指的是将各种零散的专业知识与科研发现（水文、气候、景观

---

[7]　Zainal Z. Case study as a research method[J]. Jurnal Kemanusiaan, 2007, 5(1).

[8]　Pengzhi L, Boxin L, Yiwen G, et al. AN EVIDENCE-BASED METHODOLOGY FOR LANDSCAPE DESIGN[J]. Landscape Architecture Frontiers, 2018, 6(5): 92-100.

生态等领域）转化成设计导则或空间模式的过程[9]。也就是，在科学决策过程中，深入理解并归纳与核心问题相关的已有科研成果，探索传统科研知识及理论体系在多大程度上能够对应实践问题，这是一个以实践的视角整理传统科研结果的过程。研究归纳类的研究具有明显的循证特征，典型过程[10]包括：

（1）定义研究问题；

（2）对相关学科已有的科研成果进行总结综述，并利用自身的专业知识制定可实施的空间模式或设计导则；

（3）研究归纳所形成的设计导则或空间模式会作为设计方案，其设计成果的评价将对这种假设进行检验；

（4）检验的结果将成为新的科研成果，回到过程分析阶段形成知识生产的逻辑回路。这种设计导则或空间模式往往具有一般性，是针对特定议题的指导框架。

从研究成果上看，研究归纳类研究会提供一个归纳完整的设计框架，其适用范围较广、有极强的科学性，在项目实践中检验研究成果，可以成为知识生产的过程，也可以为其他相关设计提供证据支持。但同时，这类研究也存在难点与不足，比如传统科研的许多成果与发现散落在各大期刊和科研报告上，需要耗费较大的时间精力去搜索、解读、归纳，并且传统科研不能解决所有问题，有可能很难得到一个很好的理论与实践的结合。同时在实践中，也并不是所有的景观设计项目的每个部分都要使用严谨的循证结果[11]，有些项目有时间或预算限制，有明确的、容易实现的设计目标，可以通过传统方法解决。而且形成的设计导则还需要设计实践去检验，结果可能无法得到立即的体现，有效性需要时间的考验。

策略归纳类研究案例：应对气候适应性的设计策略（Cerra，2016）

研究方法	研究归纳
针对气候变化产生的影响问题，文章介绍了一种"工作室"团队方法：学生们以团队的形式进行技术内容学习和案例分析工作，然后向整个团队展示结论并总结具有关键参考内容。研究得出了一个更全面的应对气候变化的措施框架，包括泛滥平原保护、低影响发展、弹性种植设计/生态弹性、景观连通性、城市热岛缓解和多模态机动性。该框架借鉴了现有的、零散应用的技术和方法，可能对实践有实际的意义。	

Cerra J F. Inland adaptation: Developing a studio model for climate-adaptive design as a framework for design practice[J]. Landscape Journal, 2016, 35(1): 37-56.

[9] Brown R D, Corry R C. Evidence-based landscape architecture: The maturing of a profession[J]. Landscape and urban planning, 2011, 100(4): 327-329.

[10] Nassauer J I, Opdam P. Design in science: extending the landscape ecology paradigm[J]. Landscape ecology, 2008, 23(6): 633-644.

[11] Brown R D, Corry R C. Evidence-Based Landscape Architecture for Human Health and Well-Being[J]. Sustainability, 2020, 12(4): 1360.

策略归纳类研究案例：低过敏空间的设计策略
(Cariñanos & Casares—Porcel，2011)

研究方法	特定案例提炼研究
该研究针对绿色空间引发花粉过敏的问题，综述了这种广泛的致敏性的主要原因，包括：种植时物种多样性低；特定物种的主要物种花粉来源过多；种植外来物种，引起新的过敏；选择雌雄异体的花粉生产雄性个体；入侵物种的存在；不适当的花园管理和维护活动；系统发育相关物种之间的交叉反应的外观；以及花粉和空气污染物之间的相互作用。该分析的结果突出表明，对于具有低过敏影响的城市绿地的设计和规划，显然存在指导原则。提议包括增加生物多样性，在种植外来物种时进行仔细控制，使用低花粉生产物种，采用适当的管理和维持策略，以及在为给定的绿色空间选择最合适的物种时积极与植物学家协商。	

Cariñanos P, Casares-Porcel M. Urban green zones and related pollen allergy: A review. Some guidelines for designing spaces with low allergy impact[J]. Landscape and urban planning, 2011, 101(3): 205-214.

策略归纳类研究案例：大都市景观的生物多样性保护（Opdam & Steingröver，2008）

研究方法	研究归纳
文章指出：物种特征的多样性、生态过程的空间尺度的多样性以及后代种群生态变化的复杂性是设计师、规划者和当地参与者未能正确使用生态知识的重要原因。基于物种特征和生态系统模式在空间上的关系，作者应用生态系统网络的概念，将生态过程与都市景观中的生态系统模式特征联系起来。根据与当地利益相关者进行的各种规划和设计会议中的文献资料和最新应用，文章得出了生态系统网络的十项设计准则，这些准则可以合并到一致的设计方法中，但需要使生态学家，计划者，设计师和利益相关者参与学习过程。	

Opdam P, Steingröver E. Designing Metropolitan Landscapes for Biodiversity Deriving Guidelines from Metapopulation Ecology[J]. Landscape Journal, 2008, 27(1): 69-80.

策略归纳类研究案例：生态修复的多种范式（王志芳等，2019）

研究方法	研究归纳
该研究采用文献资料综述、案例研究等质性分析方法，从自然定位、修复途径、预期功能三个角度对已有各种生态学理论以及观点进行比较研究。研究发现生态修复在现有理论体系下有6种不同自然途径：自然范式、本土范式、过程范式、文化范式、实验范式、绿色范式。每个范式看待自然、人以及预期功能上都有所差别。不同范式各有优劣，需要根据社会需求情况、自然重要性、自然破坏程度的高低进行综合选择，才能实现生态保护修复最优结果。	

王志芳，高世昌，苗利梅，罗明，张禹锡 & 徐敏. 2020. 国土空间生态保护修复范式研究. 中国土地科学（03），1-8. DOI: 10.11994/zgtdkx.20200317.132933

6.2 策略选择类研究

策略选择类研究是对一个方案的多个设计策略进行比较并得出最优设计策略的一种研究方法。这类研究的特征是，以针对研究目标的、基于经验或知识的数个设计策略为基础，这种设计策略往往表现出较强的探究特征。

根据其操作过程可分为情景分析、策略（直观）比较和参数类研究。情景分析的侧重点是对未来的整体畅想，通过过程模拟，把握不同未来发展趋势的主要特征以及影响，为设计策略的选择提供依据；策略对比类则是通过对设计策略的结果模拟，较为清晰、直观地看到不同设计策略的不同影响；参数类研究则是从不同的角度把握策略之间的相似性与相异性。它们也具有自身的优势与缺点（表6-2）。

表 6-2：策略选择类不同研究的特点

	情景分析	策略对比	参数研究
内涵	整体未来的不同畅想	具体策略的直接对比	设计参数对设计结果的影响
优点	能够整体面向未来进行选择	通过对比可以更直观地发现不同的设计方法之间的相似性与差异	可以客观直接地为设计参数地选择提供依据
缺点	过程比较复杂，操作较为困难	对比通常不够全面，只针对几个点进行对比而非整体全面的研究	样本可能不能代表整体，过程中会产生一些误差

通过策略选择类研究进行设计决策最大的优势在于，它的结论不是采用某一种传统策略，而是通过不同情境模拟、对比和参数化分析得出相对最佳策略，从而使最后的设计决策能够在一定程度上做到"扬长避短"。策略选择类研究除了情景分析，其他研究都是针对几个点进行探究而非整体全面的研究；也难以准确选取比较分析的单位和客观有效的标准，选择对比的样本具有一定的主观性和随机性。因此，这类研究对相关知识和经验的要求比较高，往往需要有已知的传统设计策略和专业素养。

6.2.1 情景分析类研究

情景分析类研究一般以过程模拟得出的结果作为依据，进行比较；往往会在对比结论之后进行差异的原因分析，以确保模拟过程的说服力，在原因分析的过程中，产生新的设计依据或经验。

策略归纳类研究案例：GI网络的空间规划方案（Hermoso，2020）

研究方法	情景模拟

作者通过两个规划方案的演示，研究如何使用空间规划工具来设计欧盟的GI网络：一个是针对整个欧盟的方案，另一个是针对各个国家的方案。两种方案都追求相同的目标：在"保护管理区"下涵盖767种脊椎动物和229个栖息地，并保证在GI网络下提供生态系统服务。通过对两个方案的过程模拟与结果分析，结果证明了在跨国规划的好处，并强调了需要更强大的政策工具来支持该网络的设计和管理，以确保政策和资金的整合。

Hermoso V, Morán-Ordóñez A, Lanzas M, et al. Designing a network of green infrastructure for the EU[J]. Landscape and Urban Planning, 2020, 196: 103732.

策略归纳类研究案例：低环境影响的社区开发模式策略（Girling & Kellett，2002）

研究方法	情景模拟

本研究比较了三种社区规划模式的成本和对雨水的影响，分别是传统的低密度规划模式、受新城市主义影响的密集规划模式、低环境影响的开发模式。研究结果表明，俄勒冈州和美国其他地区现在鼓励的更高密度、多种用途以及更大的车辆和行人通行性（低环境影响开发模式），可以与水资源保护、减少雨水径流的目标相抗衡或相辅相成，具有较高的成本效益。建议将这种模式作为社区规划策略。

Girling C, Kellett R. Comparing stormwater impacts and costs on three neighborhood plan types[J]. Landscape Journal, 2002, 21(1): 100-109.

6.2.2 策略对比类研究

策略对比类研究指的是对策略本身进行直接比较，针对某一个问题，列举出多个策略，从实施、预计成果等多方面进行对比、总结出适当的设计策略。在具体研究中，实际上是把传统设计策略作为假设，并对这些假设进行检验和比较，最后对其差异原因做出思考和探寻，这一过程同样能够成为知识生产的逻辑回路，是设计研究的一种有效途径[12、13]。

策略选择类研究案例：城市建筑绿化技术策略（周铁军，2016）

研究方法	策略直观对比

通过对城市建筑绿化中传统技术及新型技术的归纳，包括传统建筑平面绿化、新型建筑平面绿化技术和传统建筑立体绿化技术三个方面总结了传统及新型建筑绿化策略各自的优缺点；同时结合建筑承载力适应性，全周期成本适应性等多个方面对两者进行了对比分析，为城市建筑绿化的设计过程中技术策略的选择及建筑绿化技术的改进方向提供了支撑。

周铁军，熊健吾，周一郎. 传统与新型建筑绿化技术对比研究[J]. 中国园林，2016，32（10）：99-103.

策略归纳类研究案例：北京市密云区生境规划（王志芳 & 梁春雪，2018）

研究方法	策略直观对比

文章基于保护生物学与景观生态学理论，对比了物种视角与景观视角下的2种规划思路，并结合北京市密云区的生境规划，分析对比两种方法在空间格局、源地空间结构上的差别。研究结果表明，两种方法的源地分布差异较大。因此生境规划不能盲目选择一种方法，需有机结合两种方法得到源地与廊道结果。根据地块承载的生境生态功能重要程度确定源地核心保护区，以实现最佳的生境规划和有效的生态系统服务。

王志芳，梁春雪. 基于不同视角与方法的北京市密云区生境规划对比[J]. 风景园林，2018，25（7）：90-94.

---

[12] 周铁军，熊健吾，周一郎. 传统与新型建筑绿化技术对比研究[J]. 中国园林，2016，32（10）：99-103.

[13] 王志芳，梁春雪. 基于不同视角与方法的北京市密云区生境规划对比[J]. 风景园林，2018，25（7）：90-94.

6.2.3 参数类研究

参数类设计策略研究是一项探讨设计参数是否，以及如何影响效果变量的一类研究，目的是通过分析背后的影响机制，基于效果变量改善形成一般性设计策略。该类型研究一般思路可概括为：

（1）将设计参数设置为自变量，并设定一定的设计效果为因变量；

（2）通过探究自变量与因变量之间的关系，研究某些设计要素或设计方法对相关因素的影响过程及结果的研究方法；

（3）形成设计导则。参数类研究聚焦对影响设计效果的具体设计参数的确定和分析，其研究的落脚点往往小而具体，设计参数和效果变量是可测量与可比较的，研究结果相对明确具体，如给出具体的材料、形式、数值选择等，而不是笼统的"有助于""有影响"的判断。

合理的参数类设计策略研究要求操作过程可重复、严格控制变量、精确量化[14]，而不含有过多主观经验成分，因此结果往往科学严谨、令人信服；其研究针对明确具体的设计参数，因而可形成非常细致清晰的设计导则，实用而可操作。也就说，具有两方面显著的优势：①通过数据进行分析，相对来讲更为客观、科学；②通过参数调整，便于把握设计要素对某些因素的影响程度，对设计有较为直观的支撑作用。

不能忽视的是，效果变量的变化可能由其他变量引起而不仅仅是所研究的设计参数，这会影响设计策略的合理有效性；并且，部分效果变量的监测可能技术难度大或难以获取。这就意味着这类研究存在成本较高的风险，如研究后发现设计参数与效果变量间无明显关系，导致整个研究价值不高。

策略选择类研究案例：基于景观偏好研究的城市公园草本设计（王志芳 et al，2017）

研究方法	参数研究
为探索城市公园野生草本设计，文章以景观偏好研究为基础，利用照片模拟进行问卷调研，将场所类型及植栽要素组合作为设计参数，景观偏好作为效果变量进行分析。建议强化动态活动场所的野生草本种植，引入开花物种并密植，采用多物种组合以实现生态效益最大化，控制花期后野生草本高度在30cm以下，并加大青少年自然教育力度等。	

王志芳，赵妍，侯金伶，等. 基于景观偏好研究的城市公园草本设计建议[J]. 中国园林，2017，33（9）：33-39.

---

[14] Martin C S, Guerin D A. Using research to inform design solutions[J]. Journal of Facilities Management, 2006.

策略选择类研究案例：走跑类运动容量的城市公园园路形态特征（赵晓龙 et al，2019）

研究方法	实证分析法、参数分析法
文章以实证分析方法，探讨影响走跑类运动容量的城市公园园路形态特征：（1）依据实测运动容量，将园路细化为无走跑类运动园路、低容量园路和高容量园路，作为设计变量，运动主体的环境感知偏好为效果变量；（2）结合数理模型，识别影响走跑类运动容量的显著空间形态特征，确定其适宜值范围，阐释其作用机理；（3）提出提升园路走跑类运动容量的规划布局与空间设计优化策略，以缓解市民日益增长的运动健身需求与有限的城市运动空间的现实矛盾。	

赵晓龙, 侯韫婧, 邱璇 & 吕飞. (2019). 基于走跑类运动容量的城市公园园路形态特征研究——以哈尔滨为例. 中国园林（06），12-17. doi: 10.19775/j.cla.2019.06.0012.

策略选择类研究案例：栖息地结构对鸟类丰富度的影响（Souza et al，2019）

研究方法	特定案例提炼研究
文章分析了巴西中西部城市的城市化如何影响塞拉多热点鸟类群落。根据城市化梯度，对61个片区（每个16hm²）中的鸟类进行了采样，使用了五个设计参数：不透水的表面、归一化植被指数、树木数量、建筑物和房屋，拟合了多个回归模型以评估城市化对鸟类物种丰富度的影响。研究表明，不透水的表面是鸟类丰富度的主要驱动力；树木的数量不会影响植物和食草动物，但是房屋的数量和植被指数会影响；食虫和杂食动物的丰富度只受不透水表面的影响。	

Souza F L, Valente-Neto F, Severo-Neto F, et al. Impervious surface and heterogeneity are opposite drivers to maintain bird richness in a Cerrado city[J]. Landscape and Urban Planning, 2019, 192: 103643.

策略选择类研究案例：城市绿地行为和人均面积对身心健康的影响 (Lin W et al，2019)

研究方法	参数类研究
研究招募了240名参与者，将他们随机分配到六个具有"绿地行为：步行和坐着"和"人均面积：高、中、低"两个参数组中，测量游客生理（多个脑区的β/α指数、血压、外周毛细血管氧饱和度、脉搏）和心理反应（注意力水平、情绪状态），收集有关绿色空间偏好的数据。结果表明，在高人均面积绿地行走和在低人均面积绿地中行走最有效果。	

Lin W, Chen Q, Jiang M, et al. The effect of green space behaviour and per capita area in small urban green spaces on psychophysiological responses[J]. Landscape and Urban Planning, 2019, 192: 103637.

6.3　新策略类研究

　　新策略类研究的目的是提出一种完全不同于已有的、全新的设计思路，可能使设计的走向与结果与传统方法的走向与结果相比有巨大的变化。新策略的"新"源于问题的新、关注视角的新、方法的新、理念的新和目标的新。

　　新问题针对随着时代发展新出现的、极端情况下的、特殊灾难背景下的新问题，如垃圾填埋场修复、踩踏事件预防、地震灾时避难等，提出新的设计策略。

　　新视角主要从传统研究与设计较少关注到的，或者随着时代发展出现的完全崭新的视角（如心理健康、弱势群体、社会公平等）出发，探讨景观设计策略。

新方法主要是指设计方法上的创新，特别是在科技以及互联网技术发展的背景下，利用大数据、GIS等技术辅助，结合学科理论，构建一种新的方法从而得出设计策略。该类尤其体现在格局选址规划上。

新理念是针对以往已经出现的问题，在新理论或新思想的指导下，提出一种新的理念以及对未来发展的全新预期，从而形成新的设计策略。

新目标是为了实现不同于传统设计所设定的目标，探讨新的设计策略。这种目标常常认为已有的目标不甚合理，需要进行调整，甚至是走向相悖的目标。

为便于理解各种新策略，本书针对这"五个新"各自列举了一个研究案例，以展示不同"新"所在的视角。

新策略类研究案例：高密度人群场所适应性设计（陈红山 & 朱黎青，2016）

研究方法	新问题视角
文章提出了"公共场所高密度人群聚集这一极端情况下，如何预防踩踏事故"的新问题，探讨城市外部空间的适应性设计；以上海外滩踩踏事故为例，分析了上海外滩踩踏事故发生的原因及机理，不合理的平面布局、过窄的通行宽度以及对人流方向考虑不周是导致踩踏事故发生的重要原因。对外滩可能发生踩踏事故的隐患点提出了优化建议。结果指出，对高密度人群聚集的场所设计建议提出预防踩踏事故的措施，包括重要出入口、重要通道通行能力评估系统与人群快速疏散系统。	

陈红山，朱黎青. 高密度人群下的外部空间适应性设计探讨[J]. 中国园林，2016，32（5）：37-41.

新策略类研究：从健康视角出发探讨城市绿色开放空间的设计策略

（马明 & 蔡镇钰，2016）

研究方法	新视角类研究
有关公共健康的研究主要集中在医学及卫生学领域，研究试图通过城市绿色开放空间的健康效用的研究，建立健康与设计的联系。文章从生理、心理、社会三个健康角度分析城市绿色开放空间对于健康的作用，再结合自然康复治疗效用、体力活动的促进、社会资本的积累三方面，对其健康作用的过程进行分析，最后结合实例具体提出了视觉接触、直接接触、主动参与三个设计应对，以促进未来绿色开放空间设计对于健康的提升。	

马明，蔡镇钰. 健康视角下城市绿色开放空间研究-健康效用及设计应对[J]. 中国园林，2016，32（11）：66-70.

新策略类研究案例：新的绿色基础设施空间规划（GISP）模型（Meerow & Newell，2017）

研究方法	新方法类研究
绿色基础设施的空间规划通常基于生态的特定收益（例如减少雨水），而缺少社会经济和环境收益。以底特律为例，文章引入了绿色基础设施空间规划模型，该模型是基于GIS的多准则方法，包括雨水管理、社会脆弱性、绿地管理、空气质量、城市热岛改善和景观连通性，将	

利益相关方放在"优先次序"的选择上，以确定最需要绿色基础设施收益的热点。文章指出GISP模型提供了一个包容性的、可复制的绿色基础设施空间规划方法，以使其最大化社会和生态适应力。

Meerow S, Newell J P. Spatial planning for multifunctional green infrastructure: Growing resilience in Detroit[J]. Landscape and Urban Planning, 2017, 159: 62-75.

新策略类研究案例：通过地理设计来实施和评估社区规划（Jonathan D，2020）

研究方法	新方法类研究

　　目前的规划设计较少考虑地区和社区的价值观和地方传统，研究试图通过地理设计的框架，来将规划设计与地区价值传统相融合。文章以Navajo民族的Dilkon社区为例，综合分析案例的地理环境、人口社会状况和现状治理方法，通过Geodesign规划框架来进行社区的开发和更新过程，使社区居民参与规划过程，以综合解决社区的环境、社会和治理问题。同时研究对改框架的优势和局限进行了探讨，以不断完善当地的社区规划。

Jonathan D, David P, Elizabeth A, et al. Evaluation of community-based land use planning through Geodesign: Application to American Indian communities[J]. Landscape and Urban Planning, 2020, 203: 103880.

新策略类研究案例：雨水管理的自然景观仿真化设计（Echols，2008）

研究方法	新理念类研究

　　目前对于雨水管理的设计较少考虑蒸发和渗透这两个重要生态过程，研究试图通过提出新的雨水管理理论，以支撑雨水管理的设计。文章在已有的雨水管理论基础上提出分流理论模拟和重建自然水文过程，即将过量径流引入三个显式系统：蒸散，入渗和排放，进而从雨水流量、质量、频率、持续时间和水量等层面进行模拟和评价。最后结合实例具体提出了径流分流系统、溢流分流系统、渗透系统等设计策略，以创建更加生态化的雨水管理系统。

Echols, S. Split-flow theory: Stormwater design to emulate natural landscapes[J]. Landscape and Urban Planning, 2008, 85(3-4): 205-214.

新策略类研究案例：反磁力吸引体系——解决"空心村"问题的新探索（李慧等，2013）

研究方法	新目标类研究

　　随着城市经济的高速发展和城镇化进程的加剧，发达的城市地区吸引了欠发达农村地区的众多劳动力，留下了大量的"空心村"。由此导致农村的经济、社会、文化和生态环境遭受了巨大的破坏。文章针对欠发达农村地区的"空心村"问题，引入"反磁力吸引体系"的规划理论，强调农村人口回流与产业重构的重要意义。结果表明，古村落的保护和开发不应该局限于对历史的再现和旅游业的发展，更应该重视因地制宜地选择乡土产业实现部分农村人口回流，这样才能符合时代的潮流，广大欠发达的农村地区才能得到有机更新，传统的农耕文化才能延续。

李慧，王思元，吴丹子. 反磁力吸引体系—解决"空心村"问题的新探索[J]. 中国园林，2013，29（12）：26-30.

　　从研究成果上，新策略选择类研究提供了一种全新视角，区别于传统套路，可能为其他研究者、设计师提供更多的灵感，继而促进相关的创新性的研究。有助于摆脱传统设计策略的弊端，更加合理高效地解决场地问题，满足使用者需求。在应对日益复杂和层出不穷的场地问题方面，可以为新出现的、罕见的或之前没能解决的问题提供解决方案，满足当下的迫切需求。

但新方法始终缺少深刻的理论和实践来检验该方法和已有方法的差异，因此其现实可行性（包括技术难度、成本控制、使用者接受度等）与有效性需要进一步研究，可能存在自说自话的嫌疑。在实践中，类型繁复多样的新策略研究无法证明新策略的科学性，就无法便捷地为设计提供高效合理的指导。需要注意的是，过度倡导新策略研究，可能促使部分为了新而新的策略研究出现，看起来包装过度十分玄妙，但实则内容创新性、科学性并不高；另外，部分新策略依赖的技术难度较大、相关研究仍不成熟，进而导致新策略无法准确有效的实施，如《分流理论——模仿自然景观的雨水设计》中对开发前水文特征的准确模拟仍是难以实现的。

6.4 小结

本章概要梳理了设计策略制定全流程可能出现的各种研究形式与研究案例，而这些研究的最终目的就是形成具有场地针对性的新策略。可以说，新策略是最终的目的，也是最具挑战性的创新过程。新策略的形成带来新的思路，有利于拓展设计思维与前沿思考。

与此同时，在现有发表的文章当中，国内期刊中属于新策略的特别多，外文期刊中另外两种偏多。这可能并不能得出中文文章更具有创新性的结论，恰恰相反，这在一定程度上反映出国内相关研究的不足。很多所谓的新策略换汤不换药，与过去的方法区别不大。且有些新策略提出过程论证不够严谨，有拍脑袋之嫌。结合本章所探讨的设计决策流程，笔者认为现状设计决策和循证设计策略还有一定的差距。

如图6-2所示，即便现今进行的所有设计决策可能都包含一个"看一下已有哪些类似的做法""比较选择一下哪些做法可能更适合于项目场地"以及"制

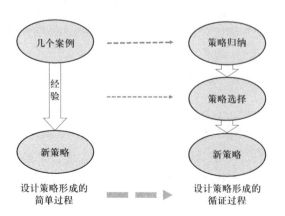

图6-2 设计策略形成的
简单过程与循证过程

定对应的设计策略"的过程，但具体的做法还存在很大的区别与差异性。简单的决策过程可能只看几个设计案例，从几个案例里得到一些启发，然后就基于自己的灵感以及经验进行设计决策。而更加严谨与循证的设计流程需要综合使用本章所介绍的各种研究，从设计案例以及跨学科研究中寻找借鉴，并通过严格的策略选择过程（情景分析、策略对比或是参数类研究），进而形成真正适合场地的新策略。设计的创新要站在巨人的肩膀上，充分借鉴利用现有的成果，在"有破有立"中推进新策略。

本章要点总结

1）哪些研究属于设计策略类研究？

2）简述设计策略类研究的分类及不同类型的优缺点。

第7章

施工落地类研究

施工落地环节是项目效果的核心保障，但在研究领域却常常是一个"黑箱"。

施工落地环节对项目的整体落地以及最终效果有至关重要的作用。设计策略做得再好，但如果无法在施工落地环节有效落实，项目最后的效果可能都堪忧。近年来，随着景观设计行业的蓬勃发展，出现了设计与施工相分离的现象，导致设计变成了"办公室设计"[1]，难以落实到场地中去。如何加强对设计环节的把控，确保项目质量是一个项目成功的决定性因素。本章聚焦于施工落地环节适用的一些研究思路。

本书的第2章把设计全流程比作一个黑箱，因为所有项目都会介绍设计前的现状以及最后的效果，中间过程常常不被提及。而施工落地环节可以算是黑箱中的黑箱，因为对绝大多数设计师而言，设计想法与策略是更具有创造性的，而施工落地是细节与枯燥的。同时施工过程都被大多专门的施工团队承担，设计师以及研究者较难参与到这个环节。在少数不多的文献里，本章尝试将设计实施研究分成三类：实验设计研究、公众营造研究、落地影响因素研究等。本节将结合实际研究案例，进一步讨论如何将施工落地过程与研究进行结合（图7-1）。

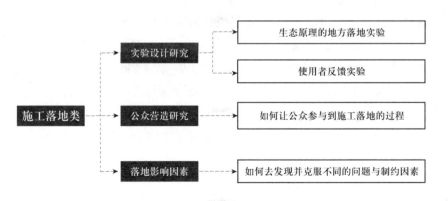

图7-1 施工落地类的不同研究

实验设计研究虽带有设计二字，却是把设计假设进行施工落实，在建成环境中进行落地实验并监测效果的过程。实验设计既可以是针对某些生态学原理在具体场地落实中的不确定性进行初步探索的过程，也可以是测试使用者对某些景观效果直接反馈的实验。

[1] 孟晓飞. 分析园林景观施工过程中设计与施工的矛盾[J]. 工程建设与设计，2020（03）：241-243.

公众营造研究在于探索如何让施工落地环节更多地介入使用者，摆脱长期以来一直是施工单位实施，使用者只在建成后才能使用场地的状态。

落地影响因素方面的研究是最常规的施工落地类研究，旨在通过发现施工过程中的各种困难与问题，并探索克服的方法与途径。

虽然目前关于实践落地的研究尚有很多的空白领域等待研究者去填补，整体这方面的研究尚不系统，但实践落地类研究对景观设计从设计走向现实具有重要意义。面对当下"实践者不知道如何进行研究，而专门的研究人员又鲜少介入落地实施过程"这一困局，实施落地研究可以更好地聚焦实施过程，提升实施效果，并为实践落地的各个阶段提供导向性意见。

7.1　实验设计研究

实验是探索设计学科非理性问题的有效途径[2]，将已有的理论和设计导则转化为设计的前提假设，将其应用到空间设计实践中，就使得设计过程成为科研的一部分。"实验设计"的核心在于将设计项目作为科研理论的尝试过程和途径，空间设计则作为理论科研的小型"试验场"[3]，但与传统的理念和思路的实践不同，"实验设计"强调的是小尺度设计而不是大尺度设计，强调的是理论设计而不是单纯的假设，强调风险可以控制的设计而不是鲁莽的设计。当前的城市生态系统具备高度复杂性，又缺乏成熟的理论和结论支持；而所有的决策和改变都会造成不同规模的影响，甚至引发社会、经济、文化和生态后果。在这种背景下，尝试性的工作比保守和极端冒险要好得多。以实验设计为基础的空间建构和未来设计有助于风景园林行业挖掘自身的核心特色，更好地面对现实中的多变未来与不确定性，也有助于实现跨学科发展。

在实验设计中，根据在实验中能否控制无关变量进行分类，可以分成因素设计与准实验设计。因素设计是根据实验中自变量的多少有单因素和多因素两种。单因素设计的自变量只有一个，其他能影响结果的因素均作为无关变量而加以控制[4]；多因素设计的自变量为两个或两个以上的实验设计，刘晖[5]的植物群落实验设计就属于多因素设计。单因素设计简明易行，但由于在实际生活中影响心理活动的因素常不止一个，所以当情况比较复杂时，最好使用多因素实验设计。本文以王芷序的欢乐建筑中的装置实验设计作为多因素实验设计

[2]　FARRELL R, HOOKER C. Design, Science and Wicked Problems[J]. Design Studies, 2013, 34(6): 681-705. DOI: 10.1016/j.destud.2013.05.001.

[3]　王志芳，李明翰. 如何建构风景园林的"设计科研"体系? [J]. 中国园林，2016, 32 (04)：10-15.

[4]　王芷序. íCHNI：欢乐建筑中的装置[J]. 景观设计学，2019 (5)：13.

[5]　刘晖，许博文，陈宇. 城市生境及其植物群落设计——西北半干旱区生境营造研究[J]. 风景园林，2020 (4)：36-41.

例。当研究者事先认识到某些无关变量会影响实验结果，却又难以在实际妥善控制时，就可以直接选取样本进行实验[6]，即准实验设计。

实验设计的另一类型是探索型实验设计。探索型实验设计即对未知事物的探索性科学研究实验，具体来说包括探索研究对象的位置性质，了解它具有怎样的组成，有哪些属性和特征以及与其他对象或现象的联系等的实验。在设计实践中，通过开展探索型的实验来对新的设计方法、设计过程、设计策略等进行探究。刘晖等针对城市人工群落的设计与管理中存在的抑制场地自然力和群落演替过程的问题，在尊重自然力启示下，以"自愈力掩体—人工改良—自然力演替—人工管理维护"的理论途径设计自愈力演替实验和自生群落改良设计实验，并在城市场地开展不同规模的实验性研究，以应对城市中植物群落设计这一非理性问题[7]。戎航等在完成"共同设计昂西拉"（CoDAS）这一公民参与数字平台和工作流程之后，就泰国昂西拉这个渔村附近的一处新开发项展开了场地设计实验，来对该智能数字平台进行验证，该项目的设计过程也会不断地进行迭代，设计师的设计想法得以不断的完善[8]。

实验设计研究案例：欢乐建筑中的装置一（王芷序，2019）

研究方法	设计实验
研究旨在研究空间装置如何通过互动技术激发身体的行动意愿，以及如何通过物理－数字系统促使身体与周边物体形成情感反馈回路。文中所采用的混合现实"舞蹈装置"由可用于舞蹈表演的金属装置和虚拟投影设备组成，从某种意义上说，这些能够激发使用者行为、鼓励使用者对其施加影响的装置其实就是舞台。每个装置中都嵌有物理传感器，用于捕捉使用者的物理运动，进而将其转译为可视化数据信息，再重新投射至原有环境中。这一过程使得运动效果与行动传播过程变得可见，也强化了使用者对于动觉的感知。研究以人在环境中的不同行动为自变量，因变量经过处理后，在原有环境的重新投影。在这一过程中，ichni 不仅是戏剧表演道具，还是交互式游乐场、沉浸式艺术装置。	

王芷序. iCHNI：欢乐建筑中的装置[J]. 景观设计学，2019（5）：13.

实验设计研究案例二：植物群落设计（刘晖 等，2020）

研究方法	设计实验
研究针对西北半干旱区城市场地生境营造与地被植物群落设计进行实验性研究。实验自变量为自然力与人力不同的参与方式，因变量为植被群落的物种丰富度。	

[6]　O'Hara C E. Ecological Planning in 1920s California: The Olmsted Brothers Design of Palos Verdes Estates[J]. Landscape Journal, 2016, 35(2): 219-235.

[7]　李仓拴，刘晖，程爱云，等. 尊重自然力启示下的城市自生群落改良设计实验[J]. 风景园林，2018, 25（06）：58-63.

[8]　戎航，杨竣程，钱经纬. 促进社区设计和管理中的参与性行动：泰国昂西拉地区集体智能数字平台[J]. 景观设计学，2020, 8（04）：126-139.

课题组设置了"人工地被植物群落组构（空白场地—人工设计—自然演替—人工管理）"和规"自生地被植物群落组构（自生群落—人工改良—自然演替—人工管理）"两组进行实验性研究。参照人体工程学的尺度，选取1 m×1 m为基础样方作为一个完整的地被植物群落生态系统。人工地被植物群落组构以群落生态学中的"层片"理论为依据，设计上采用"结构层+季节主题层+地面覆盖层"3层垂直结构。同时，由于地面覆盖层具有土壤保湿的重要功能，是人工地被植物群落组构的关键，因此在组构实验中采取砾石和松鳞替代地面覆盖层植物。自生地被植物群落组构采用"限制设计层+美学特征改良层+生态功能改良层"的分层改良设计方式，以植物群落设计美学原理和种间竞争原理为依据，引入栽培植物并进行群落改良。

结果表明，自生地被植物群落组构能够在有效利用城市自生植物群落，实现生态功能的同时兼顾其美学特征，并有潜力成为一种新的植物群落景观模式。这种模式在城市河道生态修复、简单式大面积屋顶绿化、湿地公园植、物景观设计等方面具有较好的应用前景。

刘晖，许博文，陈宇. 城市生境及其植物群落设计——西北半干旱区生境营造研究[J]. 风景园林，2020（4）：36-41.

实验设计研究案例三：植物适应性（O'Hara，2016）

研究方法	设计实验
该研究为探究在帕洛斯维德庄园使用的特定区域植物适应性，奥尔姆斯特德兄弟选取了特定区域植物如美国黄松、美国梧桐等作为研究对象，共种植了2000棵美国黄松、8000棵云杉、6000棵美国梧桐等植物。自变量为不同的植物品种，因变量为不同品种的存活率；在最后的育苗报告中记录了田间种植的植物数量和品种，以及存活下来的植物的比例，同时指出在此期间表现较优的树种。	

O'Hara C E. Ecological Planning in 1920s California: The Olmsted Brothers Design of Palos Verdes Estates[J]. Landscape Journal, 2016, 35(2): 219-235.

7.2 公众营造研究

公众营造研究在于探索如何让使用者更多地介入施工落地环节，摆脱长期以来一直是施工单位实施，使用者只在建成后才能使用场地的状态。让公众参与项目的营造是很多城市更新类项目的梦想。然而由于普通公众没有受过专业的训练，其与专业人员之间对于问题的理解可能存在差别，同时，也难以保证其对于意愿的准确表达，存在不确定性。

为降低这种不确定性带来的信息收集以及决策的误差，公众营造类研究在不断探索更具包容性的公众参与项目全过程的方法。这种方法可以通过剖析人与场所之间的互动关系，来帮助专业人员真正的理解使用者的需求，并能够通过引导人们的高度参与来重建人与其使用场所之间的紧密联系。比如侯晓蕾和郭巍在关于社区微更新的探讨中，提出了基于社区文化的引导参与、平衡利益和诉求的协作改造和共同参与下的功能嫁接设计介入途径[9]。Hirsch也在研究中指出了"邻居社区"概念，以及公众参与式工作方法对当今城市共享空间设计

---

[9] 侯晓蕾，郭巍. 社区微更新：北京老城公共空间的设计介入途径探讨[J]. 风景园林，2018，25（04）：41-47.

的启示[10]。这些研究都强调全过程的公众参与式实践，过程中所获得的公众见解及行为虽最终仍由专业人员解读，但多形式、长时间的互动过程很大程度上弥合了传统方法中的语言沟通障碍。

公众参与研究案例一：儿童参与改造校园和公园（Kreutz A et al., 2018）

参与方式	分享想法和愿景

该研究介绍了一个城市、学校、学区和大学设计项目之间的合作案例，旨在创建一个校园自然游戏区，并为儿童的环境学习提供一个相邻的公园。场地位于科罗拉多州博尔德市，参与式设计流程在2012年至2014年期间进行，包括若干项目阶段，涉及项目不同阶段的不同促进者和参与者。儿童在场地研究和想法产生的早期阶段扮演了很大的角色，但没有参与后期的设计和建造工作、最终的总体规划或建设。在参与式设计过程的后期，还咨询了附近养老院的老年人。

研究结果记录了设计和建造过程，这些过程有时帮助实现了儿童自然游戏和学习的愿望，有时又阻碍了这些愿望的实现。这些结果与儿童和成人对每个小组在连续项目阶段面临的不断变化的机会和限制的反应有关。结论指出了持续社区参与的优势，这种渐进式的改变，使参与者能够看到他们建造的结果是否与愿景一致，并确定设计对社区生活的影响，根据需要调整计划。

Kreutz A, Derr V, Chawla L. Fluid or Fixed? Processes that Facilitate or Constrain a Sense of Inclusion in Participatory Schoolyard and Park Design[J]. Landscape journal, 2018, 37(1): 39-54.

公众参与研究案例二：使用者参与旅游区规划（戎航 等，2020）

参与方式	反馈意见与参与建设

该研究着眼于公民参与和共同创造，提出了一种能够汇集多个不断发展的自组织机构的意见的工具（CoDAS实时地理空间信息平台）和表达途径，以促进开发过程的公平、公正。研究团队以泰国昂西拉地区为试点，通过CoDAS将开发规划方案可能带来的变化在平台上予以即时展示，并吸引那些自愿参与社区建设和集体决策的昂西拉当地居民加入开发和设计的过程中。

在项目的初始阶段，研究团队在场地的主要公共场所内安置若干个信息亭，以向公众展示CoDAS项目计划。用户可以通过文本、媒体或投票的方式提交回复并互动。同时招募社区成员加入到造林工作中。在设计过程中，从红树林的生态修复规划设计，到引入海鲜市场和购物街的设计，再到引入当地餐馆，最后引入酒店和其他社区功能。在不同的开发阶段，建筑师和建设者都会根据从潜在用户群体收集来的公共反馈意见完善设计想法和做出适宜本地的调整。

戎航，杨竣程，钱经纬. 促进社区设计和管理中的参与性行动：泰国昂西拉地区集体智能数字平台[J]. 景观设计学，2020，8（04）：126-139.

7.3 落地影响因素研究

项目落地影响因素很多，比如政策、施工问题和成本分析等。国内外有些人对于这些问题的解决之道进行了一定的探索。譬如黄经南等人[11] 对于城市

---

[10] Hirsch A B. Urban Barnraising: Collective Rituals to Promote Communitas[J]. Landscape journal, 2015.

[11] 黄经南，王国恩，张子玉，等. 城市生态景观规划的实施难点与政策探讨——基于潍坊城区河道整治规划案例[J]. 城市规划，2017，41（01）：109-112.

生态景观规划实施的难点与相关政策进行了探讨，提出通过构建多方利益共享的组织机制以保证规划的实施。朱鲁申讨论了特殊条件下景观天桥施工所受到的影响以及对策[12]。Daniel H. Sonntag和Charles Andrew Cole研究了项目实施过程中的成本问题[13]。值得注意的是，国内对于景观项目落实的研究文献多出自一线设计师，但大量的文章仅局限于对项目实施过程中方法、操作的陈述，研究的价值与意义并不高；学术界对于此方向的探索较少。如何使研究者更多地介入施工环节，或是如何促使施工人员进一步思考提炼过程中的成败经验，这一现象都值得我们思考。

落地影响因素研究案例：湿地创建（SONNTAG & CLOE，2008）

研究方法	资料收集、评估与设计

我们选择了一个单一的缓解湿地，即Stew art 2（S2）湿地进行可行性研究，重新审视这个湿地缓解项目，讨论了项目实施过程中土壤条件、水文条件的影响和要求，以及项目实施的成本，来确定是否可以用相同的成本开发一个不同的、基于生态的设计来替代原来的湿地。

研究发现S2没有取代斜坡渗漏湿地的功能，也没有产生主流漫滩湿地的功能。为了允许积水，盆地底部排水良好至中等程度的土壤被有意压实。永久性地抑制了一个典型的洪泛平原湿地及其相关植被和功能的建立。各种类型的水控制结构需要人为操控，复杂的工程结构增加了安装和维护的成本。

预计替代方案是在地形和河流之间创造一种被动的水文相互作用，依靠自我设计和结果演替（植物群落随时间的变化）来建立湿地植被。而研究证明这一预计替代设计的成本会比原来的低，但由于场地条件和模拟自然湿地的目标，替代设计需要挖掘的泥土比预期的要多得多。挖掘的成本、拖出剩余的填埋物增加了额外费用。然而，其他设计上的差异，例如没有水控制结构，没有立即改善生境的装置，没有不透水的土层，以及采用一种更简单的种植策略，却节省了相当大的成本。

SONNTAG D H, COLE C A. Determining the Feasibility and Cost of an Ecologically-Based Design for a Mitigation Wetland in Central Pennsylvania, USA[J]. Landscape and Urban Planning, 2008, 87(1): 10-21. DOI: 10.1016/j.landurbplan.2008.03.008.

落地影响因素研究案例：房地产景观（康晓琼，2014）

研究方法	资料收集、设计评估

地产景观在房地产项目中扮演着越来越重要的角色，但其在发展过程中仍存在许多的不足，尤其是存在设计与施工脱节的普遍现象，导致了实施的效果与设计大相径庭。本文从景观设计师的角度出发，讨论设计与施工对接阶段存在的问题，讨论如何更好的实现项目的落地性，对项目施工的效果进行更加有效的控制。本文将地产景观项目分为设计、施工准备与施工三个阶段，分别探讨不同阶段中的值得关注的实际操作问题。

研究发现在设计阶段需要注意细节的提升，包括地形的塑造、建筑附属物的协调、消防通道的优化、植物配置、照明设计以及硬景的细节处理。在施工准备阶段，与施工单位进行图纸沟通交底，审核确认材料样板，以及准确的传达苗源的要求。施工阶段要求设计师的现场配合，在现场解决问题和总结经验。

康晓琼. 房地产景观设计实施效果的控制[J]. 现代园艺，2014（07）：91-93.

[12] 朱鲁申. 浅谈特殊条件对景观天桥施工的影响及对策——以上饶龙形景观天桥为例[J]. 居舍，2020（09）：189.

[13] Sonntag D H, Cole C A. Determining the Feasibility and Cost of an Ecologically-Based Design for a Mitigation Wetland in Central Pennsylvania, USA[J]. Landscape and Urban Planning, 2008, 87(1): 10-21. DOI: 10.1016/j.landurbplan.2008.03.008.

落地影响因素研究案例：智慧BIM乔木模型（安得烈亚斯 等，2020）

研究方法	模型构建

　　现有的BIM应用软件存在局限性，多为RPC或高精度的3D CAD模型，难以反映根系、乔木生长、空间需求等情况。同时，由于目前尚无公认的国际标准，模型的源、文件格式和分类也不同，这些都导致了模型的BIM功能缺失。植物建模存在形态、外观方面动态变化的难度，需要通过方程式进行估测。

　　研究开发一种BIM乔木模型，可以基于参数和异速生长方程对现状树、新植树和特定树种乔木的生长过程和形态进行描述。本文应用的BIM乔木模型与现成的植物数据库相关联，设计师应用时可以根据设计要求在软件界面对乔木的种类、形态、规格等直接进行选择，简化了工作流程；与高精度卫星定位系统和自动控制机械相关联，在施工过程中实现精细化管理和免放线种植施工；养护方面其参数集通过二维码和手持终端链接，实现信息化植物养护管理。这保证了设计师、供应商、施工方和业主在整个项目中可以应用统一的模型对象，优化了工作效率以及不同专业之间的协作。

安得烈亚斯·卢卡，郭湧，高昂，等. 智慧BIM乔木模型：从设计图纸到施工现场[J]. 中国园林，2020，36（09）：29-35.

本章要点总结

1）实施落地类研究是什么、有哪些分类？

2）实施落地类研究的意义是什么？

第8章 设计结果类研究

> 对建成项目进行研究可以直接指导未来设计决策，这种研究既可以是定性的评论，也可以是定量的分析。

本章聚焦的设计结果研究是项目建成后的各种评价与分析，力求要从项目建成后的结果中获得充足的依据，来指导未来的设计。对项目建成后的结果进行评估是循证设计的重要组成部分[1]。从研究方法来看，设计结果研究可以分为景观评论、综合评价以及专项绩效三大类（图8-1）。

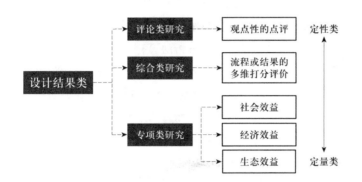

图8-1　设计结果研究的三种类型

景观评论类研究指基于经验进行的观点评论个案研究或综合分析。专家或设计师基于自己的行业经验和主观认知，对建成项目或设计结果进行评论、分析或回顾总结，是典型的主观分析法。

综合评价和专项绩效都涉及了绩效评价目标的选择。绩效评价作为科学证据的一种，自20世纪40年代以来就被运用于诸多领域，是对一个具体的景观项目的效应进行综合研究[2]、总结反思，并对设计方法优劣做出评价。现有的绩效研究方式包括生态系统服务[3]、社区开发项目绿色能源与环境设计先锋认证[4]（Leadership in Energy and Environmental Design for Neighborhood Development，简称LEED-ND）、可持续场所倡议[5]（Sustainable Sites Initiative，简称SITES）以及景观绩效系列[6]（Landscape Performance Series，简称 LPS）

[1] 罗毅，李明翰，段诗乐，张雪葳. 已建成项目的景观绩效：美国风景园林基金会公布的指标及方法对比[J]. 风景园林，2015（01）：52-69.

[2] Pedhazur, E.J., & Schmelkin, L.P. Measurement, design, and analysis: an integrated approach[M]. Hillsdale, N.J.: Lawrence Erlbaum Associates, 1991.

[3] Millennium Ecosystem Assessment. Ecosystems and Human Well-Being: Wetlands and Water (Synthesis)[M], 2005. Washington, D.C.: World Resources Institute.

[4] USGBC. (2014) LEED[Z/OL]. Retrieved 2014: http://www.usgbc.org/leed

[5] SITES. (2014). Sustainable Sites Initiative[Z/OL]. Retrieved 2014: http://www.sustainablesites.org/about

[6] LAF. (2014). Landscape Per formance Series[Z/OL]. Retrieved, 2014. http://lafoundation.org/research/landscape-performance-series/.

等。在指标体系上有些属于评估体系，由针对可持续性不同方面的一系列指标组成；还有一些属于回溯评估体系，通过研究者与从业者的合作，在环境、经济、社会层面对设计成果进行量化。本章将通过这三大类的介绍来阐述设计结果研究的内涵与意义。

专项绩效类包括了生态、社会、经济三个方面。生态类研究主要是研究不同尺度下景观的空间结构、相互作用、协调功能及动态变化特征。常用的研究方法一般为生态学定量化、模型化方法。社会类研究探究景观设计给社会层面上带来的提升和改变，一般为描述型、经验型方法，也包含定量型研究等跨学科方法。经济类研究的基本问题包括景观资源价值评估、景观资源最优利用、景观资源开发与保护政策以及多元景观结构的形成与创造等，其研究方法一般为典型数理方法和社会科学方法，包括消费者意愿调查法、实验与行为经济学方法、双重差分法、逻辑推理法和个案分析法等。

景观评论研究主要应用了主观评论的方法；综合类研究中，LEED和SITES比较成熟，绩效评价的指标体系还在不断完善；专项类研究部分，生态类研究方法偏定量，社会类研究方法偏描述，经济类研究方法偏数理。三类研究方法各有利弊，具体研究时应根据评定的项目类型进行合理选择。为进一步总结研究方法特点，表8-1对比不同研究方法的特点和优劣势。

表 8-1：研究方法分类及总结

研究分类	方法概述	方法举例	方法特色	方法缺点
观点（评论）类研究	一般为主观分析方法	主观分析法	主观、直接、具有批判性、启发性	主观性太强，有可能是拍脑袋研究
综合类研究	一般为指导型方法、总结型方法	景观绩效评价、SITES、LEED	系统性强，为可持续性规划设计提供指导和绩效标准	研究方法相对笼统，缺乏具体的细节，这些评价体系的打分过程大多依据预测而非实际测量
生态类研究	一般为生态学定量化、模型化方法	快照式观察方法、流域水流模型、生态学实验研究方法	条件控制严格，对结果分析比较可靠	模型关注的通常也是一些因子而不是全部，结论只是近似而达不到准确
社会类研究	一般为描述型、经验型方法，也包含定量型研究	问卷调查法、混合方法（"快照"、原位制图、航拍图像、现场摄影和地图、访谈）	具有很强的整体性、多元性、理论性、实用性	没有统一的衡量标准；缺乏模型和指标
经济类研究	一般为典型数理方法和社会科学方法	实验与行为经济学方法、双重差分法、逻辑推演法等	主要进行景观资源消费与创造行为经济规律的跨学科研究	常对景观设计结果的"成本—收益"分析，侧重于经济结果研究，缺乏严谨的推理和有效的论证

8.1 景观评论类研究

景观评论，是指对景观设计作品的品评和批判。在中国的学界，学术意义上的景观评论尚不成熟，在过去的几十年里，中国当代景观设计最大的悖论就是大规模的、积极的景观建设与贫瘠的批判性见解之间的不协调[7]。仅有少数学者对当代中国景观进行了评论。中国景观史学家和评论家陈从周（1918—2000）采用传统景观的美学公理来尖锐地批评了当代建筑景观中缺乏文化考虑[8]。俞孔坚（2006）通过人与自然关系的思考，指出中国当代景观设计面临的挑战[9]。景观评论具有复杂性和多面性，可从自然生态、社会经济、历史文化和审美等多角度展开。根据评论对象的属性分类，可以分为单体景观[10、11]和类别景观[12、13]，本文分别举了两个景观评论案例。

景观评论案例：单体景观——加拿大约克大学（Manning，1995）

研究方法	文本分析、访谈、调研、观察

文章提供了加拿大约克大学校园景观建设的历史和建成结果的评估，资料来源包括设计文件、通讯记录、访谈以及实地观察。作者作为一名设计师和评论家，通过对其设计及其建设方式的解读，对校园景观的品质和体验进行评价。其主要的结论是，尽管有些方面仍令人担忧，校园景观设计仍然是优秀的，其景观配得上它"最佳校园景观"的声誉。

Manning, O.D. Landscapes revisited: the campus of York University[M]. Landscape Research, 1995, 20(2): 68-76.

景观评论案例：单体景观——高线公园对邻近社区的影响研究
(De Block, Vicenzotti & Diedrich, 2019)

研究方法	文本分析、访谈、观察

文章从社会政治项目的角度评论了高线公园。主要有两个学科视角，一是重点关注世纪之交纽约市独特城市规划背景，对高线公园的理解从"设计项目"转变为"规划网络"，认为其有助于周边相关计划的推动，如房地产。二是从环境正义视角出发，从种植的方面反驳了人们对其形式设计和生态性能的普遍评价，批评设计行业在使用城市绿化的概念，导致从不考虑谁将从中受益的问题。文章通过对一个项目不同学科视角下的评判，指出跨学科的批评有利于突出景观设计的政治含义，从而支持促进城市景观的社会响应。

De Block G, Vicenzotti V, Diedrich L. Revisiting the High Line as sociopolitical project[J]. 2019.

---

[7]   Xiaodong M. Provisional thoughts on criticism in China's landscape design[J]. Journal of Landscape Architecture, 2018, 13(3): 21-23.

[8]   陈从周，论中国园林[M]. 同济大学出版社，1984.

[9]   俞孔坚. 生存的艺术：定位当代景观设计学[J]. 建筑学报，2006（10）：39-43.

[10] Manning, O.D.Landscapes revisited: the campus of York University[M]. Landscape Research, 1995, 20(2): 68-76.

[11] De Block G, Vicenzotti V, Diedrich L. Revisiting the High Line as sociopolitical project[J]. 2019.

[12] Yu K, Padua M G. China's cosmetic cities: Urban fever and superficiality[J]. Landscape Research, 2007, 32(2): 255-272.

[13] Moosavi S, Makhzoumi J, Grose M. Landscape practice in the Middle East between local and global aspirations[J]. Landscape Research, 2016, 41(3): 265-278.

景观评论案例：中国的城市美化（Yu & Padua, 2010）

研究方法	文本分析、访谈、观察、经验总结

　　改革开放以来的中国经济迅速发展，中国城市景观在二十年内发生了根本性和转变，进行了许多大体量的建设。本文阐述了中国城市景观现代化的社会经济和政治背景，重点关注后毛泽东时代的过渡时期，通过一系列的现场观察，指出国际设计对中国城市景观设计理念的影响，以及当代中国城市结构发展呈现的重要问题。"化妆"作为一种规范方法在地方规划和设计实践中被广泛应用，文章提出了一些关键性的问题和建议，以保护中国城市的生态、社会文化和历史城市结构。

Yu K, Padua M G. China's cosmetic cities: Urban fever and superficiality[J]. Landscape Research, 2007, 32(2): 255-272.

景观评论案例：中东景观整体点评（Moosavi, Makhzoumi & Grose, 2016）

研究方法	文本分析、访谈、观察、经验总结

　　现代主义被引入中东的主要城市，导致设计方法脱离当地环境。设计师面临着客户驱动的全球愿望与当地语境特殊性的两难境地。本文批判性地回顾了该地区的景观设计方法，反对现代主义、地方主义和批判性地方主义，对阿布扎比、迪拜、利雅得和马斯喀特的项目进行了评论，指出景观实践的一系列当前趋势：尊重并重视景观的文化意义、生态过程，并在两者之间建立联系。

Moosavi S, Makhzoumi J, Grose M. Landscape practice in the Middle East between local and global aspirations[J]. Landscape Research, 2016, 41(3): 265-278.

8.2　综合评价类研究

　　综合评估体系是对项目跨学科、多维度的定性和定量的评价。以项目为研究对象的评价体系，目前国际认证并广泛使用的标准化主要有绿色能源与环境设计先锋认证（LEED）与可持续场地倡议（SITES）。此外，以项目背景为研究对象的其他评价指标也是本节重点介绍内容，如设计方案文本、相关政策与法律。

8.2.1　绿色能源与环境设计先锋认证（LEED）

　　绿色能源与环境设计先锋认证（Leadership in Energy and Environmental Design）简称LEED，于2000年由美国绿色建筑协会（USGBC）首次发布，由整合过程、选址与运输、可持续场地、节水、能源与大气、材料与资源、室内环境质量、创新和区域优先九类指标组成，考察和评价建筑对环境的影响，按照得分分成四个等级。它被认为是世界上各种建筑环境保护评价、绿色建筑评价和建筑可持续性评价标准中最完善、最具影响力的评价标准。

　　其中，美国绿色建筑委员会建立并实施的《绿色建筑评估体系》，通过规范完整且准确的绿色建筑理念，减少设计对环境和居民产生的负面影响，适用于各类建筑的评定，提供实用、量化的绿色建筑解决方案。绿色建筑的实际价值可以通过消费者的购买决策来提高，形成了一个良性循环，从而促进市场转型。目前在175个国家和地区得到应用，超过98000个项目被注册和认证。邻里发展评级系统（LEED-ND）的开发，旨在将可持续性认证扩展到绿色建筑之外。但到目前为止，由于要在认证单个项目上花费大量的金钱、时间和专业知识，因此很少有项目获得 LEED-ND 认证。不同版本的LEED，在不同项目不同尺度上表现出不同的适用性。如王馨璞（2017）参照了LEEDv4的分类模式对小尺度生态景观设计进行了分类研究[14]；此外，有学者则发现LEED-ND在城市尺度中的应用有较大的前景[15]。

综合评价类案例：LEED在小尺度生态景观设计中的应用（王馨璞，2017）

研究方法	文献分析、访谈、数理统计、经验总结

本研究参照了LEEDv4的分类模式对小尺度生态景观进行了分类，作者选取获得LEED铂金级认证的设计作品进行分析，讨论LEED评估系统对于提升景观生态效果产生的影响，以便进一步推进设计工作。

曼谷都市森林公园，作为城市公共空间，以82分的总成绩获得LEEDv2009建筑设计与施工（BD+C）中的新建项目（NC）类的铂金级认证。设计师通过各种技术手段与方法将曾经的垃圾填埋场修复为都市森林。项目通过建筑和景观的整体性设计达到了可持续场地、用水效率、材料和资源的高标准。这些标准可以帮助景观环境实现前期工作，如选址的合理性、水资源的节约设计、废弃物进行合理的处理、本地材料的应用等。由于制冷剂的使用和管理（能源与和大气类指标）对景观影响较小，在后期的标准制定中应考虑删除。

佩雷斯艺术博物馆，属于半公共空间，是棕地改造的典型的案例。该地曾经是长满红树林和水藻的荒地，后作为垃圾填埋场、废弃场地。于2014年9月以总分39分的成绩被评为LEEDv2.2新建建筑的金级认证。其中，景观设计部分为项目在可持续场地、用水效率、能源和大气、材料和资源四个评分项获得了高分。作者指出建筑附属景观的建设与主体建筑有着紧密的联系，在这种景观环境的建设中应将建筑的影响考虑在设计之中，尤其是能源和用水方面的设计。

诺里斯新屋，这个私人空间是美国首批环境友好型社区计划。新型别墅及景观设计以111分的成绩获得了LEEDv2008新建建筑别墅类铂金级认证。评价体系由位置和连接性、可持续场地、用水效率、能源和大气、材料和资源、室内环境质量、意识和教育创新和设计过程八个类别组成。作者认为，紧凑型的居住环境使得能源与材料的使用更加集成高效化，通过减少材料的使用和运营成本，可以将更多的资金转移到设计和施工质量的提高。

王馨璞. 基于LEED的小尺度生态景观设计方法研究[D]. 东南大学，2017.

综合评价类案例：LEED-ND在城市尺度中的研究（Talen et al.，2013）

研究方法	文本分析、访谈、数量统计、经验总结

作者认为，在管辖范围内确定符合LEED-ND标准的地点比在单个项目评价上更有效。通过识别LEED-ND地块，城市可以激励这些地区更可持续地发展，并使开发商更愿意使用LEED-ND。

文章将位置和连接作为LEED-ND项目评级系统中最重要的指标，发现凤凰城有9000多英亩土地符合LEED-ND标准。其中，26%的土地空置或属于待重新开发的状态，比预期的比例稍高。进一步分析发现，在凤凰城符合LEED-ND的评估中，"步行"得分不能起到评估作用，它们往往位于密度较低、市场实力较弱、租房单位（包括补贴房）比例较高的地区。

Talen, E., Allen, E., Bosse, A., Ahmann, J., & Anselin, L. Leed-nd as an urban metric[J]. Landscape and Urban Planning, 2013, 119: 20-34

[14] 王馨璞. 基于LEED的小尺度生态景观设计方法研究[D]. 东南大学，2017.
[15] Talen, E., Allen, E., Bosse, A., Ahmann, J., & Anselin, L. Leed-nd as an urban metric[J]. Landscape and Urban Planning, 2013, 119: 20-34

8.2.2　可持续场地倡议（SITES）

可持续场地倡议（Sustainable Sites Initiative，简称 SITES）是一个跨学科协作，通过推动传统土地开发与管理实践向可再生模式转变研究所取得的成果。它是在LEED的背景下创建的，旨在为景观设计、施工、养护实践提供指导与绩效标准。SITES倡导将生态系统服务功能（Ecosystem Service，ES）作为设计的基础，对场地的可持续性进行计量和评估。它是由美国景观师学会（ASLA）、德克萨斯大学奥斯汀分校伯德约翰逊夫人野花研究中心（LBJWC）和美国国家植物园（USBG）共同领导，众多在可持续性研究方向有代表性的学者、专家、设计师共同参与和研究建立，对土地开发建设项目实践进行绩效评级的系统，包括规划、设计、建造与维护准则等方面。

根据场地开发过程，SITES建立了可持续性土地设计与开发的评级系统（Rating System，RS），包括7个一级指标、66个二级指标以及每个二级指标的详细技术标准与规范细则，它是最高分值为200分的四级评级认证体系。SITES已在美国、加拿大和欧洲多个国家得到应用，目前共有105个项目获得评级。中国尚未有项目获得认证，对SITES体系也仍处在研究阶段，但在国家倡导生态文明建设的大背景下，SITES将具有广阔的应用前景以及本土化的可能性。评估体系适用于新建项目以及改造项目，包括公园、大学校园、城市开放空间、居住区、商业广场等多种类型。结合不同的案例，SITES现有研究已经涵盖了场所健康评估[16]、绿色基础设施建设评估与生态系统服务发展评估等[17]。

对比来说，LEED 包括了一些与资源、环境相关的评价标准，但还不能满足对可持续景观设计项目的评价与认证。SITES项目的启动，作为一次跨学科的尝试，为可持续性设计、建造和维护制定全面的指南和评价标准，提高了景观设计的价值。SITES评级体系是针对单体设计项目的独立工具，也可以纳入LEED 系统中。

综合评价类案例：SITES—场所健康评估（Steiner et al., 2010）

研究方法	文本分析、数量统计、经验总结
文章通过研究三个不同类型案例的建设历史与成果，详细介绍了"可持续场地倡议（SITES）"的评价体系，以鼓励更健康的景观设计实践。作者提出，LEED 的核心是以节能为本，应该将其影响扩展到更大的景观尺度上。	

[16]　Windhager S, Steiner F, Simmons M T, et al. Toward ecosystem services as a basis for design[J]. Landscape Journal, 2010, 29(2): 107-123.

[17]　Pieranunzi D, Steiner F R, Rieff S. ADVANCING GREEN INFRASTRUCTURE AND ECOSYSTEM SERVICES THROUGH THE SITES RATING SYSTEM[J]. Landscape Architecture Frontiers, 2017, 5(1): 22-40.

　　西德维尔之友学校—占地6.1公顷，水的智能化管理是该项目设计的重点，中央庭院兼具生态和教育功能，采用了50多种的乡土植物，台阶和墙壁的建造使用了可重复利用的石材，利用回收矿渣建设人行道。该项目达到LEED铂金绿色建筑等级的K-12学校。该项目值得学习的可持续实践亮点有可持续认识和教育、污水综合管理系统、综合雨水管理系统、监测等四个方面。

　　高点街区位于美国华盛顿州西雅图，是由34个街区（48公顷）组成的居民区。富有创造性的、地区特有的、低影响的发展战略被应用于每个城市街区，自然排水系统最为典型。该项目的可持续实践亮点则是流域和栖息地的雨水管理与保护、本地植被和适应性植被、灌溉效率、树木保育等。

　　弗雷泽区域开发与保护，占地6.13公顷，其目的是改善天鹅河的环境，并使城市更好地与水相连。该项目突出可持续实践有雨洪管理、土壤保护与整治、河岸和栖息地修复、公众教育、文化和历史意识恢复五个方面。

Windhager S, Steiner F, Simmons M T, et al. Toward ecosystem services as a basis for design[J]. Landscape Journal, 2010, 29(2): 107-123.

综合评价类案例：SITE—推动绿色基础设施与生态系统服务发展
(Pieranunzi, Steiner & Rieff, 2017)

研究方法	文本分析、对比、数量统计

　　SITES将景观视为建筑环境的重要组成部分。人们可通过设计和维护景观，来避免、减轻甚至扭转人类发展和气候变化带来的不利影响。作者认为，相较于传统的设计实践，使用了生态系统服务框架的SITES评级体系是一种更为有效的替代方法。文章以华盛顿运河公园为例，对2009年版SITES评级体系（SITES1.0）的试点项目进行阐释。作为可持续发展的典范，华盛顿运河公园获得了LEED金奖。

Pieranunzi D, Steiner F R, Rieff S. ADVANCING GREEN INFRASTRUCTURE AND ECOSYSTEM SERVICES THROUGH THE SITES RATING SYSTEM[J]. Landscape Architecture Frontiers, 2017, 5(1): 22-40.

8.2.3　其他评价指标的研究

　　除了已经自成体系的一些评价指标，国内外还有一些研究结合实际需要，通过建立自己的指标来对规划和设计的成效进行评估。本节选取了景观公约[18]、政策与法律[19]等一些案例，展示如何通过自建指标评价规划设计的实施效果。

综合评价类案例：欧洲景观公约对国家规划系统的影响 (De Montis, 2014)

研究方法	文献分析、数量统计、访谈、经验总结

　　文章通过对六个国家的对比研究，指出《欧洲风景公约》（ELC）对国家风景规划系统具有重大影响，尤其是规划政策和工具。尽管ELC已得到大多数相关州的正式批准，但其实际实

[18] De Montis A. Impacts of the European Landscape Convention on national planning systems: A comparative investigation of six case studies[J]. Landscape and urban Planning, 2014, 124: 53-65.

[19] Lukasiewicz A, Vella K, Mayere S, et al. Declining trends in plan quality: A longitudinal evaluation of regional environmental plans in Queensland, Australia[J]. Landscape and Urban Planning, 2020, 203: 103891.

施情况在整个欧洲有所不同。作者通过定性法、指标法和比较法，以研究六个欧洲国家：加泰罗尼亚（西班牙）、法国、意大利、瑞士、荷兰和英国的现行制度和计划状况。研究证实，ELC的实施取决于地方政府系统和主导景观规划的传统；土地管理是执行景观政策的有力手段；文化遗产、水管理、基础设施和旅游业等部门对景观问题的敏感性更高。这一结果对其他国家也适用。

De Montis A. Impacts of the European Landscape Convention on national planning systems: A comparative investigation of six case studies[J]. Landscape and urban Planning, 2014, 124: 53-65.

综合评价类案例：澳大利亚昆士兰州区域环境计划的纵向评价
(Lukasiewicz et al., 2020)

研究方法	文献分析、数量统计、访谈、经验总结

大多数环境规划评估都考虑如何进行、实施或规划，而规划本身的质量受到很少的关注。规划质量是决定规划结果的关键因素，高质量的规划更有可能产生积极的规划结果。文章构建了一个包含62个指标的框架，来衡量环境规划完善的程度：合作、适应性强、以行动为导向、循证，并应用此框架评估2004年至2016年的13年间在澳大利亚昆士兰引入的特定类型环境计划（区域自然资源管理计划）的质量。测试了影响计划质量因素，包括资金、经验等，并得出结论：用于计划开发的专用资金对质量很重要，而经验等并不能保证更高的计划质量。

Lukasiewicz A, Vella K, Mayere S, et al. Declining trends in plan quality: A longitudinal evaluation of regional environmental plans in Queensland, Australia[J]. Landscape and Urban Planning, 2020, 203: 103891.

8.3　专项类绩效类

8.3.1　生态（环境）绩效

生态（环境）绩效就是研究景观设计项目对生态系统各组成成分产生的影响。景观设计直接施加在生态系统的各个组成成分上，尤其是植物、土壤、水体，直接影响生态系统的状态。因此，景观设计的生态效应[20、21]，涵盖生境、水、碳与能源、材料、土壤等对象。生态环境绩效的研究体系涉及生态学、自然地理学、土壤学、大气科学、能源科学等学科的研究方法。

专项类绩效案例：测算Woodlands生态规划对雨水管理的影响（Yang & Li, 2011）

研究方法	文本分析、场景模拟、对比总结

文章详细介绍了美国德克萨斯州Woodlands社区的规划过程与雨水管理效果评估。该项目遵循了麦克哈格的生态规划法，根据土壤水文特性，判定区域内土地利用类型和开发密度。作者使用计算机建模的方式，对流域流量进行了评估，评估了五种假设的土地利用情景，并与

---

[20] Yang B, Li M-H. Assessing Planning Approaches by Watershed Streamflow Modeling: Case Study of the Woodlands, Texas[J]. Landscape and Urban Planning, 2011, 99(1): 9-22.

[21] 刘洁. 设计生态学的景观绩效实证研究——以天津桥园公园盐碱地改善为例[J]. 景观设计学, 2019（1）: 7.

2005年的情况进行比较。研究结果显示，Woodlands在雨水管理上取得了一定效果，但并未达到 McHarg 提出的理想状态。

Yang B, Li M-H. Assessing Planning Approaches by Watershed Streamflow Modeling: Case Study of the Woodlands, Texas[J]. Landscape and Urban Planning, 2011, 99(1): 9-22.

专项类绩效案例：天津桥园公园的盐碱地改良绩效研究（刘洁，2019）

研究方法	文本分析、数量统计、经验总结

天津桥园公园所在地土壤盐碱化问题严重。设计师运用"设计生态学"理念，希望通过设计来改善这一问题。研究利用生态学方法，通过土壤采集、实验室测算、数据分析等步骤，评估这一设计是否达到预期效果。评估结果显示：经过设计的公园坑塘区域，土壤pH值显著低于未设计区域；在坑塘内部微环境和坑塘区域整体空间上，土壤盐分都累积在地势较低的空间。这表明，该公园的设计方法能够达到排盐排碱的效果。

刘洁. 设计生态学的景观绩效实证研究——以天津桥园公园盐碱地改善为例[J]. 景观设计学，2019(1)：7.

8.3.2 经济绩效

景观设计通常与人类的生活环境息息相关，涵盖公园绿地设计、居住区景观设计等。景观设计质量将间接影响当地经济，包括提升房地产价值、增加税收、提供就业岗位、降低建设和运维成本等。对经济效应的研究要分对象进行：对于景观设计项目自身的经济效益[22]，通常综合计算其产生的成本与收益；对于景观之外的经济收益，则应分析其影响范围[23]，如税收、房地产、就业、旅游等，再分别分析其变动。经济学分析方法是常用分析手段，如面板数据分析（二手数据）、问卷调查（一手数据）等。

专项类绩效案例：韩国首尔京义线森林公园对当地商户销售的影响研究（Park & Kim，2019）

研究方法	文本分析、观察、数量统计、经验总结

本研究使用首尔市政府提供的信用卡和现金销售数据，采用统计方法评估园区开放前和之后当地企业销售的变化。结果表明，城市线性公园具有积极的影响，提升了社区的经济活力。然而，经济影响可能因社区环境而异。具体来说，经济困难的社区可以从公园的开放中受益更多。这项研究使用实际销售数据而不是分析诸如财产价值的信息，直接评估了京义线森林公园对周边社区的振兴影响，从而提供了一种替代方法来衡量公园的经济影响。

Park J, Kim J. Economic impacts of a linear urban park on local businesses: The case of Gyeongui Line Forest Park in Seoul[J]. Landscape and Urban Planning, 2019, 181: 139-147.

---

[22] Mayer M, Müller M, Woltering M, et al. The economic impact of tourism in six German national parks[J]. Landscape and urban planning, 2010, 97(2): 73-82.

[23] Park J, Kim J. Economic impacts of a linear urban park on local businesses: The case of Gyeongui Line Forest Park in Seoul[J]. Landscape and Urban Planning, 2019, 181: 139-147.

专项类绩效案例：德国国家公园旅游业的经济影响研究（Mayer et al.，2010）

研究方法	文本分析、观察、数量统计、对比总结

研究通过面对面游客调查，统计了德国六个国家公园的旅游支出结构、规模和经济影响。文章发现，国家公园游客的人均日消费大大低于德国游客的全国平均水平；游客密度和国家公园亲和力的差异，可以归结为公园在旅游目的地市场的发展和位置不同；国家公园之间过夜游客和白天游客之间的差异可能与地理位置、公园建设程度有关；德国旅游业带来的直接和间接区域收入与欧洲其他国家公园大致相同，但却远小于美国。文章首次提出关于德国国家公园旅游业经济影响的综合数据集的统计，指出经济影响的大小发生变化的主要原因是游客总天数和国家公园游客平均每日花费的变化，这对国家公园的管理政策有直接的指导作用。

Mayer M, Müller M, Woltering M, et al. The economic impact of tourism in six German national parks[J]. Landscape and urban planning, 2010, 97(2): 73-82.

8.3.3 社会绩效

景观设计的使用者是人，好的景观设计能够大大提高社会的整体福利，包括显著提升居民对于当地环境的满意度，提升居民的生活体验等。良好的生态环境还有助于开展生态教育、传播生态文明理念。由于使用者多种多样，景观设计要将各种群体考虑在内，尽量满足不同居民的活动需求，并促进当地社区氛围的提升。景观设计的社会效应[24~26]可以从多个方面加以衡量，包括情感、态度与观念；教育、文化与遗产；健康与安全性；社会关系等。研究通常采用社会学、人类学的调查方法，如实地观察、问卷调查、深度访谈、焦点小组访谈等。

专项类绩效案例：纽约高线公园带来的社区士绅化问题（Black & Richards，2020）

研究方法	文本分析、空间建模、时空对比、经验总结

这项研究通过将住房价格的上涨与城市地区的生态绅士化问题联系起来，评估了纽约高架线的引入带来的影响。研究利用地理信息系统（GIS）对高线公园地区住宅物业价值的影响进行空间建模，通过高线公园开放的时空差异来估计其对住宅价值的影响。结果表明增加绿色空间的数量可以导致绅士化：财产价值的上升，现有居民的流离失所以及大量的富人移民。这项研究旨在为决策者提供有关绿色空间建设带来的潜在信息，以最大程度地减少绿色空间对房价的影响。

Black K J, Richards M. Eco-gentrification and who benefits from urban green amenities: NYC's high Line[J]. Landscape and urban planning, 2020, 204: 103900.

---

[24] Black K J, Richards M. Eco-gentrification and who benefits from urban green amenities: NYC's high Line[J]. Landscape and urban planning, 2020, 204: 103900.

[25] 吴隽宇. 广东增城绿道系统使用后评价（POE）研究[J]. 中国园林，2011，27（4）：39-43.

[26] Sherman S A, Varni J W, Ulrich R S, et al. Post-occupancy evaluation of healing gardens in a pediatric cancer center[J]. Landscape and Urban Planning, 2005, 73(2-3): 167-183.

专项类绩效案例：广东增城绿道的POE研究（吴隽宇，2011）

研究方法	文本分析、观察、访谈、问卷调查

　　使用状况评价（POE）是系统描述和评价建成环境的实证性研究方法。它关注空间和环境的使用效能和利用方式，并为规划设计项目提供科学依据。作者运用POE方法对广东省增城绿道系统进行调研和信息反馈工作，从使用者角度出发，通过现场观察、访谈、问卷调查等方法，研究使用者对增城绿道系统的行为特征、偏好与使用需求，归纳总结出增城绿道系统的使用情况评价，为创造使用者满意的绿道环境提出相关优化建议，从而提升绿道设计的质量，使绿道系统规划设计更具科学性。

吴隽宇. 广东增城绿道系统使用后评价（POE）研究[J]. 中国园林，2011，27（4）：39-43.

专项类绩效案例：美国加州儿童癌症中心疗愈花园的POE研究（Sherman et al.，2005）

研究方法	文本分析、访谈、观察

　　这项研究调研了儿童癌症中心周围的三个疗愈花园的1400名花园使用者，记录了其人口统计信息、活动和停留时间长短等数据，结果揭示了不同花园、不同人员类别（患者、访客或工作人员）和不同年龄（成人和儿童）的不同使用模式：工作人员大多使用花园进行漫步或坐下就餐，很少积极与公园的功能进行交互；尽管花园里进行了儿童友好的设计，儿童也确实更喜欢在这里互动，但绝大多数游客还是成年人；患者使用窗户的频率与花园人数之间存在反比关系。结果还显示，在疗愈花园里所有群体的情绪痛苦和身体疼痛都比在医院内时要低，这说明了疗愈花园的设计具有一定的意义。

Sherman S A, Varni J W, Ulrich R S, et al. Post-occupancy evaluation of healing gardens in a pediatric cancer center[J]. Landscape and Urban Planning, 2005, 73(2-3): 167-183.

本章要点总结

1）什么是设计成果研究?

2）设计成果研究可以分为几大类，各自的特点是什么?

第2部分　操作方法概览

第9章　资料检索途径与使用规范

> 如何高效并规范地使用各种检索与文献管理工具，是研究的重要开端。

任何研究与设计的开端都是资料检索，本章节从研究以及实践设计项目两个维度介绍文献检索与项目检索的相关数据库与网站，并对典型期刊进行归纳。同时对不同的文献管理软件进行实测对比，以方便处于不同学习阶段的使用者选用适合自身的文献管理软件，以更好更快地适应并符合国内外各种文献引用规范。

9.1 文献检索途径

文献检索使用提示：

- 中文文献检索可使用"百度学术"加"中国知网"，基本可以找到需要的信息。
- 外文文献检索可使用"谷歌学术"加"Web of Science"，能够解决绝大多数需求。在看外文全文时，初学者结合需要可以打开浏览器的翻译功能，更加方便阅读。
- 几乎所有数据库都需要在不同大学的网络环境下（校园网、VPN、Eduroam等）才可以正常访问。

文献检索是研究者介入某一主题的基本途径。本书对中文以及英文的主要检索数据库进行简介，并概括其优缺点，具体对比见表9-1和表9-2。

表 9-1：英文文献检索常用数据库

网站	地址	资料类型	优缺点
Google Scholar（谷歌学术）	www.scholar.google.com	期刊论文、电子图书、硕博论文、会议论文	最便捷的英文文献搜索引擎，集成各家出版商数据，Google搜索质量保证
Web of Science	www.webofknowledge.com	期刊论文、硕博论文、会议论文	SCI、SSCI引文数据库（重要的文献评价标准），期刊质量更高，但非SCI，SSCI文章没有覆盖
Scopus	www.scopus.com	期刊论文、硕博论文、会议论文	期刊数量更多、范围更大

续表

网站	地址	资料类型	优缺点
ProQuest	www.proquest.com	期刊论文、硕博论文、会议论文	引文与全文均有收录
ScienceDirect（Elsevier出版社）	www.sciencedirect.com	期刊论文、电子图书	大部分文章可在线阅读或下载PDF，设计了与文献管理软件的接口，使用便捷
Wiley出版社	www.onlinelibrary.wiley.com	期刊论文、电子图书	
Springer出版社	www.link.springer.com	期刊论文、电子图书	
Taylor & Francis出版社	www.tandfonline.com	期刊论文、电子图书	
SAGE出版社	www.sage.cnpereading.com	期刊论文、电子图书	
Sci-Hub	www.sci-hub.se	期刊论文、硕博论文、会议论文	可以免费下载海量论文或电子图书
Library Genesis	www.gen.lib.rus.ec	电子图书	

表 9-2：中文文献检索常用数据库

网站	地址	资料类型	优缺点
百度学术	www.xueshu.baidu.com	期刊论文、硕博论文、会议论文	综合国内外各家数据库，北大IP使用可提示免费下载链接
中国知网	www.cnki.net	期刊论文、硕博论文、会议论文	中文数据库最常用，查全率查准率最高，期刊文献完整且更新快；硕博论文是CAJ格式，可通过国际版下载PDF
万方数据	www.wanfangdata.com.cn	期刊论文、硕博论文、会议论文	硕博论文是PDF方便阅读，一些特色资料库好用
维普资讯	www.cqvip.com	期刊论文	近年来的更新不如知网和万方，理工科类较强，人文社科弱
北京大学学位论文数据库	www.thesis.lib.pku.edu.cn	硕博论文	收录北京大学所有硕博论文（包含深研院），大部分在外网不可查询
北京大学图书馆馆藏目录	www.lib.pku.edu.cn/portal	期刊论文、硕博论文、会议论文、电子图书、纸质书籍	有馆际互借、文献传递等服务，也能链接到其他图书馆已购数据库
方正Apabi电子图书	www.apabi.lib.pku.edu.cn/usp/	中文电子图书	除网页端外还提供移动端进行使用
中国科学院文献服务系统	www.sciencechina.cn/index.jsp	中英文核心期刊、优秀期刊、中国科学院硕博学位论文	以中文文献检索为主，提供引文索引功能，以及包括文献计量在内的学术研究分析

9.1.1　外文数据库

Google学术是一个综合的外文资料搜索平台。凭借其深厚的技术优势集成各家数据库，并通过强大的搜索算法帮助使用者获得最符合需求的文献。这是最好用的英文学术搜索引擎。谷歌学术的优点在于搜索功能强大，可搜索的内容包括论文、网络发表的文章及相关政府报告。其缺点是没有文献分析功能，部分全文无法直接下载，需要进一步去其他引文数据库进行收集。在了解一个研究问题的前期，通过谷歌学术进行初步检索阅读，能够对某一方向产生基本认知，可以较为全面的了解某一领域的基本状况。

Web of Science，Scopus，ProQuest属于英文引文数据库，可以提供文献标题、作者、发表时间、期刊、关键词、摘要、引用和被引情况，并提供部分文章的全文链接，供使用者选择是否下载全文。引文数据库一般具备复杂检索功能，使用者可通过自行编写检索式进行条件检索，得到更准确的结果。引文数据库的另外一个优点是具有基础的文献计量分析功能，例如Web of Science提供了各种信息的初步统计结果，同时可以查阅该文献的引证文献和被引文献。此外，导出文献功能可以将该文献的引用信息导出到本地，用户再将该信息导入文献管理软件实现文献管理。Clarivate公司旗下的Web of Science核心合集数据库是最为常用的是文献搜索平台，包含SCI（Science Citation Index，科学引文索引）和SSCI（Social Sciences Citation Index，社会科学引文索引）引文数据库。能入选这两个数据库的期刊都是各专业一流期刊，文献质量有保证。但是非SCI的文献在Web of Science数据库里缺失，且部分出版社的文章无法直接下载，如Wiley出版社，Taylor & Francis出版社和SAGE出版社的文章。Scopus，ProQuest的优势是包含硕博论文，且有非SCI、SSCI的英文文章。但缺点是进行题目搜索时，可能出现的相关文献过多，且重点不突出。建议先用Web of Science查阅基础重要文献，然后用其他数据库拓展相关文献。

从各大引文数据库中跳转到的全文，一般都来自于各大出版社的全文数据库，如这里提到的ScienceDirect（Elsevier出版社）、Wiley、Springer、Taylor & Francis、SAGE等。全文数据库会提供在线阅览与PDF格式文档下载功能。本专业大部分学术研究文献是可以阅读全文，或是有摘要可供阅读。这些出版社同时提供文献导出功能，以有效衔接各种文献管理软件。由于各家出版社自建数据库仅能搜索自己拥有版权的文献，因此查全率是较大的问题，一般直接用引文数据库搜索，以保证搜索文献的全面性。

9.1.2　中文数据库

与谷歌学术相对应，百度学术也在尝试建立以中文为基础的综合检索系统，同时其涵盖的内容不仅仅包含中文文献，也能检索外文文献，在一定程度上综合了国内外各种数据库，提供可下载该文献的数据库链接（各高校图书馆或科研机构会提供可使用链接）。同时，百度学术推出了新款分析功能，如百度学术的主页面可以找到的开题分析。该分析试图利用百度学术的优势，帮助入门者通过分析详细的研究走势、关联研究、学科渗透、相关学者、相关机构等，尽快了解学科发展和进展方向，第一时间找到相关的学者和文章。"开题分析"功能初衷不错，未来可期，但基本略微前沿一点的课题都无法利用该功能，只能检索已较为成熟研究领域的关键词与题目，功能状态需进一步改进。百度学术的检索能力整体都尚需进一步提升，目前查到的文献并不齐全，同时百度学术提供的引用格式会有误，最好不要直接使用。

引文数据库方面，知网、万方和维普是国内三大引文检索数据库。中国知网是最知名的中文数据库，优点是查全率、查准率最高，使用比较方便快捷，期刊文献完整且更新快。缺点是，国内文献质量参差不齐，建议多参考业内公认优秀期刊的文献。此外，该网站提供的硕博论文是CAJ格式，需下载专用阅读器阅读，不便使用，要下载硕博论文PDF可进入国际版（https://oversea.cnki.net/index/），使用方法与国内版完全相同。万方数据集纳了理、工、农、医、人文五大类70多个类目共7600种科技类期刊全文，学术会议文献收录较全面，是了解国内学术会议动态的较好渠道。维普资讯是中文期刊数据库建设的奠基，但近些年来数据库内容更新的丰富程度比不上知网和万方。

如果想要进一步了解硕博论文，建议深耕各自学校图书馆的学位论文数据库，例如北京大学学位论文数据库收录了北京大学所有硕博毕业论文，可按院系、导师和学生类型进行浏览，一般在一年后开放全文浏览权限，比公共数据库更快更新，同时也可在此下载论文模板。

中文电子数据等建议也是多结合高校图书馆进行下载。例如北京大学图书馆馆藏目录该入口能够获取北京大学图书馆订购的电子期刊、电子图书、学位论文等数据库资源，并探索其他开放学术资源，如专利公报、政府文献、开放获取（OA）资源等，如方正Apabi电子图书等综合平台，在高校图书馆与其合作情况下，可通过统一认证或校内IP访问。中国科学院文献服务系统收录了各专业核心期刊、优秀期刊文献，同时收录中科院硕博学位论文，也常常对各个大学的用户开放。

9.2　项目检索途径

项目检索使用提示：

- 想对某一类型项目进行检索，可以用综合类项目检索平台，以及各大综合设计公司的网站；
- 想了解前沿设计思想以及方法，参考竞赛类网站；
- 想对某一种类型的设计进行深入研究，重点使用设计师工作室的网站；
- 想学习设计表达、寻找素材或是做作品集的途径，参考素材类网站。

9.2.1　综合类项目平台

综合性质的项目检索网站大多是景观、建筑及城市规划行业的综合门户网站，项目齐全，类型众多，单个网站基本能涵盖市面上大部分的项目，便于使用者进行全面检索。该类网站检索功能大同小异，网站页面一般会有项目类型分类和专辑，根据所需，使用者可到相对应的分类或专辑中进行查找。同时关键词的搜索也是一个常用的快捷检索方式，部分网站还提供复合检索功能。现今绝大多数的项目以及信息等都已经逐步转入微信公众号等平台，基本所有网站也都开设了自己的公众号，但网站的检索能力还是优于公众号，因此本书依然对网站信息进行收集与整理。

以中文为载体的综合项目类网站平台主要有以下几个：谷德设计网是国内一个基于建筑、景观、设计、艺术的高品质创意平台，偏重于建筑与景观专业，优势在于可按类型、地区、材料和公司进行复合检索，还有针对有不同地区和城市的项目合集。景观中国目前已入驻200余家国内外景观设计公司，提供最新国内外项目信息、竞赛咨询和前沿观点文章。可按照关键字、行业类别或企业进行项目检索，同时展示实时热门搜索。中国风景园林网是国内一个风景园林行业门户资讯网站，景观项目分类细致，同时可直达著名景观设计公司的官网。筑龙网拥有全球最大、最先进的中文建筑行业信息资料数据库，建筑、景观、室内非常全面的案例网站，包括工程与技术、造价和建设等，分类详细，提供高清图片和图纸的下载。专筑网是一个以设计产业为核心的网络社区，囊括建筑、室内、规划、景观园林、艺术、设计等领域。ZOSCAPE-建筑园林景观规划设计网是一个以景观作品为主的方案设计平台，原创多，分类特别详细，还提供相关设计资源素材。Archina是一个国内建筑及城市建设综合门户网站，案例分为景观、建筑、室内三大板块以及项目专辑，特别地有地产项目专栏，可按开发商、项目区位、项目类型进行检索，可在线收藏，建立自己的在线项目数据库。

以英文为载体的综合类项目网站平台主要有Archdaily、WLA、Landzine、Landscape Institute、PLACES、Archinect、LAND8。这些不同的平台各有侧重，Archdaily是一个为建筑专业人士提供建筑新闻、竞赛和最新项目的网站。偏重于国外建筑项目，景观和室内项目也有涉及，项目更新迅速、信息完整，有相应的主题专辑，可按照国家/地区、建筑师、品牌等类别进行复合检索，有着非常好用的项目分类收藏系统，项目页面下方会附有项目地址地图，同时有中文版网站，便于理解。WLA网站介绍了世界各地景观、建筑、城市规划建成项目和竞赛项目。Landzine是一个以全球的景观设计项目为主的综合门户网站，项目都是具有教育意义和实用性的参考资料，项目的检索可以具体到国家、城市和项目类型，项目分为公园、校园、居住区、河堤、滨水等细分板块。Landscape Institute是指英国景观学会的官网，它是一个教育慈善机构，促进艺术和科学的景观实践，除了发布案例分享外，还可以链接其他与景观相关的协会，拥有超强的链接功能。PLACES是一个集合了全球建筑景观设计名校的联合平台，网站有学校的新项目报道、论文、案例等，包括建筑、景观和城市设计，专注于公共领域，可按学校进行检索。Archinect是专注于展示最新建筑案例的网站，介绍来自各个领域的新想法，咨询全面，项目介绍详细。LAND8是一个景观、建筑专业的在线论坛，网站上有个巨大的博客，有与建筑、景观领域有关的大量信息。

表 9-3：项目检索常用综合类项目网站

网站	网址	涉及行业	优缺点
景观中国	http://www.landscape.cn	景观、建筑、规划	可按照关键字、行业类别或企业进行项目检索，同时展示实时热门搜索
谷德设计网	https://www.gooood.cn/	建筑、景观、设计、艺术	可按类型、地区、材料和公司进行复合检索，有不同地区和城市的项目合集
中国风景园林网	http://www.chla.com.cn	景观	景观项目分类细致，可直达著名景观设计公司的官网。项目图片质量较差
筑龙网	http://www.zhulong.com	建筑、室内、景观、路桥、水利	分类详细，提供高清图片和图纸的下载，但页面庞杂
专筑网	http://www.iarch.cn/	建筑、景观、规划、室内、艺术、设计	门类齐全，更新速度、检索能力一般
ZOSCAPE-建筑园林景观规划设计网	http://www.zoscape.com/	建筑、景观、规划	以景观作品为主，原创多，门类齐全，分类特别详细。页面简洁、图片高清

续表

网站	网址	涉及行业	优缺点
Archina	http://www.archina.com	建筑、景观、室内	有项目细分专辑，特别地有地产项目专栏，可按开发商、项目区位、项目类型进行检索，可在线收藏，建立自己的在线项目数据库
Archdaily	http://www.archdaily.cn/cn	建筑、景观、室内	偏重于国外建筑项目，更新迅速，信息完整，有相应的主题专辑，可按照国家/地区、建筑师、品牌等类别进行复合检索。有着非常好用的项目分类收藏系统。有中文版网站，不用翻墙
WLA	https://worldlandscapearchitect.com	景观、建筑、城市规划	项目分类不明晰，网页加载较慢
Landzine	http://landezine.com	景观	项目可按国家、城市和项目类型进行检索，项目分类详尽
Landscape Institute	https://www.landscapeinstitute.org	景观	可以链接其他与景观相关的协会，拥有超强的链接功能。检索能力差
PLACES	placesjournal.org	建筑、景观、城市设计	集合了全球建筑景观设计名校的联合平台，可按学校进行检索
Archinect	archinect.com	建筑	页面庞杂且分类不明晰，检索能力差
LAND8	www.land8.com	建筑、景观	图片质量很高，检索能力差，网页加载较慢

9.2.2 公司工作室性质的网站

访问公司以及设计工作室的网站，以及他们的微信平台，常常是最好的项目检索途径。公司、事务所形式的网站适合于对某一公司或某一设计师的项目进行系统分析时使用，这类网站多数项目分类明确，进行检索比较方便，针对项目的介绍内容较为丰富。表9-4简单罗列了一些相对重要的国内外公司，供初学者参考使用。

表 9-4：公司性质网站推荐（排名不分先后，按照公司首字母排序）

	公司	网址	涵盖范畴与特色	网站内容
中文	奥雅设计	http://www.aoya-hk.com	规划、景观、建筑等。新中式及其游憩景观项目较有特色	网站涉及内容包括公司案例、教育公益相关内容等，项目分类清晰
	山水比德	http://www.gz-spi.com/	景观、规划等。住宅、展示区项目较为出色	分类明确，美丽乡村、商业项目、社区景观、公共绿地等均有涉及

续表

	公司	网址	涵盖范畴与特色	网站内容
中文	土人设计	http://www.turenscape.com	规划、景观、建筑等。擅长于做大尺度的景观项目	网站内容丰富，类别清晰，项目介绍形式丰富
	易兰景观	http://www.ecoland-plan.com	规划、景观等。规划和公共项目较好，SOHO最为出名	项目分类清晰，便于检索
	张唐景观	http://www.ztsla.com	景观，擅长于中小尺度、精细的景观	网站分类清晰，方便检索
	D+H	https://dhscape.com/zh/	规划、景观、建筑，多为中小尺度项目	项目涉及公共领域、总体规划、城市更新等，网站检索较为方便。有特色，还有猫咪
英文	AECOM	https://aecom.com	规划、景观、建筑等，全球基础设施全方位综合服务企业	检索功能强大，项目多
	EDSA	https://www.edsaplan.com	规划、景观，在大型综合开发、旅游度假、市政等的规划设计上有特色	项目类别丰富，网站检索功能强大
	Gustafson Porter + Bowman	http://www.gp-b.com	古斯塔夫森·波特事务所，景观为主，代表作品戴安娜王妃纪念喷泉、埃菲尔铁塔景观改造项目等	网站分类明确，便于检索
	Hargreaves Jones	http://www.hargreaves.com/	过程主义设计师哈格里夫斯的事务所	项目按时间进行排列，不便于检索
	Jams Corner Field Operations	https://www.fieldoperations.net/projects.html	詹姆斯科纳事务所	网站项目分类差，不便于检索
	Lateral Office	http://lateraloffice.com	以中小尺度的景观、建筑与装置艺术为主，设计图纸风格独特	项目分类不太明确，网站较为杂乱。项目的分析图呈现效果比较好
	PWP	http://www.pwpla.com/	彼得沃克工作室，以景观、规划为主	项目分类明确，项目内容丰富，英文版面
	SASAKI	https://www.sasaki.com	规划、景观，较为综合的设计企业	项目内容丰富，检索功能强大，能根据地区、类型、服务、要素等进行项目筛选
	SWA	https://www.swagroup.com	规划、景观，较为综合的设计企业	网站分类清晰，项目分类涉及公共领域、韧性城市、商业项目、社区、公共机构等。英文版面，有相关项目的推荐
	TLS	http://tlslandarch.com/	汤姆·里德景观设计事务所	项目分类明确便于检索
	WEST 8	https://www.west8.com	规划、景观，市政项目为主	WEST 8以城市规划与景观设计为主，网站项目分类十分清晰明确

9.2.3 竞赛性质网站

竞赛类网站，在检索某一主题的项目或者寻求创新思考时是很好的选择。竞赛类网站的特点是：①选题具有时代前沿以及针对性，能够反映社会需求以及设计前沿领域；②设计想法新奇，具有创新性以及独特性；③对项目的呈现多数图纸丰富，内容详实，且图面清晰完美。学习竞赛性质的网站更能站在时代的前沿。本书主要推荐的竞赛类网站主要是以外文为载体的（表9-5）。

表 9-5：典型竞赛类网站网址

网站	网址	涵盖范畴	网站内容
ASLA	https://www.asla.org	景观	网站内有每年获奖案例的具体内容以及热点景观话题、技术手段、相关咨询。项目的具体内容呈现的很清晰，检索功能相对来讲不太清晰
Europan Norway	http://europan.no/	景观	网站内案例多为大尺度的规划设计。项目多为概念设计，图纸漂亮，分类主要以竞赛为主，检索功能较差
Koozarch	https://koozarch.com/	景观、建筑	网站内项目更偏建筑、景观的概念设计，图纸很漂亮，项目检索功能较差，项目落地内容较少，更多侧重于图纸表达上
β	http://www.beta-architecture.com/	景观、建筑	以发布未建成的竞赛方案为主，检索功能十分强大
Competitionline	https://www.competitionline.com/de/	景观、规划	有很多竞赛作品与招标投标信息，分类较杂乱，德语版面
IFLA	https://www.ifla2020.com/	景观	整体信息组织不甚清晰

ASLA是美国景观设计师协会官方网站，站内有每年获奖案例的具体内容及热点的景观话题、技术手段等，项目内容丰富。挪威Europan竞赛官方网站，通过竞赛提倡为城市和开放空间提供创新性解决方案，项目多为大尺度规划设计，以概念设计为主，落地项目较少。Koozarch以发布竞赛项目为主，偏向于建筑、景观的概念设计，更侧重在图纸表达上。β网站以发布未建成的竞赛方案为主，检索功能强大，可以通过尺度、功能、国家、气候、材料等对项目案例进行检索。Competitionline是德国知名的建筑规划竞赛与第三方评估平台，网站内招投标信息与竞赛作品很多，德语版面，可通过网站页面翻译获取信息。

9.2.4 素材网站

素材参考类网站中有很多优质项目，但更多侧重于积累设计表达的素材。

项目检索效果多数不佳，但素材内容的网址能够提供大量表达清晰的单张项目图纸，同时能够提供不同的表达风格，供学习者进行参考。本节主要介绍几个具有典型意义的英文网址。

Pinterest内的图片、项目资源极其丰富，图片质量高，缺点是多为单张的图片资源，看整套的项目图纸不太方便。JBBD网站中插画式表达素材很多，更偏向于概念性的图纸表达，分类不太清晰，运行较慢。Alex Hogrefe是以建筑效果图的表现为主的网站，网站内容多关于图纸表达与作品集制作，分类较清晰。网站内的视频教程需在YouTube上观看。Issuu是一个在线文档共享网站，有很多作品集与项目的参考，检索功能一般，网站运行较慢。Vishopper是一个非常好的效果图素材网站，素材分类清晰（表9-6）。

表 9-6：典型素材网站列表

网站	网址	涵盖范畴	网站内容
Pinterest	https://uk.pinterest.com	规划、景观、建筑	图片、项目资源极其丰富，图片质量高，但需要翻墙，由于是单张图片资源，看整套项目图纸不太方便
JBBD	https://jbdeboisseson.wixsite.com/portfolio	景观、建筑	网站更偏重于概念表达图纸表述，插画风格较多。分类不太清晰，运行较慢
Alex Hogrefe	https://visualizingarchitecture.com	景观、建筑	分类较清晰，网站内容多关于图纸与作品集表现，观看视频教程需翻墙，关于项目的部分较少
Issuu	http://issuu.com	规划、景观、建筑等	检索功能一般，更侧重于作品集分享，由于国内没有服务器，运行较慢，不太推荐
Vishopper	http://vishopper.com	景观、建筑	素材分类清晰，但关于项目的资料较少

9.3 典型期刊归纳

期刊好坏的评判标准在中英文体系下略有差别，但通用的方法是影响因子以及每个期刊所入选的数据库来进行判断。影响因子（Impact factor，缩写IF）是指某一期刊的文章在特定年份或时期被引用的频率，是衡量学术期刊影响力的一个重要指标。一般来说影响因子高，期刊的影响力就越大。影响因子在一定程度上表征其学术质量的优劣，但并不是衡量期刊学术质量的绝对标准。

9.3.1 国内核心期刊

国内期刊评判的另外一个标准就是是否是核心期刊。核心期刊是由一定的国内遴选体系筛选而产生的期刊，目前国内有七种遴选体系，其中CSCD、

CSSCI、中文核心期刊和科技核心期刊这四种可看作为核心期刊中认可度较高的期刊。核心期刊是国内遴选体系产生的概念，以中文期刊为主。其中CSSCI与中文核心其范围都是中文期刊，CSCD与统计源核心包含部分英文期刊。如果一个期刊能被其中两个核心目录收录，称之为双核心期刊。

除了国内的核心期刊，国内还分国家级期刊与省级期刊，区别在于主办单位。刊物上明确标有"全国性期刊""核心期刊"字样的刊物也可视为国家级刊物。省级期刊和国家级期刊都有进入核心期刊遴选的可能。另外A类、B类期刊等的划分是各单位或者协会根据相关政策文件，结合自身研究优势，从国内外核心期刊数据库进行筛选，把和本单位研究方向结合最近的、办刊质量好的刊物，划归为A类期刊，其次为B类期刊，再次为C类期刊，以此类推（表9-7）。

表9-7：专业相关中文期刊

期刊名称	CSCD	CSSCI	中文核心	科技核心	影响因子	发刊频次
中国园林			✓	✓	2.527	月刊
风景园林				✓	1.909	月刊
景观设计学	✓				0.722	双月
城市规划学刊	✓	✓	✓	✓	3.518	双月
规划师		✓	✓	✓	2.453	半月
城市规划	✓	✓	✓	✓	3.227	月刊
国际城市规划	✓	✓	✓	✓	3.175	双月
现代城市研究			✓	✓	1.636	月刊
城市发展研究	✓	✓	✓	✓	2.747	月刊
城市问题		✓	✓	✓	3.134	月刊
北京规划建设					0.68	双月
建筑学报		✓	✓	✓	1.635	月刊
新建筑			✓		0.833	双月
建筑师					0.82	双月
华中建筑					0.533	月刊
住区					0.395	双月
中国文化遗产					0.761	双月
旅游学刊		✓	✓	✓	4.539	月刊
旅游科学		✓	✓	✓	2.766	双月
中国文化研究		✓	✓	✓	0.597	季刊
地理学报	✓	✓	✓	✓	10.144	月刊
地理科学进展	✓	✓	✓	✓	6.046	月刊
中国土地科学	✓	✓	✓	✓	5.76	月刊
生态学报	✓		✓	✓	4.733	半月

续表

期刊名称	CSCD	CSSCI	中文核心	科技核心	影响因子	发刊频次
应用生态学报	✓		✓	✓	3.893	月刊
人文地理		✓	✓	✓	3.716	双月
地理与地理信息科学	✓		✓	✓	2.597	双月
环境保护		✓			2.352	半月
世界地理研究		✓	✓	✓	2.659	双月
自然资源学报	✓	✓	✓	✓	6.098	月刊
北京大学学报（自然科学版）	✓		✓	✓	1.828	月刊
长江流域资源与环境	✓	✓	✓	✓	4.145	月刊
中国水利水电科学研究院学报			✓	✓	1.353	双月
中国给水排水	✓		✓	✓	1.049	半月
中国科学院院刊	✓	✓	✓	✓	3.89	月刊
地域研究与开发	✓	✓	✓	✓	3.273	双月

注：信息采集时间为2022年

9.3.2 重要英文期刊

国外重要的英文期刊数据库主要包括SCI、SSCI、EI和ISTP，是国际认可度最高的几种索引库，详见表9-8。其中的收录期刊可视作是英文的"核心期刊"。其中SCI期刊的认可度最高，是国际上被公认的值得借鉴的科技文献检索工具。SCI按照来源期刊数量划分为SCI和SCI-E，SCI-E（SCI Expanded）是SCI的扩展库，收录了5600多种来源期刊。这些索引库只接受英语文献。

表 9-8：专业相关外文期刊

期刊名称	SCI	SSCI	EI	IF	发刊频次
Landscape and Urban Planning	✓	✓	✓	5.441	半月
Urban Forestry & Urban Greening	✓	✓		4.021	季刊
Jola				N/A	半年
Landscape Architecture				N/A	月刊
Topos				N/A	季刊
Landscape Research		✓		1.806	双月刊
Landscape Ecology	✓			3.385	半月
Journal of Environmental Engineering and Landscape Management	✓			2.733	季刊
Landscape and Ecology Engineering		✓		1.647	半年
Habitat International		✓	✓	4.31	季刊

续表

期刊名称	SCI	SSCI	EI	IF	发刊频次
Cities		✓		4.802	月刊
Indoor and Built Environment	✓			1.9	双月
Ecosystem Services	✓	✓		6.33	双月
Ecological Indicators	✓		✓	4.229	月刊
Science of the Total Environment	✓		✓	6.551	半月
Sustainability	✓	✓	✓	2.576	半月
Journal of Clearer Production	✓		✓	7.246	两周
Computers，Environment and Urban Systems		✓		4.655	双月
Journal of Rural Studies		✓		3.544	季刊
Progress in Human Geography		✓		6.766	双月
Agricultural and Forest Meteorology	✓			4.651	月刊
Journal of Environmental Engineering and Landscape Management	✓		✓	2.733	季刊
Journal of Urban Planning and Development	✓	✓	✓	1.381	季刊
Urban Ecosystems	✓			2.547	双月
Environment and Planning B: Urban Analytics and City Science		✓		2.822	双月
Land Use Policy		✓		3.628	双月
Journal of Environment Management and Planning		✓		2.093	月刊
Sustainable Cities and Society	✓		✓	5.268	双月
Society and Natura Resources		✓		1.813	月刊
Environmental Research Letters	✓		✓	6.096	月刊
International Journal of Environmental Research and Public Health	✓	✓		2.849	半月

9.4　文献管理软件

文献管理软件使用建议：

- NoteExpress是适合中文文献的管理系统，是做中文毕业设计的首选。知网研学适用于知网用户。

- Endnote对于初期进入英文写作以及阅读的人员已经足够。

- 英文写作进阶以及文献综述时可以购买Citavi，它是针对在线阅读文献和做文献笔记人最细腻的文献管理系统。

- Zotero是收集网络文献数据最好最快的软件。Papers使用界面对mac用户十分友好。

- 无论用哪一款软件，一定要用在线系统直接导入文件，或者直接导入已经下载好的PDF，除非特殊情况需要人工输入（避免），尽量用系统以及文件自动生成的标准格式，这样会大大减少后续文献编辑工作量。

文献管理软件是能够帮助研究者顺利下载文件，并进行合理存储并可以方便地组织和格式化参考资料，同时将它们整合到研究论文、学术报告和博士论文中。本书重点介绍4款英文软件以及2款中文软件。

9.4.1 英文软件

英文文献管理软件功能最为齐全的，当属Citavi。它是瑞士Swiss Academic Software公司研发的一款软件，在欧洲被广泛使用（特别是德语区）。其定位不仅局限于文献管理软件，而是"文献管理与知识组织"软件。包含的功能多元，可以支撑从来源检索到论文写作的全过程。分为学生版、商业版、非盈利组织版。Citavi的搜索特点是：可以搜索超过4500+资源库，同时也可以自动识别你所在机构订阅过的数据库，图书馆目录等。一次可以搜索多个来源，确保不会添加重复文献。Citavi可以导入PDF、网页、Word、Writer、文档、图像、视频、演示文稿等。支持导入的文件格式也比较多元，以 RIS、BibTeX 和 ENW 格式导入参考文献，Excel表格，Word 参考书目等。Citavi支持（IE、Chrome、Firefox）等浏览器。阅读PDF文件并使用Citavi的注释工具可以突出显示重要部分笔记标注用不同颜色区分：直接引用、间接引用、总结、评论等。在阅读中标注的内容可以添加关键词进行分类、并且能管理组织形成自己的知识库。知识组织是Citavi的核心功能。在知识管理分类模块（Knowledge），可以用Citavi的分类系统为写作创建初步大纲，并更改每个部分的顺序和名称。Citavi还可以将文献按照自己的目录进行分类，非常适合将参考文献和想法组织到未来论文的章节。创建的初步大纲可以直接导出到Microsoft Word 中。导入的方式有两种：一种是在new category or subcategory建立目录以及子目录。另一种方式是在文献信息区的context目录下的category输入目录编号和名称，支持多级目录。Citavi可以建立任务并进行追踪和观察。比如可以标注文献的阅读进度、论文写作进程、小组讨论、提醒获取资料、图书馆还书等等。在云项目中还可以将任务委派他人。

Endnote是SCI（Thomson Scientific公司）的官方软件，支持国际期刊的参考文献格式有3776 种（也可以自定义期刊引用格式）。该软件非常方便进行文献整理、写笔记、做备注、做分类、导出期刊格式、进行数据迁移。Endnote对英文文献的支持比较好，中文稍差。Endnote支持软件内置在线检索，支持6000多个数据库，但不支持CNKI/维普/万方等国内主流数据库。它支持PDF文件识别导入题录，支持对英文文献的识别但不支持中文文献的识别（包括CAJ格式的文献），也不支持浏览器插件。

Mendeley是一款Elsevier公司旗下的免费文献管理软件，集文献的搜集、管理、搜索、阅读、标注和引用等功能，但是在自带的图书馆里进行在线搜索，文献资源不够丰富。它的特色功能是会根据library里面的文献推荐相似主题的研究。Mendeley不支持导入其他附件，但特色功能是在浏览器装Mendeley Import之后，可以直接从网页导入PDF，不用再下载后导入。Mendeley支持BibTex、RIS、EndNote、Zotero文件或数据库以及IE、Safari、Chrome和Firefox浏览器。

Papers是一款专业的文献管理工具，具有文档搜索、阅读和引用的功能。Papers把文献管理有关的各项活动流畅的组织在一起，主要具体功能包括文献导入、组织、阅读（注释）、自动匹配参考条目、搜索、在文档中插入引用、评点交流等。支持Chrome等浏览器。

Zotero最早是作为Firefox的插件存在的，但是现在已经发展成了一个独立的版本，但是它仍然和Firefox一样，无论是在windows、Mac还是Linux系统上都是可以跨平台使用的。支持Zotero Connector浏览器插件（表9-9）。

表 9-9：英文软件功能对比清单

比较产品		Mendeley	Zotero	Endnote	Papers	Catavi
检索 & 导入	搜索数据库	√	×	√	√	√
	能否导入其他附件文件、网站、图书	√	√	√	×	√
	支持的文献格式	BibTex RIS EndNote Zotero文件或数据库	CAJ、PDF等	PDF等	PDF等	RIS BibTex ENW等
	浏览器插件	√	√	√	√	√
管理	PDF元数据提取 中文	×	×	×	×	×
	PDF元数据提取 英文	√	√	√	√	√
	云端同步	√	√	√	√	√
阅读	阅读标注	√	√	√	√	√
	笔记、标签检索	√	√	√	√	√
引用	Word引文插件	√	√	√	√	√
	引用格式调整	√		√	√	√
支持运行平台	Windows系统	√	√	√	√	√
	Mac系统	√	√	√	√	×
	IOS	√	√	√	√	×
	Android	√	√	×	×	×
获取方式	有偿				√	
	无偿	√	√	√		√

9.4.2 中文软件

知网研学除了常规的文献管理软件功能外，最大优势是与中国知网数据库同源，可以实现数据的云管理，与搜索引擎相结合更加方便知网受众。他支持CNKI学术总库、CNKI Scholar、CrossRef、IEEE、Pubmed、ScienceDirect、Springer等中外文数据库检索，将检索到的文献信息直接导入到专题中，根据用户设置的帐号信息，自动下载全文，不需要登录相应的数据库系统。知网研学支持将题录从浏览器中导入、下载到知网研学的指定专题节点中，支持的文献格式主要是CAJ、KDH、NH、PDF、TEB等。浏览器方面支持chrome和opera浏览器。

NoteExpress是国内公司开发的一款专业级别文献检索与管理系统。其笔记功能强大、中文杂志的引文格式数量多，对中文文献的抓取能力比较强。NoteExpress支持53个外文数据库和51个中文数据库（不完全统计），支持检索CNKI/维普/万方等国内主流数据库。该软件支持PDF文件识别导入题录，可以对中文文献进行识别，仅限个人收费版与集团版本支持内嵌浏览器检索（表9-10）。

表 9-10：中文软件功能对比清单

比较产品		知网研学	NoteExpress
检索&导入	搜索数据库	✓	✓
	能否导入其他附件文件、网站、图书	✓	✓
	支持的文献格式	CAJ、KDH、NH、PDF、TEB等	PDF等
	浏览器插件	目前仅支持Windows系统	支持内嵌浏览器检索
管理	PDF元数据提取 中文	×	✓
	PDF元数据提取 英文	×	✓
	云端同步	✓	×
阅读	阅读标注	✓	✓
	笔记、标签检索	✓	✓
引用	Word引文插件	✓	✓
	引用格式调整	-	✓
支持运行平台	Windows系统	✓	✓
	Mac系统	✓	×
	IOS	✓	✓
	Android	✓	✓
获取方式	有偿		
	无偿	✓	✓

9.4.3　下载地址

附各软件下载地址见表9-11，供选择性使用：

表 9-11：文献管理软件下载地址

名称	网址
Citavi	https://www.softhead-citavi.com/download
Mendeley	Windows版本： https://www.mendeley.com/download-desktop-new/#download Mac版本： https://www.mendeley.com/download-desktop-new/macOS
Endnote	北大校内门户—正版软件下载，其他学校也可能会购买此软件的正版使用权限
Zotero	https://www.zotero.org/download/
Papers	https://www.papersapp.com/pricing/
知网研学	https://www.baidu.com/link?url=xgKpAoJpT3rV6xrc2AIZwjPFkWmsz6o7OOHM9P UXLFa&wd=&eqid=fdd049b30007f4ca000000035f71b17e
Note Express	http://www.inoteexpress.com/aegean/index.php/home/ne/

9.5　文献引用规范

> **文献引用规范使用提示：**
>
> • 国内出版主要依据《信息与文献+参考文献著录规则》GB／T7714—2015；
> • 国外出版看普渡大学的网站基本就涵盖所有信息。

目前国内的文献引用规范主要依据，由中国国家标准化管理委员会于2015年发布并实施，替代了之前2005版本，适用于一切中文类的科学研究、信息资源参考文献的著述。

国外（主要指美国）常用的几类参考文献著述格式主要包括APA、MLA、CMO、AMA等。APA格式（American Psychological Association）是一个为广泛接受的研究论文撰写格式，特别针对社会科学领域的研究，规范学术文献的引用和参考文献的撰写方法，以及表格、图表、注脚和附录的编排方式。

美国普渡大学的网址提供了特别全面的英文文献引用规范指引，网址如下：

https://owl.purdue.edu/owl/research_and_citation/apa_style/apa_formatting_and_style_guide/general_format.html

其他主要英文参考文献的主要网址还有：

Chicago:

https://www.chicagomanualofstyle.org/book/ed17/frontmatter/toc.html

Harvard:

https://libweb.anglia.ac.uk/referencing/harvard.htm

CSE（Council of Science Editors）：

https://morningside.libguides.com/CSE

　　一般情况下，写作时只要使用了文献管理软件，基本就可以在里面选择文献引用规范的类型，能够保证一致性，并减少犯错误的概率。然而，文献引用是非常容易出错的，很多人在开始时只注重时效，并不注重文献引用，常常到了最后才想起文献引用规范，已经为时过晚。建议所有人在开始阅读时就养成良好的习惯，利用文献管理软件随时插入文献，进行系统管理。为帮助初学者规避查找文献引用典型错误，这里提供一个简单的清单，涵盖绝大多数简单容易察觉的错误（非专业人士都能发现的错误），以及各种需要详细通读文献才能发现的复杂错误（初学者常忽略但专家一看就很明显的错误）。

引用规范自查或互查清单

（1）简单容易察觉的错误：

☐ 未标参考文献序号。只在文后列出参考文献表，而在文内相应处却未标注参考文献序号，无法查证参考文献的实际用途。

☐ 参考文献序号标注有误。文内标注的序号与参考文献表所引的内容不一致，如文内"John [1]指出"，但参考文献表中序号[1]对应的却是Kelly的文献，不清楚到底参考的是谁的文献。

☐ 参考文献标注是否一致？例如有的地方是（Wang Z., 2018），有的地方是（Wang 2000），不同地方标注方法不一致，需要进行调整。

☐ 参考文献引用类型太过单一，或不够学术。参考文献部分文献类型尽可能种类丰富，例如专著，论文集，报纸文章等。尽量避免网络杂谈类的引用。

☐ 选的参考文献过于老旧。既注重引用经典文献，也要注意参考文献的时效性。

☐ 不重视选用原始文献。在写文章时查阅大量的研究综述论文。在文章中引用的某些研究结果，来源于其他人的综述。会造成二次引用，行为不可取。引用文献的原则一定是要亲自阅读过的。

☐ 缺少作者姓名或姓名书写不当。如稿约中明确规定需要列出参考文献的前三位作者，却有许多稿件只列出一位作者后加"等"的情况；此外，作者姓名书写不当主要出现在外文文献中，如姓名颠倒、单词拼写错误、大小写错误等。

☐ 引用项目残缺不全。有的论文缺乏题名（书名），也有缺少出版年份、卷数、期数及页码等。

☐ 标点符号错误。主要是中英文标点符号使用错误，在引用外文文献时需要使用英文标点。

☐ 文献次序颠倒或中英文文献混排。没有按照规定的顺序，即第一作者形式（或中文形式拼音）首字母A-Z排序；此外，若同时有中英文文献，通常是中文在前英文在后，或者倒过来，通常不混排。

（2）复杂难以察觉的错误：

☐ 参考文献脱离论文主题。论文在引用参考文献时将一些与主题无关的参考文献写进文章里，导致参考文献与主题脱节，内容累赘、多余，影响了主题的表达。

☐ 参考文献与引用内容不一致。具体表现为论文正文标注引用的内容和参考文献中的内容对不上，驴唇不对马嘴。

☐ 参考文献的数量与论文信息量不对等。研究论文只有很少的研究结果，却在讨论中引用大量文献来进行解释和假设。应奉行"少而精"的原则。

☐ 匿引或漏引。在论文中采用了别人的模型或论述，而故意不将其论文作为参考文献。

9.6　其他可能有用的网址

1）好看的底图

一般做研究或者设计，都要有底图。大多数人可以用百度地图来出，但效果以及色彩美感度一般。这里推荐一个国外的网站，它虽然速度慢，但出图效果不错。需要注册，然后在studio里面进行使用。网站地址如下：

www.mapbox.com

2）好看的框架图

Microsoft Office Visio软件，是Office系列中进行绘制流程图和示意图的软件，便于进行可视化处理、分析和交流的软件。下载网址为：

https://www.microsoft.com/zh-cn/microsoft-365/visio/flowchart-software

ProcessOn在线作图工具平台，可以在线绘制思维导图、流程图、网络拓扑图、组织结构图等。虽然网站标榜自己是免费在线作图、实时协作系统，但免费最多只能画9个图，之后就需要加入会员，特别是需要模板的情况，必须加会员。但该网站支持流程图、思维导图、原型图、UML、网络拓扑图、组织结构图等。网站网址为：

www.processon.com

3）论文写作参考网站

Academic Phrasebank网站是一个服务于外文论文写作的网站，在上面可以找到论文写作的文章范式和例句模板。网站网址为：

http://www.phrasebank.manchester.ac.uk/discussing-findings/

4）可视化文献计量软件

CiteSpace是一款通过将国内外文献进行可视化分析来帮助你了解一门学科的软件。面对海量文献，便于快速锁定自己最感兴趣的主题及科学文献，找到其中最为重要、最为关键的核心信息，弄清其过去与现在的发展历程，识别其最活跃的研究前沿和发展趋势。下载网址为：

http://cluster.ischool.drexel.edu/~cchen/citespace/download/

推荐课堂作业

结合一个自己感兴趣的题目，例如生态规划、生态修复、居住区景观、城市更新、河道修复等，尝试查找相关文献以及项目，不少于30篇文献/项目，利用文献管理软件对搜索内容进行管理，并概括总结成一个3000~4000字的文本，使用恰当的引用格式进行文献引用。

第10章

文献综述

文献综述是研究的首要且必要的步骤，旨在整合特定研究主题或特定领域中已经被思考过与研究过的信息，进而促使自己的研究站在巨人的肩膀上，凸显研究意义。

文献综述是文献综合评述的简称，也称研究综述，是针对某种问题或研究方向所进行的研究。关于文献综述的概念，学者的定义略有不同，但是主体内容基本相似，如王琪认为，文献综述是在全面分析某一学术问题（或研究领域）的相关文献后，对该学术问题（或研究领域）在一定时期内的研究成果、存在问题以及发展趋势进行系统地分析、归纳、整理和评述，以便预测研究的发展趋势或寻求新的研究突破点[1]。Machi和Mcevoy认为文献综述是在全面理解某一研究主题的基础上，提出一个合乎逻辑的论证，通过论证建立了一个令人信服的论点，来回答研究问题[2]。总的来说，文献综述普遍被定义为，针对研究问题，系统性地整理和分析国内外已有的研究内容、研究成果以及未来发展趋势等，并结合所选内容及作者本人的观点与实践经验，对已有文献的观点、结论等进行叙述和评论，或提出相应的意见和建议[3]。

文献综述是研究的首要且必要的步骤，旨在整合此研究主题特定领域中已经被思考过与研究过的信息，并将相关研究系统地展现、归纳和评述。

文献综述对研究的目的与意义主要有如下五点[4]：

1) 全面掌握研究发展现状

通过综述对目前各个领域专家学者已经取得的研究成果进行系统、全面的归纳整理、总结和分析，不仅有助于全面了解研究领域的发展现状，还可以避免重做前人已经做过的研究，重犯前人已经犯过的错误。

2) 发现目前研究的空白，探索新的研究视角和方向

通过文献综述对学术问题（或研究领域）的研究成果、存在问题以及发展趋势进行系统地分析、归纳、整理和评述，以便发现目前研究的不足，寻求新的研究突破点。

---

[1] 王琪. 撰写文献综述的意义、步骤与常见问题[J]. 学位与研究生教育，2010（10）：49-52.

[2] Machi L A, Mcevoy B T. The Literature Review: Six Steps to Success[M]. Corwin, A SAGE Publications Company, 2012.15-18.

[3] 张丽华，王娟，苏源德. 撰写文献综述的技巧与方法[J]. 学位与研究生教育，2004（01）：45-47.

[4] 张庆宗. 文献综述撰写的原则和方法[J]. 中国外语，2008，5（004）：77-79.

3）明确研究问题，把握研究方向

通过研究方向与研究主题的研究综述，结合目前研究的空白，不断完善和聚焦研究问题，以此为基础进一步整合和完善已有的研究方向和研究重点。

4）奠定理论研究基础

通过文献综述不仅有助于相关的概念、理论具体化，而且可以为科学地论证自己的观点提供丰富的、有说服力的理论基础，使研究结论更具可靠性。

5）寻求技术方法支撑

通过研究综述，一方面可以掌握研究领域国内外的最新研究技术方法，另一方面，通过比较不同研究问题的各类研究设计、研究方法的优势与不足，寻求更适用的技术方法。

10.1　文献综述分类

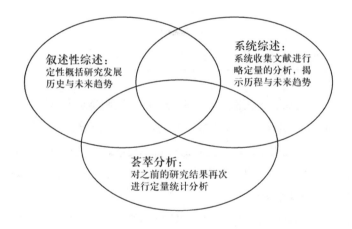

图10-1　各类文献综述的关系

　　结合定性与定量的差异进行区分，本章将文献综述分为叙述性综述、系统综述、荟萃分析三种类型（图10-1），三者既有区别又有联系。其中，叙述性综述（narrative review）是基础的文献综述类型，一般通过定性分析的方式，侧重对某些层面，如观点、理论、方法或策略进行综述。叙述性综述依赖经验，对研究者素质要求较高。系统性综述（systematic review）一般综合进行定性分析和定量分析，系统的对研究的观点、理论、方法或策略进行综述；荟萃分析（Meta-analysis）则是更加侧重对研究的结果进行定量合成的分析和展现，荟萃分析多应用于医学类研究[5]。

---

[5]　Noble Jr J H. Meta-analysis: methods, strengths, weaknesses, and political uses[J]. Journal of Laboratory and Clinical Medicine, 2006, 147(1): 7-20.

　　各个类型的文献综述方法有着各自的特点，也有着自身独特的优势与局限（表10-1）。与叙述性文献综述相比，系统综述及荟萃分析在研究过程及结果等方面更加规范标准、客观科学、准确可靠。两类综述方法均利用了不同的数据库和多种检索与分析技术，便于使用者全面而客观地掌握某一专题研究进展。两类综述方法均具有一套标准化、可复制的过程，对于研究主题、研究内容和研究方法体系本身均具有创新性价值。系统性综述方法综合了定性与定量两种方法，综合分析研究领域，研究较为准确可靠。荟萃分析类综述则主要整合领域内各个独立的研究成果，通过严谨的统计学定量分析，有效地排除或降低单一研究成果中存在的抽样误差等，从而达到定量综述的目的[6]。

表 10-1：各文献综述类型的特点

	叙述性文献综述	系统性文献综述	荟萃分析类综述
分析方法	定性分析为主	定性与定量分析结合	定量分析为主
分析内容	有所侧重	全面系统	研究结果
分析结果	定性展现	定量与定性展现	定量展现
优先	研究更加聚焦和深入	研究更加全面、客观和科学	研究更加准确、客观和科学
缺点	主观性强，偏差性大	全面系统可能存在的深入性不足	各类研究差异难以统一

　　但是同时两类综述方法也存在一定的缺陷，这两类研究一般以统一的标准对所有文献进行数据分析，而未能考虑到研究之间的质量、视角等差异。此外，荟萃分析类综述由于是单一定量的分析，受信息精度和统计方法的影响较大，研究过程中信息挖掘的不到位，或用于数据分析的统计方法差异，会严重影响研究的科学性和准确性。

　　与系统性综述及荟萃分析类综述相比，叙述性文献综述在研究观点、理论、方法、主题更具创新性，在研究过程及结果等方面更加聚焦和深入，这类方法可以在相同认识论框架内，并在统一逻辑下分析、比较和归纳出各类研究方法的优势、劣势以及应用特征，评判性地整合不同领域的理论、研究和实践经验，总结归纳最终形成较为准确可靠的研究范式。建构标准范式，评价和整合各种不同研究的观点、理论和方法，这在一定程度上具有一定主观性，可能会导致研究不够严格和准确。

[6]　Noble J H. Meta-analysis: methods, strengths, weaknesses, and political uses[J]. Journal of Laboratory and Clinical Medicine, 2006, 147(1): 7-20.

10.2 叙述性文献综述

叙述性文献综述（narrative review）是传统的文献综述形式，一般是根据特定的目的或需求，收集相关的文献资料，采用定性的方法对各类文献的研究观点、理论、方法、主体等方面进行分析和评价，形成新的观点或判断，归纳推理得出结论。

叙述性综述案例：景观与健康的关系（Thompson，2010）

研究主题	景观与人类健康的关系
研究方法	定性研究
研究发展演变过程	研究主要对八个历史阶段的景观与人类健康的关系进行分析和综述： 阶段一：早期的健康与景观 阶段二：古希腊和罗马时期的健康与景观 阶段三：中世纪时期的健康与景观 阶段四：英国风景园林和积极的心理状态 阶段五：城市公园运动 阶段六：北美公园与健康的关系 阶段七：现代社会的健康、自然和景观 阶段八：21世纪的健康挑战
讨论与结论	纵观历史，强调通过景观规划设计为人们提供疗养场所的重要性，是贯穿欧洲社会几个世纪发展过程的主线之一。人们认为接触某种形式的"自然"是人类的基本需求，而迷人的绿色和水源充足的景观是理想健康环境的重要组成。景观与健康关联背后的因果机制是未来重要的研究方向。

Thompson C W. Linking landscape and health: The recurring theme[J]. Landscape and urban planning, 2010, 99(3-4): 187-195.

叙述性综述案例：国外旅游扶贫（李会琴，侯林春，杨树旺 & J R Brent Ritchie，2015）

明确主题	国外旅游扶贫的相关研究
研究方法	定性研究
理论的对比分析	研究主要从旅游扶贫、可持续旅游减贫两大理论进行分析和综述： 旅游扶贫（PPT）：是一种能够促进减轻贫困的旅游发展方式，是旅游为贫困人口产生的净效益，强调穷人旅游收益必须远远大于他们付出的成本。 可持续旅游减贫（ST-EP）：核心是把可持续旅游作为减贫手段。 通过贫困人口能力培养，改革旅游决策进程，提高贫困人口的参与，用以解决旅游发展中出现的社会、文化、环境等负面问题。
讨论与结论	国外旅游扶贫理论研究较为成熟，为旅游扶贫实践提供了系统的理论依据。 旅游扶贫模式从自然旅游、文化遗产旅游的开发到旅游产业部门内在联系的研究，为旅游扶贫提供了较为全面的发展方式。 由于旅游扶贫数据收集的困难性和复杂性，旅游扶贫的定量研究多集中在促进宏观经济方面。

李会琴，侯林春，杨树旺，J R Brent Ritchie. 国外旅游扶贫研究进展[J]. 人文地理，2015，30(01)：26-32.

叙述性综述案例：各国的生物多样性保护方法

(Schmeller D, Gruber B & Budrys G, et al., 2008)

明确主题	有关生物多样性保护的各国责任划分方法
研究方法	定性研究
方法的对比分析	针对生物多样性保护，作者从聚种群理论、物种分布和丰度模式以及数据的可用性等方面讨论了各个国家的物种保护方法。具体上，作者回顾了12种欧洲方法和3种非欧洲方法在生物多样性保护层面上是如何确定国家责任的，特别是它们如何评估一个特定生物种群的国际重要性。不同的国家使用不同的方法，使用的重要性标准存在差异，这使得直接比较各国之间对国家责任的评估极为困难。亟需制定确定国家责任的共同办法，制定数据普遍可得的标准增加可比性，并使各国之间的方法标准化。
讨论与结论	研究建议制定国家责任划分的共同办法，即通过使用比例分布的可扩展指数、分类地位和分类单元或物种的分布模式作为关键要素，或通过将国家责任评估与单个物种的国际保护状况相结合来合理地确定保护的优先次序。

Schmeller D, Gruber B, Budrys G, et al. National Responsibilities in European Species Conservation: a Methodological Review[J].Conservation Biology, 2008, 22(3): 593-601.

10.3　系统性文献综述

系统性综述（Systematic Review），又称系统评价是指应用明确的方法，查询、筛选和评价相关研究，并采用适当的统计学方法进行定性或定量分析，得出综合性结论的过程。系统性文献综述分为两大类，定量系统性文献综述和定性系统性文献综述。这类综述一般应用了标准化分析工具和数据整合技术，研究过程更加科学严谨，在学术领域和实践领域显示出日益明显的循证优势。

系统性综述案例：城市韧性的定义 (Sara, Joshua & Melissa, 2016)

研究主题	城市韧性的定义
研究方法	定性与定量分析
数据分析	研究回顾了从1973年至今关于城市韧性的相关文献，通过文献计量分析从六个层面分析目前对于城市韧性的定义：①对系统均衡的理解；②正面与中性（或负面）的韧性；③系统变化的机制（即持久性，过渡性或变革性）；④适应性与一般适应性；⑤行动时间表；⑥与"城市"定义和特征有关。 作者确定了25种城市弹性的定义，对城市韧性数据集进行了共引分析，以确定它们是否真正定义了城市韧性。此外，研究通过分析该领域有影响力的文献，定性分析城市韧性目前的发展现状和概念扩展。
讨论与结论	本文提出了城市弹性的新定义，城市韧性是指城市系统及其所有组成的跨时空社会生态和社会技术网络在受到干扰时保持或迅速恢复所需功能、适应变化和迅速改变限制当前或未来适应能力的系统的能力。

Sara M, Joshua P, Melissa S. Defining urban resilience: A review[J]. Landscape and Urban Planning, 2016, 147: 38-49.

系统性综述案例：公共卫生改善的自然途径（Bosch & Sang，2017）

研究主题	城市自然环境作为改善公共卫生的自然途径
研究方法	定性与定量分析
数据分析	研究系统地对Scopus，Web of Science，CAB和PubMed四个数据库进行了搜索，根据5个标准对文献进行搜集筛选，回顾了有关公共卫生与自然环境之间的相关关系的文献：①系统评价和荟萃分析；②包括对纳入研究的结构化质量评估；③发表在同行评审的科学期刊上；④用英文叙述；⑤研究了健康状况与城市室外自然空间（包括绿色基础设施）的关系。 系统综述了涉及NBS的论文，对文献进行分类和统计学分析： （1）自然环境的定义； （2）健康结果或途径的定义； （3）影响健康结果的证据。
讨论与结论	作者在回顾该领域的论文，研究发现自然空间可以减缓城市热岛效应，调节情绪、减少心血管疾病（CVD）相关的死亡率。作者认为将城市自然环境视为一种公共卫生工具，非常符合自然解决途径的概念以保护生态环境和改善健康。

Bosch M, Sang O. Urban natural environments as nature-based solutions for improved public health-A systematic review of reviews[J].Environmental Research, 2017, 158: 373-384.

系统性综述案例：生态系统服务和城市挑战之间的联系（Javier and Thomas，2020）

研究主题	自然解决途径：生态系统服务和城市挑战之间的联系
研究方法	定性分析为主
数据分析	本文旨在确定城市挑战，生态系统服务和自然解决途径之间的关系，讨论它们之间可能的因果关系，以及这些关系如何受到城市环境条件的影响。研究系统地各个数据库对相关的文献进行了搜索和分析和归类： （1）对城市挑战，生态系统服务和自然解决途径之间的关系进行识别和分类； （2）分析自然解决途径的属性及其对社会和生物物理过程的影响，分析与缓解或解决城市挑战有关的特定环境，社会和文化因素； （3）分析其在特定的社会经济和环境条件下，城市挑战，生态系统服务和自然解决途径三者之间的异同。 基于此，研究建立了一个概念性的"城市挑战—生态系统服务—自然解决途径"标准框架，用于指导解决有关当前城市挑战，或城市自然解决途径对生态系统服务供应的相关研究。
讨论与结论	通过对城市生态系统服务文献的回顾，确定了生态系统服务，城市挑战和NBS之间的特定联系。讨论了最常提及的城市挑战，生态系统服务和NBS之间的关系类型，分析影响10个生态系统服务的社会和生物物理属性以及过程，包括它们的一些反馈关系。这些结果表明，在实施NBS以提供特定生态系统服务时，需要评估相关的属性和因素。

Javier B, Thomas E. Nexus between nature-based solutions, ecosystem services and urban challenges[J]. Land Use Policy, 2020, 100: 104898.

系统性综述案例：国外历史园林复建研究（顾至欣，张青萍，2019）

研究主题	国外历史园林复建研究
研究方法	定性分析为主

数据分析	为全面了解历史园林复建研究的发展情况，作者对1983年以来国外历史园林复建文献进行系统综述。 在Web of Science、Scopus和Science Direct数据库中检索英文期刊论文。根据《佛罗伦萨宪章》中对历史园林的定义，通过关键词检索、文献阅读和内容筛选，得到入选文献36篇。并对历史园林复建的定义与内涵、历史园林面临的问题与挑战、复建的标准与依据、复建方法，以及复建效果5个主要研究领域进行了定性分析。
讨论与结论	研究基于历史园林遗产特征，从价值评判、活态特征、整体视角和动态变化4个方面探讨了历史园林复建原则，以期为中国历史园林传承发展提供借鉴。

顾至欣，张青萍. 国外历史园林复建研究系统综述[J]. 中国园林，2019，35（09）：140-144.

10.4 荟萃分析

广义上讲，荟萃分析（Meta-analysis）是针对研究主题，将以往的研究成果进行整合、量化、比较、统计分析等，以得出更精确的结论的一种文献综述方法。具体来说，该方法尝试用科学的、系统的、客观的方法来进行文献回顾，对具有共同研究目的的相互独立的多个研究结果给予定量合并分析，剖析研究间差异特征，综合评价研究结果，以寻求一般性结论。荟萃分析和系统性文献综述常常会被混淆，这里举一个例子，详解荟萃分析的定量特点。一种药物，其在美国发文的治愈率为x1，中国发文的治愈率为x2，东南亚使用后有人发文章说其治愈率为x3，那荟萃分析的作用就是，利用（x1+x2+x3）/3得出其更广泛范围的治愈率。

荟萃分析类综述案例：城市绿色干预措施与城市热岛效应关系
(Bowler, Buyung & Knight, et al., 2010)

研究主题	城市绿色干预措施对市区空气温度的影响
研究方法	定量分析
数据分析	通过对不同学科的数据库（环境和公共卫生）、互联网搜索引擎以及环境和卫生组织的网站的相关文章进行搜索。 对收集到的数据进行评估，明确定义了纳入的标准： （1）需要测量任何地理位置的市区地面温度，并比较绿色站点和非绿色站点的温度（后者作为对比"数据/变量"）。 （2）研究须调查以下至少一种绿化类型：地面植被；屋顶植被；树木（单棵/集群或树林）、公园或绿色区域。 从筛选的每篇文章中提取有关研究方法、数据收集时间和地点、绿化类型、绿色和非绿色场所数量的信息、潜在冷却效果等信息。 研究首先从单个研究中计算"效应量"，然后通过计算效果平均值和组合效应大小，由逆效应方差加权将效果大小进行组合。 在计算平均效应大小后，探索了诸多可能解释异质性的变量，包括：公园面积、研究类型、文章中的数据展示、在测量中控制阳光/阴影、数据收集方法、气候区。

讨论与结论	研究发现，城市绿化至少在局部规模上为环境降温。平均而言，城市公园比非绿色公园要低1℃左右。较大的公园和有树的公园白天可能会更凉爽。未来研究需要重点研究绿地影响的距离范围和大小依赖性，从而允许对特定数量的绿地的影响进行明确的自下而上地预测。

Bowler D E, Buyung-Ali L, Knight T M, et al. Urban greening to cool towns and cities: A systematic review of the empirical evidence[J]. Landscape and urban planning, 2010, 97(3): 147-155.

荟萃分析类综述案例：快速公交对土地和财产价值的影响
(Zhang & Yen, 2010)

研究主题	快速公交（BRT）对土地和财产价值的影响
研究方法	定量分析
数据分析	通过在期刊、会议、书籍或报告中对相关文章进行搜索和筛选，并对收集到的数据进行评估，并按照地区和研究类型进行分类。 研究基于23个相关研究进行了荟萃分析，以定量地评估BRT对土地和财产价值影响。作者通过建立了经验研究的一般概念框架，估计BRT对土地和财产价值的影响，可能影响土地价值的因素确定为： （1）BRT系统的特点； （2）土地类型和可达性； （3）研究方法； （4）案例研究的时空特征。 在荟萃分析中使用回归模型，来检验BRT导致的土地价值和财产价值变化与研究特征的因素之间是否存在关系。
讨论与结论	研究发现：引入新的BRT系统后，对价值的影响可能会滞后；土地的估计价值提升远高于房地产（27.5%）；通常距离BRT车站50m内的土地和财产的价格溢价为13.0%，对距离1200 m的土地和财产的价格溢价为8%。在全球范围内，与北美相比，亚洲和澳大利亚的BRT系统对价值变化的影响分别低4.9%和6.4%。

Zhang M, Yen B T H. The impact of Bus Rapid Transit (BRT) on land and property values: A meta-analysis[J]. Land Use Policy, 2020, 96: 104684.

荟萃分析类综述案例：城市绿色空间的支付意愿
(Francesca D, Gianni G, Stefano P, 2020)

研究主题	城市绿色空间的支付意愿变化
研究方法	定量研究
数据分析	通过在期刊、会议、书籍或报告中对相关文章进行搜索和筛选，并对数据进行评估，并按研究类型进行分类纳入萃取分析数据集。 研究基于25个相关研究进行了荟萃分析，通过建立了经验研究的一般概念框架，估计城市绿色空间的支付意愿，研究将可能影响支付意愿的因素确定为： （1）场地面积； （2）区域位置； （3）服务功能； （4）支付意愿。 在荟萃分析中使用回归模型，来检验这些因素预计对城市绿地的支付意愿的影响，并对欧洲城市绿地的支付意愿进行了估算。

讨论与结论	研究发现地理空间变量通过与特定地点变量的交互直接或间接地影响支付意愿。居民相比游客愿意支付更多，这可能是因为他们从所提供的服务中受益更多，个人比家庭支付意愿更多。城市公园的价值比集聚区的价值高52%～53%，而且当兼具美学和娱乐功能时，支付意愿最高。如果该区域仅提供娱乐功能，则在其他条件不变的情况下，其价值减少了29%。如果该区域仅提供美学功能，则该值降低43%。

Francesca D, Gianni G, Stefano P. Changes in urban green spaces' value perception: A meta-analytic benefit transfer function for European cities [J]. Land Use Policy, 2020, 23: 105116.

本章要点总结

1）什么是文献综述？

2）文献综述有哪些类型？

3）各个类型的文献综述方法有哪些特点和应用？

第11章 研究问题界定

> "可操作"的自变量和因变量是研究问题的核心。

很多初学者在研究初期并不注重研究问题的界定，而是在研究课题进展过程中直接跳到数据收集阶段，认为只要有了数据一切都能清晰化。这种数据收集完成后才将问题具体化的想法有一定风险，因为过程中可能花费大量精力收集了很多无用信息，而真正与自己研究兴趣相契合的数据却相对匮乏。正确的研究思路是：研究之初就明晰几个研究问题。研究问题是一个非常重要的指挥棒，它能够使研究者的工作更为聚焦，进而引导整个研究过程与思路。

11.1 界定研究问题

在众多对于研究问题的界定中，Kerlinger（1973）[1]的界定更符合实践类研究的状况，他将研究问题定义为"一个探索两个或多个变量之间关系的问句"。好的研究问题必须符合三个条件：①它研究两个或者多个变量之间的关系。②它是一个问题。③它是一个可以被实践检验的。

谈及研究问题，设计业界必然会想起它与设计问题之间的关系。研究问题和设计问题都是一个问题，但其属性却有本质差别。设计问题原则上需要经过转换，才能变成研究问题。而研究问题则不一定能够转化成设计问题，因为有些研究是基础性研究，可能不具有应用性（见第1章有关研究范式讨论）。

探究两个或多个变量之间的关系是研究问题和设计问题最常见、最明显的区别。设计问题常常问，如何进行居住区景观设计？如何进行滨水区景观设计？如何进行生态修复？——这类问题具有明确的场所属性以及设计应用性，然而却缺乏变量与变量之间的关系，因而并不是研究问题。而"居住区植被景观对生物多样性的影响""滨水区岸线形态与人水互动的关系"等，就存在两个变量，具有成为研究问题的潜力。

能否被实践检验，是对研究问题的进一步约束。本书倡导研究者探究能够有解决之道的问题，而不是随意问两个因素之间的关系。例如，"宇宙射线对于河流水质的影响"，这一问题是一个研究问题，但可能并不容易被实践检验与证明。研究问题要从能着手研究的问题上出发，而不是天马行空的假设。

[1] Kerlinger, F. N. (1973). Foundations of behavioral research. New York: Holt, Rinehart & Winston.

11.2 快速提炼研究问题的基本模型

为进一步明晰研究问题的内涵,本书以前人的研究方法为基础,把研究问题提炼成一个基本的模型,如图11-1所示。该模型参考了美国密西根大学Rachel Kaplan教授主持的研究设计课堂上所用的模式,并对其进行了一定的改进。主要考虑四个问题:概念之间是不是自变量(*IV: independent variables*)与因变量(*DV: dependent variables*)的关系,两类变量是否能够被量化具有实际可操作性,可操作的概念有否偏离原有概念,以及变量之间的关系是否具有可行性。

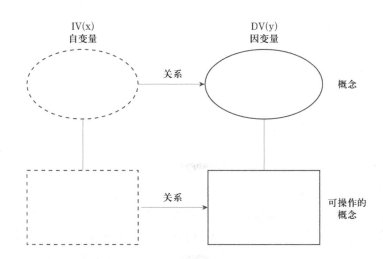

图11-1 解剖研究问题的关键-可操作的自变量(IV)和因变量(DV)之间的关系(以Rachel Kaplan的研究框架为基础进行改进)

11.2.1 寻找自变量(IV)与因变量(DV)

图11-1的核心是,将Kerlinger(1973)[2]所提及的两个变量之间的关系,进一步明晰。研究不仅仅是研究两个变量之间的关系,而是研究自变量和因变量之间的关系。用函数的关系来类比思考,自变量就是x,因变量就是函数的y。研究问题本质上是在构建一个类似于y=ax+b的函数(a,b为常数),当然这个函数并不一定是线性关系,而是可能存在多种形式。

一个问题存在两个变量,但不等于有自变量和因变量。例如下面这样一个问题:"'所有人可达'和'无障碍环境'对规划设计意味着什么?"这个问题看似有"所有人可达"以及"无障碍环境"两个变量,还有"规划设计"第三个潜在变量,但这两个变量之间不存在明显的自变量与因变量关系,且这两个概念在一定程度上,依据研究重点的变化,可以互为自变量。比如,我们可以

---

[2]　Kerlinger, F. N. (1973). Foundations of behavioral research. New York: Holt, Rinehart & Winston.

研究"无障碍环境能够干扰所有人的可达性么？"也可以研究"所有人可达的环境是不是可以兼容无障碍环境？"还可以研究"某一公园内所有人可达的地方以及无障碍环境在空间分布上的差异"。因而有两个变量不等于有自变量和因变量。

再举一个例子，某些问题中存在的两个变量可能后续都会变成自变量。例如"如何平衡旅游景区与风景区之间的矛盾与关系？"这个问题更接近于一个疑惑，在回答之前需要明确旅游景区与风景区这两者之间的核心差异点，实际上和其评价标准有关，例如是游客感受上的矛盾，还是生物多样性保护上的矛盾为标准。这是一个缺乏因变量的问题。从这个点出发进行进一步的问题解剖，我们可以把这个题目变成："风景区商业化程度与游客效用的关系分析"，或者"风景区商业化程度与生物多样性保护的关系分析"，这样就有明确的自变量以及因变量了。"风景区商业化程度"涵盖了旅游景区与风景区的综合考虑，因而两者同时变成了自变量。

11.2.2 寻找可测量的变量

初期介入研究的设计人员有一大特点，那就是出发点很大很模糊，问题很泛，缺乏明显的测度以及实践检验性。从一个大的概念以及思路出发并没有错，但更重要的一个步骤就是把研究问题与各个变量精确化、具体化。

研究问题的具体化（specificity of the research question）是落实研究的重要一步[3]。如果有人想要研究"环境对人的行为会有什么影响"，这个问题满足了研究问题的所有标准，既有自变量又有因变量。但是它表述得十分含糊，以至于研究者可能搞不清楚到底要研究什么。"环境"和"人的行为"这两个概念是模糊的："环境"指的是什么？也不知道"人的行为"是指哪一方面的行为。研究者必须先将"环境"和"人的行为"的含义具体化，才能开展这个研究。例如，把环境缩小为"公园景观格局"，把人的行为进一步界定为"遛弯时间与频率"，这个问题就完全能够被检验，可以被探究。

将一个笼统概念转成"可实施变量"的过程，是一个把概念逐渐缩小的过程。例如有人提出"如何通过城市设计引导居民更友好、健康的生活"，这个题目有比较明确的自变量（城市设计）和因变量（更友好、健康的生活方式），但这两个概念都太大，一篇博士论文可能都无法完成这个题目。所以一个更好的方式是缩小自变量和因变量的范围，比如变成"如何通过构建绿

---

[3] 伊丽莎白·A·席尔瓦，帕齐·希利，尼尔·哈里斯，彼得·范·登布洛克，顾朝林，田莉，王世福，周恺，黄亚平. 《规划研究方法手册》[J]. 建筑师，2017（02）：110.

道景观格局引导居民骑车上下班?"这个题目就具有一定的可测量性以及可实施性。

　　一个明确又细化的概念表述是研究者实施的前提。如果问题表述得很含糊,研究者都不知道想要做什么研究,因此也就无法开展这个研究。一个明确的问题还有助于研究者思考后续的数据收集来源、相关参与者、设备需要、使用工具和测量方法等。一个含糊而又笼统的研究问题则越做越一头水雾,不知如何下手。

　　可实施的变量到底需要具体到什么程度?这是一个比较难以回答的问题,但可以根据具体情况,从以下几个方面进行考虑:

1) 可实施的变量有否延续原始概念的内涵?

　　这主要是在概念逐步缩小的过程中,可实施变量的有效性问题。例如,原始问题为"如何设计儿童安全性的城市环境?",缩小之后的研究问题变成:"城市公园景观丰富度对儿童访问量的影响",这个就是明显偏离原始概念的过程。将城市环境缩小为"城市公园景观丰富度"并没有太大问题,但将"儿童安全性"演化为"儿童访问量",则是完全丢掉了"安全性"考虑。问题缩小也具有可实施性了。但却与原始出发点不符,不是对原始概念的有效延续,而是另起炉灶,变成了另外一个研究问题。

2) 可实施的变量有否过多或过少?

　　变量太多无法在短时间内完成研究时,所以我们聚焦于研究某些具体问题。例如"景观格局与生态系统服务的关系",这个问题肯定可以被实施,但景观格局可以进行跨尺度的各种研究,生态系统服务也有好多类型,可能不是几个人、几年之内能够研究清楚的问题,因而就要考虑结合自身能力以及知识储备?进一步将此问题具体化。与此同时,过小、过少的变量也会变成一个数字游戏,无法反映事实的真相。例如,"地铁口景观形式与使用者停留时间的关系",这个问题看似足够明确,但使用者停留时间受诸多其他因素影响,如何从诸多变量中找寻地铁口景观形式与停留时间的关系,在具体研究中会是一个难题。同时,地铁口景观的最大功效应该是疏导引流,"停留时间"到底是不是"地铁口景观"的核心目标,以及设计如何利用这个研究进行设计实践指导,都需要详细的考虑。再例如,美国曾经有研究表明"夏季吃快餐会增加死亡率",然而实际上只是夏季天气炎热出门导致中暑甚至死亡。变量选择以及操作不当,会使研究变成一种数字游戏。

11.2.3 自变量（IV）以及因变量（DV）选择建议

在设计研究中，最开始选择IV越多越好，通过文献阅读，尽量选择在别人的文献里已有的，已经证明了对DV有影响的变量。IV尽量要齐全穷举，这样才能更好地去进行研究，同时避免统计分析结果的片面性。

理论上说，IV和DV会有无数个。但是在一个明确的研究主题下，特别是一篇期刊文章或一篇硕士论文，DV数量不会太多，而是保证一个DV的规律及机制得到充分的论证即可。但IV一般都是多个的，而且彼此的关系也可能会错综复杂，比如高度共线性，中间变量（控制变量）等，这些都可以在后面的分析过程中逐步考虑（第14章）。

需要强调的是，DV是研究的最终目标以及关键着眼点。具体选择时，要明白以下几点：

（1）DV要尽量少，这样才能聚焦。一个DV原则上足以支撑绝大多数研究。

（2）DV越少，就越难深入。通常大家都喜欢DV多，这样着眼点较泛，容易凑字数，但会不够深入。

（3）DV的减法是科研能力的体现。设计专业的学生一般开始入门时，都会从大的题目以及超多DV开始。随着研究水平的提高，DV会逐步缩小。在本科生阶段可以选择多个DV，泛泛地了解。研究生则要更加深入，少选DV。

（4）DV的加法是科研实力的体现。随着团队的增大以及精力的投入，DV的研究可以不断扩大。

11.3 研究问题快速提炼案例

明晰研究问题的提炼过程，本书用2020年10月底，北京大学开展的一堂研究生课为例，详细展示研究问题的快速提炼过程，以及学生们在过程中对研究问题认识的思维转变（表11-1）。

表 11-1：研究问题的快速提炼过程

任何一个想法都可以转变成研究问题，只要不断思考以下4个原则性要点：
原则1：有没有自变量与因变量？
原则2：自变量与因变量可否被测量，是否具备可操作性？
原则3：自变量有否太窄，导致片面认知？或者太多，变成了博士论文？
原则4：最终选取的自变量与因变量有否脱离原有问题的初衷？

11.3.1 提出自己感兴趣的问题

课堂中让学生们临时选取两个自己感兴趣的题目，写在纸上。题目的选取要求不限，可以是自己认为重要的事情，可以是自己日常生活中看到的事情，也可是课堂中受到启发产生的疑惑，还可以是文献中得到的一些启发。只要题目是以问题的形式存在即可，不做其他特殊要求。在比较宽泛的要求之下，学生们能够很快写出许多各不相同的题目。下面罗列一些学生们写的题目供参考与讨论。不同题目涉及的具体内容和问题难易程度各不相同（表11-2）。

11.3.2 初步分类研究问题与实践问题

在所有学生完成自己的题目之后，下一步工作是：围绕题目陈述中是否有两个变量，将所有的问题进行初筛，分成三大类：①更倾向于研究问题；②介于二者中间；③更倾向于实践问题。有两个变量的归为研究问题类，没有明确变量的归为实践问题类。这个过程可以在墙上或者黑板上展开，让学生们自动分类（图11-2）。

图11-2 学生们在墙上分类问题的过程

初步归类讨论后，上述的题目被归成表11-2的形式。更倾向于研究问题的题目以及过渡性题目都明显有两个变量，只是过渡型题目带有明显的设计意图，而倾向于研究问题的题目并没有明确设计实践方向。与此同时，我们可以很快看到我们专业在研究方面的价值，那就是能够提出对设计实践有用的问题。表中所示的绝大多数题目，都显然与设计实践密切相关。后续如何将这些题目，转化成能够被研究的研究问题，是这一章的重点内容。

表 11-2：题目初步分类结果

更倾向于研究问题的题目	● 传统村落的空间分布与水系有怎样的关系？ ● 地铁如何影响城市形态？ ● 外卖骑手与城市空间互动特征探究 ● 北京市城市公园活力影响机制探究 ● 旅游景区与风景区之间的矛盾与关系？ ● 民间信仰与乡土景观之间有什么关系？ ● 景观与社会安全的关系？ ● 共享单车如何影响城市形态？
过渡型题目	● 什么样的公共空间是公众喜欢的？ ● 棕地改造项目中如何进行跨学科合作？ ● 目前设计中对人的关怀主要体现在添加一些长椅和健身器材，如何兼顾居民对园林景观的精神需求？ ● 物质空间的修建与改善，对社区生活质量是否具有真正的提升作用？ ● 什么样的空间可以让人和狗和谐相处？ ● 如何提高大学校园里的草坪的实用性？ ● 景观设计应该以人为本还是以自然为本？ ● 如何提升儿童活动空间的安全性？ ● 如何通过城市公共空间设计引导居民更友好、健康的生活方式？ ● 什么样的景观会让人共情？ ● 生态修复如何与人居体验并重？
更倾向于实践问题的题目	● 居住社区如何提升对各年龄段人群的包容度？ ● 城市居住区如何进行生物多样性的保护？ ● 如何增加城市中的生物多样性？ ● 如何提升城市公共空间的活力？ ● 如何落实乡村振兴？ ● 街景设计中如何做到功能有序？ ● 如何拥有项目中的议价权？ ● 如何平衡景观设计中形式美的分量？ ● 景观绩效评价如何进行？ ● 老旧小区如何进行改造和更新？ ● 如何建设城市公园？ ● 海绵城市失败了吗？ ● 如何为儿童构建良好的城市环境？ ● 如何设计博物馆景观？ ● 后疫情时代下，如何设计健康安全的城市公园？

11.3.3 研究问题转化具体案例与过程

为展示"笼统想法"向"研究问题"的转化过程，本章以6个案例进行详细介绍。概括而言，一开始就具有研究属性的题目，在转化的过程中会相对简单，而纯实践问题，转化到研究问题时，需要进行自变量以及因变量的重新界定，相关过程要多一点。但只要不断问自己本章表11-1所提出的4个原则，2~3个小时之内，就能发现研究问题。

案例一：如何落实乡村振兴？

问题演化	自变量/因变量	优点及问题
①如何落实乡村振兴？	x=实际落实？ y=使乡村的现状更为兴旺？	违背原则1：自变量和因变量不清楚。 x，y的范围都过大，而且并不能成为一个研究问题，也不算实际的设计问题。我们无法判断乡村振兴是否被落实
②村落空间结构如何组织？	x=组织方式 y=村落空间结构的效果	x，y的范围进一步被缩小，且依然在感兴趣的范围内。 违背原则2：太泛不具有可操作性。 x作为组织方式穷举分类不够清晰，y的效果来说，作为一个"好"的结果的评测标准相对来说不易确定
③川西坝子的空间形态演变对于当地社会韧性的影响？	x=空间形态演变 y=当地社会韧性	x，y具体落实下来。在乡村部分，聚焦于家乡四川的"川西坝子"上，而"乡村振兴"只着眼于乡村聚落的韧性部分，由此x，y能够成功满足成为"研究"的两个原则

案例二：生态修复如何与人居体验并重？

问题演化	自变量/因变量	优点及问题
①生态修复如何与人居体验并重？	x=生态修复？ y=人居体验？	该问题原始自变量为生态修复，灵感来源于一些生态修复案例较为关注自然生态的改善而忽视使用者的情况。 违背原则2。该问题原始因变量为人居体验。但生态修复以及人居体验这两个词都太大
②植被修复情况如何影响空间舒适度？	x=植被修复 y=舒适度	生态修复中与人居体验关系较为密切的是植被修复状况，因而进一步缩小。人居体验也根据研究者的本意，缩小为使用者的舒适度。 还是违背原则2，这两个概念略微有些模糊，不具可操作性
③生态修复后植被生长状况对于使用者舒适度的影响？	x=植被生长状况 y=舒适度	植被修复状况最直接的表现是植被的生长状况，具体可以测量的指标包括植被郁闭度、覆盖度等。 舒适度的指标包括生理、心理、精神、社会文化和环境五个维度（GCQ舒适状况量表），因此选择心理维度来进行细化

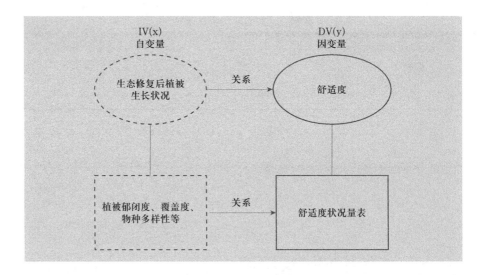

案例三：什么样的空间可以让人和狗和谐相处?

问题演化	自变量 / 因变量	优点及问题
①什么样的空间可以让人和狗和谐相处？	x＝空间 y＝人和狗和谐相处	一个实践的问题，所有概念都特别的泛。 违背原则1
②物质空间对于建立人狗和谐关系的影响	x＝物质空间 y＝人狗和谐关系	转换为研究问题，但依然违背原则2。物质空间范围过大，无法衡量，人狗和谐关系概念模糊，指代不清
③公共空间的大小对于居民对宠物活动满意度的影响	x＝公共空间的大小 y＝居民对宠物活动满意度	违背原则3。公共空间的大小要素单一，影响满意度的要素还有很多，如材料、朝向、植物等。标题表达冗杂
④公共空间的物质要素（x）对居民对宠物活动满意度（y）的影响	x＝公共空间的物质要素 y＝居民对宠物活动满意度	物质要素包括大小、材料、朝向等多个自变量；居民对于宠物活动的满意度也是可测度可实施的变量

IV(x) 自变量 — 空间物质要素 — 关系 → DV(y) 因变量 — 人狗和谐相处

物质要素大小、材料、朝向等 — 关系 → 居民对宠物活动满意度

案例四：如何提高大学校园里草坪的实用性？

问题演化	自变量 / 因变量	优点及问题
①如何提高大学校园里的草坪的实用性？	x＝草坪？ y＝实用性？	违背原则1。这是一个实践问题，没有体现出研究的对象和研究内容，需要转换为一个"研究问题"
②大学校园里的草坪对学生休憩的影响？	x＝大学校园中的草坪 y＝学生休憩	违背原则2。将实用性转变为学生休憩，因而缩小了范围。然而学生休憩还包括休憩活动类型、休憩舒服程度等，指代性仍需加强。 自变量依然沿用草坪，是"不可测量的"，涵义太广太泛，需要具体细化
③大学校园草坪设计方式对学生休憩满意度的影响。	x＝大学校园草坪设计方式 y＝学生休憩满意度	把草坪的设计方式作为自变量（草坪的位置、草坪的面积、草坪的形状），因变量改为"学生休憩满意度"，就是个可实施的研究。其他有关学生差异的变量后续也要考虑，比如性别，年级等

案例五：景观设计应该以人为本还是以自然为本？

问题演化	自变量 / 因变量	优点及问题
①景观设计应该以人为本还是以自然为本？	x＝？ y＝？	违背原则1。这是一个典型的设计问题，试图理解景观设计中，设计师对人文关怀与自然保护的选择是怎样的，但不知道如何开展
②公园景观设计过程中对人文关怀与自然保护的优先级影响因素研究	x＝公园景观设计过程 y＝对人文关怀与自然保护的优先级	违背原则2。问题细化，范围缩小，有了明确的自变量和因变量。但二者还是有些空泛，需要进一步细化
③公园与设计师特征对于景观类型优先级的影响	x＝公园特征、设计师特征 y＝景观类型优先级	自变量x：影响因素：公园类型（项目区位、场地问题、设计目标等）；设计师价值观（实用主义、极简主义、生态主义、人本主义、现代主义等）；主创设计师专业出身（农林、建筑、艺术、规划、生态等） 因变量y：景观类型优先级（可量化为公园里生态保护区与人类活动区域的面积大小，设计师打分，同行打分等）

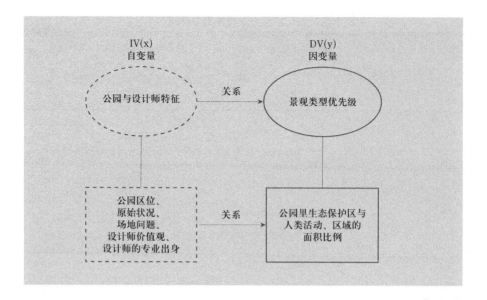

案例六：如何提升儿童活动空间的安全性？

问题演化	自变量 / 因变量	优点及问题
①如何提升儿童活动空间的安全性？	x=儿童活动空间？ y=安全性？	违背原则1。这是一个典型的设计问题，主体不甚清晰。包含设计、儿童活动空间以及安全性三个潜在变量
②儿童活动空间的安全性与空间活力的关系？	x=安全性 y=空间活力	初步建立自变量与因变量的关联性。 违背原则2。安全性主要取决于活动设施，空间活力有些空泛，可能会取决于使用度
③儿童活动空间内设施数量与儿童使用感受度的关系？	x=设施数量 y=使用感受度	违背原则3。设施数量足够细化，但可能设施种类会比数量更具吸引力，自变量过小。感受度需要更具体的测度，有些模糊
④儿童活动空间的丰富度与儿童使用率的关系？	x=设施丰富度 y=儿童使用率	违背原则4。儿童户外活动机会与设施的丰富度关联度更加紧密，也是一个可以实施的研究。然而存在的问题是：转化后丢掉了初始问题中的"安全性"，最后的研究性问题并不能解决最初的实践问题
⑤儿童活动空间设施的丰富度与儿童户外活动安全感的关系？	x=设施丰富度 y=儿童户外活动安全感	x包括：设施的材质、设施的造型、设施的数量、设施的种类、设施的功能多样性…… y包括：儿童在使用过程中受伤的频率及原因，儿童对活动空间安全感的打分……

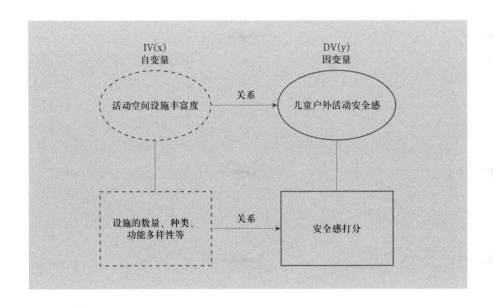

本章要点总结

1）什么是研究问题？一个好的研究问题有何特征？

2）为什么一个研究问题应该用非常具体和精确的词语进行陈述？

3）如何快速将设计问题转化成研究问题？

推荐作业

结合一个你感兴趣的问题，并尝试询问这个问题是研究问题还是设计问题？如何把它变成一个可操作的研究问题？

第12章 数据来源概述

在数据冗余的时代，如何去筛选适合自己研究的数据来源，是研究成功的开始。

"巧妇难为无米之炊"，丰富而准确的研究数据是做好研究的基石。现今的研究面临的问题不是数据匮乏，而是数据冗余。我们投入大量时间和精力去筛选和处理。有人形象地将人工智能中的数据挖掘（Data mining）称之为数据采矿，数据工程师为"挖矿人"。在数据的巨潮之中，研究者即要积极拥抱新技术、新数据、新思维，同时也不能忘记一手数据收集过程所依赖的访谈、调查、观察等技能。多元数据多种技能是研究发展的新趋势。

在获取和使用数据的过程中，建议大家养成良好的数据收集和备份习惯，同时注意以下三个技巧：一是建立起自己的数据来源收集库，除却本章节所提到的数据来源，在面对具体问题时，还需要其他数据来源；二是对于已有数据做好时空备份，采用复印、扫描、上传云盘等方式，将原始数据、过程数据、最终数据分门别类储存好；三是积极进行跨学科交流与合作，当某些数据获取和处理超越自我既有的技能体系，可采取求教或合作的方式与其他学科学者建立联系。

与此同时，以下两点需要我们重视和谨慎：一是对于数据处理抱有求真的科学精神和态度，严谨对待，核查数据真实性和可信度；二是明悉各种数据可能存在的问题和两面性，如社交数据虽然规模巨大，可反映群体行为，但是在一定程度上存在数据偏见，调查问卷也有自身的问题等。

本章介绍了常见的研究数据及其获取方式，并结合案例简要说明研究数据在研究中如何运用。主要目的是初步介绍不同数据类型及其数据特征，并帮助读者建立起初步的数据来源集，方便基础数据的收集与下载。

12.1 一手数据

一手数据，是指由研究者自行收集的原始数据。按照获取方法，一手数据主要可分为测量数据、访谈数据、问卷调查数据、观察数据（表12-1）。

表 12-1：一手数据各优缺点

数据类型		优点	缺点
一手数据	测量	过程严谨，个体深入	时间成本和精力成本耗费大，数据量小
	访谈	有利于获取参与者主观视角下的深度信息	存在调查者效应和归因偏差

续表

数据类型		优点	缺点
一手数据	问卷	便于了解参与者的态度倾向；高信度和高效度	受制于调查人员和被调查者等主观因素的影响，数据客观性难以保证；成本较高
	观察	直观性；可以对行为进行相对客观的测量；有利于理解环境因素的作用	调查者效应和被观察者的负面效应

12.1.1　测量数据

传统景观测量方法大多是人工测量，使用卷尺、全站仪、GPS设备、激光扫描仪等设备，但是其后续数据处理和建模的工作繁重，且不适用于大规模的、情况复杂难以接近的场地[1]。物联网（IoT）、地理信息系统（GIS）、建筑信息模型（BIM）和智慧城市建设相关技术的发展，已经大大提升了城市规划学科与建筑学科的工作效率，为其提供了一个数字化的平台。景观设计学科的数字化和信息化也逐渐走上发展的进程。

出于研究的不同目的，有时需要跨学科的测量方式来进行研究。获取相关信息的最佳途径是查阅已经发表的研究文献，通过持续关注和了解该领域的顶尖研究，了解它们使用的测量方法并运用。有时为考察特定的研究内容，研究者需要编制新的测验或者使用更为先进的测量仪器去测量事物特征、量化使用者行为变化或者认知情感的变化。

测量数据案例：无人机建立场地三维实景（李加忠，程兴勇等，2017）

测量工具	无人机

研究场地位于陕西省渭南市韩城市龙门大街南端，现金塔公园南部。场地现状竖向信息较为缺乏，难以根据图纸进行详细规划设计。于是采用小型八旋翼无人机对场地进行航摄。研究者获取了多个角度的地面影像，如地表和建筑屋顶的影像信息，以及建筑侧立面和植物侧立面的信息。数据处理采用Smart3Dcapture软件，采用SuperMap软件对三维实景模型进行浏览，并进行了三维测量、日照分析、视线分析、视域分析、剖面分析。并在3dMax中，将坐标进行统一，实现了规划方案与现状方案的叠加展示，同时利用了卷帘功能对多方案进行对比。

李加忠，程兴勇，郭湧，梁晨，谌丽. 三维实景模型在景观设计中的应用探索——以金塔公园为例[J]. 中国园林，2017，33（10）：24-28.

[1] Fu L, Hexing C, Yinyu W. Uav Measurement in Landscape Architecture Research and Practice[J]. Landscape Architecture Frontiers, 2019, 7(2): 38-55.

测量数据案例二：量化园艺疗法效果（修美玲，李树华，2006）

测量工具	电子血压计

　　该研究由北京市四季青敬老院 40 位生活能自理的老人参加，于2004年7-10月进行，每两周一次，3个月为一疗程。活动内容为组合盆栽的制作、盆花的管理、插花、月季的修剪和扦插枝的制作等。试验在参加者不被告知试验目的的情况下进行，分别在园艺活动前后测量脉搏、血压及记录心情。试验数据用SAS8.0软件进行显著性 T 检验。研究发现收缩压和脉搏基本不变，舒张压和平均动脉压显著升高，但未发现男女性别上存在差异。同时试验后约 80% 的老年人的心情转好。由此证明园艺操作活动对老人的身心健康有一定的改善作用。

修美玲，李树华. 园艺操作活动对老年人身心健康影响的初步研究[J]. 中国园林，2006（06）：46-49.

12.1.2　访谈数据

　　访谈数据指的是通过调查者制定调查提纲并与调查对象进行直接或间接交谈，从而收集调查对象资料。它是定性调查的一种重要手段，但也可通过特定的方式将收集的访谈数据转为可定量分析的内容。

　　因研究问题的性质、目的或对象的不同，访谈具有不同形式，比如常见的半结构访谈、结构访谈。为了解使用者更多信息，有时还采用参与式GIS制图，焦点小组等方法，从空间行为模式记录到继续性挖掘意见。

访谈数据案例：半结构访谈了解行人活动（郭茹，2020）

访谈形式	半结构访谈

　　以天津市中心城区生活服务街道为研究对象，对街道景观特征与步行活动进行实地调研，并对调研数据进行相关性分析和散点拟合分析，明确街道景观空间和要素特征对不同步行活动类型的影响趋势。在街段样地调研过程中，采用半结构化访谈、实地勘测法和快照法，对14个阶段调研样地步行活动种类、不同行为活动需求、分布情况进行基本了解。通过实地勘测法和图像采集（现场拍照、录视频）对街段样地的景观构成现状信息进行收集，确定不同街段样地的景观空间和要素特征。

郭茹，王洪成. 生活服务街道景观特征对步行活动影响及优化——以天津市中心城区街道为例[J]. 风景园林，2020，27（10）：99-105.

访谈数据案例：结构访谈了解民众绿地使用（Schipperijn，2010）

访谈形式	结构化访谈

　　本研究的目的是描述和分析丹麦民众到绿地的距离以及不同人群之间绿地的使用频率，以及描述和分析使用绿地的主要原因，还分析了影响绿色空间利用的因素。数据是基于丹麦的21个地区分层随机抽样了832人，并对566人（66.7%）完成了个人采访。通过在受访者家中进行面对面访谈收集了数据，访谈之后，要求所有受访者填写问卷。调查表主要包括有关绿地的距离和使用的问题。受访者被问到从家到不同类型绿地的距离，还向受访者询问了绿色空间的使用频率。此外，所有受访者都被问到他们访问绿色空间的主要原因。以上问题，要求受访者在固定的几项答案中进行选择。

Schipperijn J, Ekholm O, Stigsdotter U K, et al. Factors influencing the use of green space: Results from a Danish national representative survey[J]. Landscape and Urban Planning, 2010, 95(3): 130-137.

访谈数据案例：公众参与制图（Brown，2015）

数据方法	参与式 GIS

参与式GIS是一种通过公众参与制图收集空间信息，以辅助规划决策的GIS方法。参与式GIS能帮助研究者获取与受访者看法相关的空间数据，有效促进大众对规划设计的参与。此研究通过参与式GIS研究澳大利亚维多利亚州的利益相关者对公共土地规划与管理的偏好。具体来说，本文首先要求受访者填写其住址的邮政编码（以确定其住址），其次要求受访者使用在线地图标注其偏好的公共土地，尽量少放标注以凸显他们的主要偏好。此外，受访者还填写了一份问卷。研究者通过对问卷数据的聚类，将其中两个类别的数据与空间信息结合在一起，研究其选择的空间位置偏好。结果显示，保护利益相关者对公共土地的自然价值更为看重，而休闲利益相关者对公共土地的多重价值都有所涉及。

Brown G, De Bie K, Weber D. Identifying public land stakeholder perspectives for implementing place-based land management[J]. Landscape and Urban Planning, 2015, 139: 1-15.

访谈数据案例：焦点小组评估课程效果（Chou，2018）

数据方法	焦点小组

焦点小组是社会科学中的常用定性方法，由一名主持人主持，引导若干小组成员就某一问题发表观点。研究者可以从观点的交锋中得到有价值的信息。

此案例研究的是中国台湾中原大学景观系设计工作室的日常教学，在这里，大一学生通过社区服务和参与式设计，在真实环境中学习景观知识和技能。旨在探讨影响课程实施过程的因素，以及影响教学目标与实际绩效之间的一致性程度的因素。在学期中间，研究者将导师和学生各自分为一个焦点小组，分别回顾教学效果与学习收获。在期末，又将学生分成两个小组，请他们分享学习体验。结果显示，尽管学生可能因为专业能力有限、多重角色和根据实地教育的调整而感到有挑战，但通过实地学习学到的事物可以帮助他们将经验转化为行动。

Chou R J. Going out into the field: an experience of the landscape architecture studio incorporating service-learning and participatory design in Taiwan[J]. Landscape research, 2018, 43(6): 784-797.

12.1.3　问卷调查数据

调查问卷是社会调查中用来测量被调查者的行为、态度、社会特征或收集其他信息的一种数据收集工具。问卷调查法最初应用于社会学、社会心理学领域，近年来问卷调查作为一种公众参与的手段，逐步广泛应用于景观和城市规划研究之中，适合于调查人们对于空间利用的倾向性和态度[2]。

在制定问卷内容时，可以先行查找相关研究问卷作为参考，结合实践研究内容，对问卷进行灵活调整。整体上问卷语言需要精炼、清晰。一般控制在2页以内，被调查者15分钟以内可以完成，这更容易被调查者接受，避免畏难情绪影响调查质量。在特殊情况下，也可以根据需要设置更为详尽的问卷。

问卷在实际发放中面临诸多挑战，研究者需要提升交流技巧以便问卷顺利发放，同时注意检验问卷数据的有效性，和警惕可能存在的数据偏见。

---

[2] 戴菲，章俊华. 规划设计学中的调查方法（1）——问卷调查法（理论篇）[J]. 中国园林，2008（10）：82-87.

问卷数据案例：进行重要性—绩效评价（Hua，2019）

问卷形式	李克特量表＋开放问题

研究区为广东省的省会城市广州。用问卷调查方法系统地分析当地社区对城市河流生态系统服务重要性的认识，以及居民对广州城市河流提供这些生态系统服务的程度的看法。

基于关于城市河流生态系统服务的经验研究，焦点小组讨论，以及来自试点调查的初步调查结果，开发了一份调查问卷，并对城市河流的利益提出了开放性问题。问卷以介绍调查目的和数据保密声明的介绍性章节开头。然后，要求受访者按照序数尺度（从"1-非常不重要"到"5-非常重要"的五点李克特量表）对他们对12种生态系统服务的感知重要性进行评分。现场访问员以口头方式描述了广州的城市河流（其分布，污染水平和一些修复项目），受访者讲述他们与当地河流的互动（如他们到访河流的主要活动，动机等）。在最后一节中，调查对象收集了主要的社会人口统计学信息，包括性别，年龄，受教育程度，家庭人数，家庭收入，户籍状况和居住区。

Hua J, Chen W Y. Prioritizing urban rivers' ecosystem services: An importance-performance analysis[J]. Cities, 2019, 94(Nov.): 11-23.

12.1.4　观察数据

观察数据是指由研究者在自然状态下搜集的资料，针对互动或单纯现象，进行有目的、系统地观察记录所得到的数据。

在观察之初，需要明确研究所需数据内容和形式，针对性地去记录观察结果。结合规划设计学的专业特点，常用的记录方式有观察记录表、调查图示注记、拍照摄像等。同时需要注意，根据观察者是否介入观察对象活动中，可以分为参与式观察法和非参与式观察法。在进行行动观察法等非参与式观察时，需要尽量减少本体对观察对象的影响。

观察数据案例：进行公园部分空间利用研究（戴菲，2009）

观察形式	行动观察法（非参与式观察）

该研究系统讲解了行动观察法基础内容和方法，并以一个关于日本皇宫国民公园部分空间利用构成的研究为例，阐述了行动观察法在实际研究中的方法和作用。

实例中采取了行动观察的方法对于国民公园外苑重点部分的游人行为活动调查。将园区按照地形、园路、铺装等特征划分为不同的片区，每隔30分钟依次定点取样观察记录，游人的行为活动方式主要包括观光散步、休息、马拉松跑步3类，记录的主要内容包括根据游人的行为活动方式，分类统计各自活动方式的人数和位置、各片区活动人数与密度、拍照留念的人数与密度等。调查结果是将便于观察操作的24个片区数进行合并，并归纳出7个空间独立分区及其游人行为活动特征。研究进一步提出了今后公园改造的具体指导意见，以优化提升皇居外苑50年前形成的空间布局、园区设施、管理措施等，使之适应现今国民公园的使用需要。

戴菲，章俊华. 规划设计学中的调查方法4——行动观察法[J]. 中国园林，2009，25（02）：55-59.

12.2　二手数据

二手数据，是研究者从其他来源获取的现有数据。这类数据在使用时，要注意其数据来源、使用方式、准确性、权威性、适用性、版权等问题（表12-2）。

表 12-2：二手数据各优缺点

数据类型		优点	缺点
二手数据	基础地理信息	可进行多个尺度分析，涉及面和类型较广，部分可进行动态监测评估	并非所有数据都是公开，大部分精细数据难以获得；同时需要进行进一步处理和解读
	人口社会经济	体现整体的典型意见和特征	多为大尺度统计数据，小尺度数据常常缺失
	在线地图	利用官方提供的API接口，数据易于获取；数据多样化；科学性强	部分数据的获取需要一定编程基础
	社交媒体	获得的数据和结果较为直观，可用于分析人文类问题；携带了地理空间信息、大量用户群；获取渠道丰富；样本范围大	需要自行编写脚本进行爬取，需要一定编程基础；可能存在不同严重程度的数据偏见

12.2.1 地理信息数据

地理信息基础数据的承载形式是多样化的，包括各种类型的数据，如卫星影像、航空影像、各种比例尺地图，甚至声像资料等。其种类包括栅格地图数据库、矢量地形要素数据库、数字高程模型数据库、地名数据库和正射影像数据库等。随着大数据时代的到来，地理信息服务呈现出新的特点：其价值空前提升，全民测绘时代到来，服务呈现普世化[3]。

与传统地图相比，地理信息系统具有的优势：信息量大，使用方便，可提供反映区域状况的各种空间信息，并建立揭示区域结构特征和发展规律的模型；功能强大完备，地理信息系统可以提供查询检索、空间分析、修改补充、距离测算等多种功能；能够进行动态监测和评估预测。

以下提供国内常见的地理信息数据共享平台信息，多为免费下载，部分精细化数据为收费下载（表12-3）。

表 12-3：国内常见的地理信息数据共享平台

网站名称	地址	说明
全国地理信息资源目录服务系统	http://www.webmap.cn/main.do?method=index	该网站提供：30m全球地表覆盖数据；1：100万全国基础地理数据库；1：25万全国基础地理数据库（图层内容含水系、公路、铁路、居民地，居民地地名，自然地名等9类要素层）
国家地球系统科学数据共享平台	http://www.geodata.cn/	该网站涉及全国层面的地表过程与人地关系数据、典型区域地表过程与人地关系数据、全球变化与区域响应综合集成数据产品、日地系统与空间环境数据、国际数据资源5个一级类和29个二级类

---

[3] 周星，桂德竹. 大数据时代测绘地理信息服务面临的机遇和挑战[J]. 地理信息世界，2013，20（05）：17-20.

续表

网站名称	地址	说明
中国科学院资源环境科学数据中心	http://www.resdc.cn/	该网站下设"中心本部"和9个"分中心",通过网络结构体系将分布全国的与资源环境数据相关的14个主要研究所整合形成一个科学数据集成与共享平台。提供行政区划、自然地理分区、气象等多种类型数据
国家青藏高原科学数据中心	http://westdc.westgis.ac.cn/	该数据中心以青藏高原及周边地区各类科学数据为主,已整合的数据资源包括:大气、冰冻圈、水文、生态、地质、地球物理、自然资源、基础地理、社会经济等,开发了在线大数据分析、模型应用等功能,实现青藏高原科学数据、方法、模型与服务的广泛集成
地理空间数据云	http://www.gscloud.cn/	由中国科学院计算机网络信息中心科学数据中心建设并运行维护,以中国科学院及国家的科学研究为主要需求,逐渐引进当今国际上不同领域内的国际数据资源,并对其进行加工、整理、集成,最终实现数据的集中式公开服务、在线计算等。提供LANDSAT、DEM等多种数据
资源学科创新平台	http://www.data.ac.cn/	该网站是面向人地系统基础研究、国家经济建设和国家战略需求,以人口、资源、环境和发展(PRED)为核心的数据库服务系统
北京大学地理数据平台	https://geodata.pku.edu.cn/	该网站为地理数据共享交流的平台,构建从不同方向描述地球系统的数据库。数据包括自然地理、人文地理、历史地理等多个地理专业的图形图像、统计图表、文本文件及监测和模型运算得到的数据,数据范围包括全国及全球范围,数据来源于科研成果和积累的数据,以及平台收集整理的数据
Globeland30	http://www.globallandcover.com/	中国向联合国首个全球地理信息产品,包括全球范围内地表覆被和水体的分布情况

以下为国外常见的地理信息数据共享平台。在做研究时,可进一步查找类似文献,研究其数据来源(表12-4)。

表 12-4:国外常见的地理信息数据共享平台

网站名称	地址	说明
United States Geological Survey	https://lpdaac.usgs.gov/product_search/	提供多种卫星遥感影像下载,比如MODIS数据产品
National Centers for Environmental Information	https://www.ncdc.noaa.gov/	美国国家环境信息中心(NCEI)负责保存,监视,评估和提供公众访问该国气候和历史天气数据与信息。可下载如夜景灯光遥感等数据
National Snow & Ice Data Center	https://nsidc.org/	NSIDC管理和分发科学数据,创建数据访问工具,为数据用户提供支持,进行科学研究,并提供冰冻圈相关的公众教育和南北极冰川相关数据
Vegetation Remote Sensing &Climate Research	http://sites.bu.edu/cliveg/	波士顿大学地球与环境系Ranga B. Myneni教授的气候与植被研究小组的主页,分享研究组项目与相关数据。提供植被遥感、气候等相关研究数据和教程

网站名称	地址	说明
United States Department of Agriculture Foreign Agricultural Service	https://ipad.fas.usda.gov/Default.aspx	美国农业部外国农业服务局 (FAS) 的国际生产评估部 (IPAD) 负责全球作物状况评估以及谷物, 油料和棉花的面积, 单产和产量的估算。IPAD的主要任务是对全球农业生产以及影响全球粮食安全的状况进行最客观, 最准确的评估。区域分析师使用遥感和地理信息系统 (GIS) 收集市场情报, 并分析近乎实时的卫星图像数据, 以估算全球产量
Physical Sciences Laboratory	https://psl.noaa.gov/data/index.html	PSL可以归档范围广泛的数据, 从可扩展数百年的网格气候数据集到单个位置的实时风廓线数据
Socioeconomic Data and Applications Center	https://beta.sedac.ciesin.columbia.edu/	SEDAC是社会经济数据和应用中心, 是美国国家航空航天局地球观测系统数据和信息系统 (EOSDIS) 中的分布式主动存档中心 (DAAC) 之一。提供关于农业、气候、保护区、基础设施、土地利用等多个主题的数据集
Numerical Terradynamic Simulation Group	http://www.ntsg.umt.edu/default.php	西澳大利亚州弗兰克林业与保护学院数值地形动力学模拟小组 (NTSG) 网站, 分享研究组项目与相关数据。主要利用卫星遥感、计算建模和生物物理理论等新兴技术, 来定量描述从区域到全球范围的生态系统的结构和功能

地理信息数据案例：进行景观格局研究（阳文锐，2015）

数据类型	TM 遥感影像

该研究使用了具有30m空间分辨率的美国陆地资源卫星Landsat TM 遥感影像, 通过遥感解译建立了2003、2007和2011 年北京市土地利用覆盖空间数据, 利用Fragstats（景观格局指数计算软件）对景观格局特征指数进行了计算和分析, 选取平均斑块大小（MPS）, 斑块密度（PD）, 边缘密度（ED）和最大斑块指数（LPI）代表景观个体单元特征; 用面积加权平均形状指数（AWMSI）、蔓延度（CONTAG）、聚合度指数（AI）代表景观组分空间构型, 用香农多样性指数（SHDI）表征景观整体多样性特征, 分别从全市域和六环内城市化典型地区两个尺度研究了北京市城市景观格局时空变化特征, 结合社会经济、城市总体规划和城市发展政策因素, 分析了北京城市景观格局变化的驱动力因素。

阳文锐. 北京城市景观格局时空变化及驱动力[J]. 生态学报, 2015, 35（13）：4357-4366.

12.2.2 人口社会经济数据

人口社会经济数据指的是通过官方统计或者专业机构研究者调查研究, 整理的有关人口、经济等多方面的数据。这些数据可以作为研究的问题来源, 或者研究设计依据等。在使用时, 需要注意其可靠性和时效性, 尽量使用由官方机构发布的最新权威数据。

1）统计数据

以下为国内外常见统计数据提供网站。在日常使用中，也可结合研究问题查阅纸质版资料，看有无相关数据说明和支持（表12-5）。

表 12-5：国内外常见统计数据提供平台

网站名称	地址	说明
国家统计局（及各级政府统计局）	http://www.stats.gov.cn/	官方权威发布我国有关农业、经济、人口等多个方面的统计数据，并有部分指标解释和数据解释。其中《中国统计年鉴》系统收录了全国和各省、自治区、直辖市历年经济、社会各方面的统计数据，以及多个重要历史年份和近年全国主要统计数据
EconomyWatch	https://www.economywatch.com/economic-statistics/	覆盖全世界，以各个国家、经济地区和地理区域划分，提供了1000多个经济指标。大部分指标（例如股票市场估值和货币汇率在市场开放时间内不断波动）都在大多数年度，季度或每月的基础上进行跟踪
The Food and Agriculture Organization	http://www.fao.org/home/en/	粮农组织统计数据库免费提供超过245个国家和地区的粮食和农业统计数据（包括作物，牲畜和林业子部门），涵盖了从1961年到可用的最近一年的所有粮农组织区域分组
Protectedplanet	https://www.protectedplanet.net/en	提供世界保护区地图下载，并保持每月数据更新
Millennium Development Goal Indicators	https://unstats.un.org/unsd/mdg/data.aspx	联合国统计司千年发展目标
Department of Commerce logoU.S. Department of Commerce	https://www.commerce.gov/data-and-reports	美国商务部，有关国家经济，人口和环境相关的数据
中国经济社会大数据研究平台	https://data.cnki.net/	中国知网数据平台，包含统计年鉴、分析资料以及各类数据分析报告

2）社会调查问卷数据

以下为常见社会调查问卷数据网络来源。研究中，也可进一步查找相关文献，看其文章中所呈现的社会调查问卷结果，作为研究的部分支撑（表12-6）。

表 12-6：常见社会调查问卷数据网络平台

网站名称	地址	说明
中国综合社会调查	http://cgss.ruc.edu.cn/	该网站是我国最早的全国性、综合性、连续性学术调查项目。CGSS系统、全面地收集社会、社区、家庭、个人多个层次的数据，总结社会变迁的趋势。总的议题框架是：社会结构、生活质量及其二者之间的内在连接机制。调查问卷分为核心模块、主题模块和附加模块，每年内容有所变化。其中核心模块与主题模块主要服务于描述与解释社会变迁，扩展模块则主要服务于跨国比较研究

续表

网站名称	地址	说明
北大中国健康与养老追踪调查	http://charls.pku.edu.cn/	该网站收集一套代表中国45岁及以上中老年人家庭和个人的高质量微观数据，用以分析我国人口老龄化问题，推动老龄化问题的跨学科研究。CHARLS全国基线调查于2011年开展，覆盖150个县级单位，450个村级单位，约1万户家庭中的1.7万人。这些样本以后每两到三年追踪一次，调查结束一年后，数据将对学术界展开
中国学术调查数据资料库	http://www.cnsda.org/	该网站收集在中国大陆所进行的各类抽样调查的原始数据及相关资料。数据涵盖了经济、综合、健康、社会、教育、企业、宗教、政治、科学和历史等领域
International Social Survey Programme	http://www.issp.org/menu-top/home/	ISSP是一项跨国合作计划，对与社会科学相关的各种主题进行年度调查。当前模块包括：政府作用、社交网络、社会不平等、家庭和性别角色、工作方向、宗教、环境等11个与社会科学相关的内容
ICPSR	https://www.icpsr.umich.edu/web/pages/	ICPSR研究涉及21个领域，如教育、老龄化、刑事司法、恐怖主义等，储存了超过50万种社会科学研究资料，包含一个拥有25万份关于研究社会和行为科学文件的档案库

人口社会经济数据案例：浅山区发展聚类（俞孔坚，2010）

使用数据	村一级社会经济数据库

文章基于北京浅山区农村地区存在内部空间差异的假设，利用村一级的详细社会经济统计数据和相应的空间数据库，提取、构建影响北京浅山区农村社会经济发展的因子体系。

在界定研究边界的基础上，通过二步聚类法将区域内的数据进行发展类型的划分，在相关性上得到六个变量：村庄总人口、非农人口比例、外来人口比例、第二产业比例、第三产业比例、住房空置率，最后得到发展聚类的结果。

俞孔坚，许立言，游鸿，胡映洁. 北京市浅山区农村社会经济发展类型区划分：基于二步聚类法[J]. 城市发展研究，2010，17（12）：66-71.

12.2.3　在线地图数据

在线地图可为研究提供较多类型信息，除却路网、POI等基础信息之外，还可提供线路查询，出行热度、街景等信息。在线地图平台多为免费使用，但是部分功能有每日额度限制。在使用不同在线地图数据时，请注意数据坐标系，需熟练掌握不同坐标投影转换，比如高德地图GCJ-02坐标系转WGS-84坐标系后，在GIS中进行进一步分析。在线地图数据批量采集一般具有较高的技术门槛，信息获取方式多为调用地图API接口，使用python编程批量下载。

以下为常见在线地图服务提供平台（表12-7）：

表12-7：常用地图平台

地图名称	下载方式	说明	坐标系
OSM（开源地图）	1. 通过wget下载数据进入 http://download.geofabrik.de/ 2. 通过官网直接导出指定区域数据进入 https://www.openstreetmap.org	OSM是一个网上地图协作计划，目标是创造一个内容自由且能让所有人编辑的世界地图。OSM的地图由用户根据手持GPS设备、航空摄影照片、其他自由内容甚至单靠本地知识绘制。网站里的地图图像及矢量数据皆以Open Database License（ODbL）授权。OSM网站的灵感来自维基百科等网站。这可从该网地图页的"编辑"按钮及其完整修订历史获知。经注册的用户可上载GPS路径及使用内置的编辑程式编辑数据。包括苹果和微软在内都在使用OpenStreetMap	WGS-84/地球坐标
高德开放平台	地址：https://lbs.amap.com/	用户可以获取交通态势数据、POI数据、公交数据、行政区划数据、天气数据、业务数据等，使用地图辅助工具进行坐标转化、距离/面积计算、距离测量等。高德开放平台为开发者提供了三项主要的能力：1. 专业、易用的地图开发工具：API/SDK 2. 快捷的位置云计算：云图 3. 权威的位置大数据：高德位智	GCJ-02火星坐标系
百度地图开放平台	地址：http://lbsyun.baidu.com/	功能同高德开放平台大致相同，提供多种开发工具	BD-09坐标系（GCJ-02坐标系基础上再次加密）
腾讯位置服务	地址：https://lbs.qq.com/	功能类似于高德与百度开放平台	GCJ-02火星坐标系

在线地图数据案例：使用地图导航记录（杨丽娟，2020）

使用数据来源	高德地图

以重庆市中心城区为例，居住小区为研究单元，从可达性、数量、面积和质量4个维度衡量不同价格级别居住小区的公园供给的公平性。采用高德互联网地图分析步行、公共交通2种方式下研究范围内4663个居住小区的公园供给的可达性、数量、面积和质量状况；非参数秩和检验判别不同级别居住小区的公园供给差异。

从安居客、链家网获取研究范围内居住小区POI信息，获取点状数据4663个。利用高德地图导航服务器批量获取步行和公交（包括轨道交通）2种模式下，2018年4月工作日中18：30~20：30每个居住小区（4663个）到每个公园（335个）的通行时间。

杨丽娟，杨培峰，陈炼. 城市公园绿地供给的公平性定量评价——以重庆市中心城区为例[J]. 中国园林，2020，v.36；No.289（01）：109-113.

在线地图数据案例：城市意象要素识别（曹芳洁，2019）

使用数据来源	OSM 路网数据

研究了基于POI和OSM数据的城市意象要素识别体系。在总结国内外城市意象理论基础及应用实践的基础上，深入分析众源地理数据及其在城市研究中的应用，针对传统数据在城市研究中的不足，提出以POI和OSM数据为基础的城市意象要素识别体系框架。

通过对POI数据进行约束条件下的聚类分析，生成聚类簇，识别城市意象区域要素；借助核密度分析原理，绘制POI数据的Densi-Graph变化曲线，叠加自然、行政区划等要素，从而识别城市意象边界要素；在对POI数据进行抽稀的基础上，识别城市意象标志要素，同时叠合处理后的OSM道路网数据识别城市意象节点、路径要素。

曹芳洁. 基于POI和OSM数据的城市意象要素识别[D]. 2019.

12.2.4 社交媒体数据

伴随移动互联网的日益普及和发展，人们越来越习惯于在互联网上分享自己的见解，或者与他人进行交流。社交媒体（Social Media）指互联网上基于用户关系的内容生产与交换平台。大量用户在社交媒体上的互动和分享产生了规模庞大、开放共享的社交媒体数据。社交媒体数据包括：一是用户自身的人口统计学信息或地理信息；二是用户产生的内容；三是社交互动、行为；四是社交网络结构。可利用其信息对于用户进一步进行画像，挖掘用户偏好或者提取其时空行为模式（表12-8）。

表 12-8：常见社交媒体平台

类别	社交媒体平台	数据
酒店旅行	携程（https://www.ctrip.com/）	酒店信息、景点信息、点评、游记等
	去哪儿（https://www.qunar.com/）	酒店信息、景点信息、点评、游记等
	同程（https://www.ly.com）	酒店信息、景点信息、点评、游记等
	TripAdvisor（https://www.tripadvisor.cn/）	酒店信息、景点信息、点评、游记等
	Agoda（https://www.agoda.cn/）	酒店民宿信息，点评
	Airbnb（https://www.airbnb.cn/）	酒店民宿信息，点评
互动交流	新浪微博（https://weibo.com/）	照片，文本，地理标签，视频
	百度贴吧（https://tieba.baidu.com/）	文本，照片
	知乎（https://www.zhihu.com/）	文本，照片
	Flickr（https://blog.flickr.net/en）	照片，标题，地理标签
	Instagram（https://www.instagram.com/）	照片，标题，地理标签
	Twitter（https://twitter.com/）	文本，地理标签
	Facebook（https://www.facebook.com/）	文本，照片
运动锻炼	六只脚（http://www.foooooot.com/）	照片，轨迹
	Keep软件（APP）	照片，文本，轨迹
房屋信息	安居客（https://nb.anjuke.com/）	房价等信息，地理标签
	链家（https://bj.lianjia.com/）	房价等信息，地理标签
	房天下（https://newhouse.fang.com/）	房价等信息，地理标签
餐饮美食	大众点评（http://www.dianping.com/）	店铺信息与位置，点评，照片。还提供景点的评论
	美团（https://bj.meituan.com/）	点评，照片

社交媒体数据案例：网络文本量化公园用户情感（Plunz R A，2019）

使用数据来源	Twitter

　　这项研究利用社交媒体开发了一种方法，以理解城市绿色空间中不同程度的感受。作者在2016年6月17日至2017年12月17日之间的549天内，使用Twitter的API筛选方法收集了推文。使用了python中的tweepy包从特定用户的边界框中获取了地理定位的推文。为了捕捉公园的影响，公园内推文定义为地理定位在公园边界内或边界50英尺（15.24 m）之内的推文。

通过Twitter获取的情绪表达文本和地理空间信息对城市绿色空间进行分析，选择Twitter行为极其活跃的纽约市作为试验对象，识别公园访客的情绪变化，通过自然语言处理和地理位置差异分析所获得结果，识别空间分配和城市绿地组织功能。

Plunz R A, Zhou Y, Vintimilla M I C, et al. Twitter sentiment in New York City parks as measure of well-being[J]. Landscape and Urban Planning, 2019, 189: 235-246.

社交媒体数据案例：网络文本评估景点吸引力（Zhifang W，2018）

使用数据来源	大众点评 + 马蜂窝

该研究以中国北京奥林匹克森林公园为例，考察学术研究中社交媒体数据和调查数据的相似性和差异性。社交媒体数据是从大众点评和马蜂窝平台上提取的，采集到北京奥林匹克森林公园2013年4月—2015年10月5440条网络评论。并进行了两次实地问卷调查，以评估不同位置和景观元素的吸引力。在数据收集和分析过程中使用并比较了数据收集、关键词提取和关键词优先排序。并基于UNICET软件中的中心度分析和SPSS中的聚类分析，进一步分析了社交媒体数据产生的吸引因素的重要性及其相互关系。

结果显示，社交媒体数据和调查数据有许多相似之处。两个数据来源都证实了自然氛围比文化元素更受欢迎，尤其是公园的自然性。实用空间比具有文化意义和标志性意义的设施更受欢迎。尽管有相似之处，但社交媒体数据存在一定夸大和聚集的偏见。

Zhifang W, Yue J, Yu L, et al. Comparing Social Media Data and Survey Data in Assessing the Attractiveness of Beijing Olympic Forest Park[J]. Sustainability, 2018, 10(2): 382.

12.2.5　其他二手数据

除去用户自愿产生的社交媒体数据，在传感网、移动互联网等信息技术发展的过程中，还产生了多种具有时空标记的数据。地理空间大数据为人们进一步定量理解社会经济环境提供了一种新的观测手段[4]。

以下是常见的其他数据类型，获取需要通过一定官方途径或者向运营商付费购买，也需要更高水平的数据处理方式（表12-9）。

表 12-9：常见其他数据类型

数据	说明
监控视频	可提取人的活动特征
手机信令数据	
公交卡数据	
出租车轨迹	可提取人群活动时空分布规律
共享单车订单	

---

[4] 刘瑜. 社会感知视角下的若干人文地理学基本问题再思考[J]. 地理学报，2016，71（04）：564-575.

本章要点总结

1）常见的一手数据和二手数据的类型和来源有哪些？

2）在数据的获取和采集过程中，需要注意哪些关键问题？

本章课堂作业

结合你感兴趣的一个研究问题，进行详细的数据来源检索以及数据准备工作。

第13章

数据测量及类型

本章主要介绍变量的具体测量步骤以及数据类型。统计学中的"变量"，是一组互斥的属性或数量特征的名称的集合。对一个总体内部来说，变量是总体中各单位的所有可变标志；对总体而言，变量是一切可变的统计指标[1]。它可以是取不同值的东西。例如，身高、体重、年龄、种族、态度和智商都是变量。相比之下，如果某个事物不能改变，或者具有确定的值，那么它被称为常量。

因变量和自变量都是变量，只是在研究中扮演的角色不同，但都需要在研究过程中通过不同的测量方法变成可以具体操作的变量值。同时，由于变量特征和测量方法的不同，不同变量的变量值之间会存在数据类型的差异。研究需要根据数据类型的不同选择适合的分析方法，进而得到最好的研究结果。

由于测量方法众多，本章并没有进行穷举。本章旨在介绍一些与测量和数据收集相关的重要概念与基本流程。通过典型的案例以及不同数据类型的划分，本章一步步介绍了数据测量的要点与基本操作流程，所有的研究都可以依据此流程进行操作，但更适合的测量方法却不仅仅局限于本书介绍的几个，实际运用中可以结合研究需要去继续探索。

13.1　数据测量

测量是所有研究的基础，是科学理论和应用之间的一个关键点，可以定义为研究人员描述、解释和预测我们日常生活中各种复杂现象的一个过程[2, 3]。简单来说，测量就是计量事物的一些属性。如，使用GPS、尺子对场地进行空间位置、面积等的计量，就是测量。

测量技术策略是研究方法的重要组成部分。对于具体的研究而言，测量的价值主要体现在两个方面。首先，测量能够量化抽象的问题和变量。第9章一再强调，研究通常是为了探索自变量和因变量之间的关系。研究中的变量通常必须进行量化，才能进行适当的研究[4]。从理论到实践，或从抽象到具体，是由研究人员通过控制变量实现的。例如，在一项关于减肥的研究中，研究人员以体重为因变量，在研究过程中减掉的体重以磅和盎司为单位，运动量作为控制变量，通过测量运动量与体重之间的关系，定量地识别运动的减肥效果。如果没有自变量和因变量，研究可能会过度分散而无法聚焦；如果没有测量，

[1] 刘爱芹. 谈统计学中"变量"概念的界定[J]. 统计教育，2004（02）：56-57.
[2] Qaplan A. The conduct of inquiry: Methodology for behavioral science[M]. Chandler, 1964.
[3] Pedhazur E J, Schmelkin L P. Measurement, design, and analysis: An integrated approach[M]. psychology press, 2013.
[4] Kerlinger F N. Foundations of behavioral research[J]. 1966.

研究就只能对我们周围的世界进行无系统的观察，进行模糊判断，比如"你看起来瘦了""你一定胖了，脸都圆了"，但体重是否有变化可能无法理性表达。另一方面，用于分析研究数据的统计复杂程度直接取决于变量量化的测量尺度[5]，即数据类型的差异。研究需要根据数据类型的不同选择适合的分析方法，以避免错误的结论，寻求真实的数理关系（图13-1）。

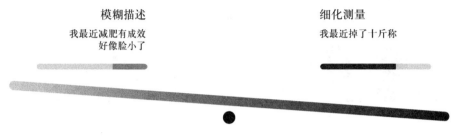

模糊描述	细化测量
我最近减肥有成效 好像脸小了	我最近掉了十斤称

一个把概念细化的过程　　　　　　　　　　　　　　图13-1　测量的内涵

13.2　数据类型

数据目前有两种基本的类型：非计量型数据和计量型数据。非计量数据（也称为定性数据）通常是描述个人且无法量化的属性、特征或类别，计量数据（也称为定量数据）以不同的数量或程度存在，它们反映了相对数量或距离。计量数据用于计算数量和距离，而非计量数据主要用于描述和分类[6]。

除了基本定性以及定量的数据分类，国内外还有多种数据细化分类方法以及不同的命名，例如变量值的测量数据可以分为定类、定序、定距、定比四种类型。其中定类数据属于定性数据，而后三种都属于定量数据。国内还有人将这些数据类型译为名义数据、序数数据、区间数据和比率数据。数据的细化分类有助于各种调查研究对不同的现象和事物做出更清晰的描述。

为了和后续的数据分析有机结合，本书这里采用SPSS里的三种分类，并利用该软件的既有概念与表达介绍数据类型：名义数据、有序数据、标度数据（图13-2）。

名义数据是指变量的数值，即变量值，只有类别属性之分，而没有大小、优劣之别。数量化之后就只有所属类别的代码，如性别、公园绿地类别、出生地、居住地、种族、婚姻状况、眼睛和头发颜色以及就业状况等。编码中会用1，2，3等数值来替代不同的类型，但这些变量中的每一个类型都是纯描述性

[5]　Anderson N H. Scales and statistics: parametric and nonparametric[J]. Psychological bulletin, 1961, 58(4): 305.

[6]　Hair J F, Black W C, Babin B J, et al. Multivariate data analysis[M]. Upper Saddle River, NJ: Prentice hall, 1998.

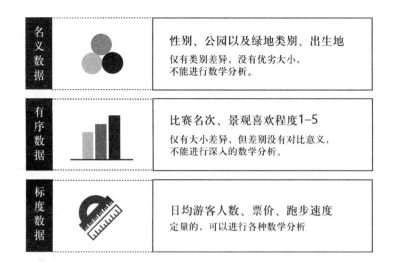

图13-2　各种数据类型的对比

的，不具有数理意义。名义数据均表现为类别，没有绝对零点，不能按照数量顺序排序，不能用来进行标准的数学运算。

有序数据是按某种特性对观测对象进行排序（名次）。变量的值除了有类别属性之外，还有等级或次序的区别。例如，变量Y为"用户对某种景观要素的喜好程度"，可以赋值为1—很不喜欢，2—不喜欢，3—无所谓，4—喜欢，5—非常喜欢。这个例子反映的是典型的定序变量，各个值之间可以比较大小或强弱顺序，但是两个值的差没有实际意义。另外一种有序数据是，定距数据，指变量值除了具有类别、次序的区别之外，还有同标准化的距离的区别，"值"之间的差有实际意义。例如"年收入范围是多少?"，可以赋值为1—5万~10万，2—10万~15万，3—15万~20万，4—20万~25万。整体而言，有序数据表达了数据之间的一种梯度关系，可以使用大于或小于的概念来进行区分，但事物是否具有或多或少的属性并不能量化，类别或等级之间的差异不具有可比性。例如跑步比赛中，第一个跑过终点线的人比第四个跑得好，但第一名和第二名之间的差别，可能并不等于第二名和第四名之间的差别。与名义数据一样，序数数据本质上是定性的，不具备复杂统计分析所需的数学性质。

标度数据是指描述现象的数量、大小或多少的数据，也称为数值型数据（quantitative data）。数值型数据可是离散的或是连续的，在一定区间内可以任意取值的变量叫连续型变量，其数值是连续不断的，相邻两个数值可作无限分割，即可取无限个数值。例如，生产零件的规格尺寸、人体测量的身高、体重、胸围等为连续型变量，其数值只能用测量或计量的方法获得。如果数值只能用自然数或整数单位计算的则为离散型变量。例如，企业个数、职工人数、设备台数等，只能按计量单位数计数，这种变量的数值一般用计数方法获取。标度数据本质上是定量的，虽建立在有序测量的基础上，但变量值之间的顺序和距离是可对比的。其数值是等距离缩放的数字，可以进行加减运算，允许使用复杂的统计分析。上面提的定距类型的数据，在一定程度上可以当成标度数据进行分析。

变量的测量方法需要结合变量的特征以及属性，例如性别、绿地类型等，只能是名义变量，无法将其变成其他类型的数据。但有些变量在测量其变量值的过程中，可根据需要采用不同的数据类型。例如年龄，我们可以把其测量为"是否是老年人"（名义数据），"儿童、青年、老人"（有序数据），或者直接让采访对象填数值。再如，一个变量是"跑步快慢"，其具体的测量就可以是某次比赛的名词（有序数据），也可以是他每小时的跑步距离（标度数据）。

需要强调的是，名义数据一般被认为是低层次的测量数据，而标度数据则是高层次的测量数据。标度数据可以变成有序数据以及名义数据，有序数据也可以转化成名义数据，反之则不可能。例如，我们知道一群人的年龄在6~80岁之间（标度数据），可以将其转化成三类有序数据：6~18岁（未成年人），19~59岁（中青年），60~80岁（老年人）。同样，适用于低层次测量数据的统计方法，也适用于较高层次的测量数据，因为后者具有前者的数学特性。比如：在描述数据的集中趋势时，对名义数据通常是计算众数；反之，适用于高层次测量数据的统计方法，则不能用于较低层次的测量数据，因为低层次数据不具有高层次测量数据的数学特性。比如，测度数量型数据可以计算平均数，但对于名义数据则不能计算平均数。区分测量的层次和数据的类型至关重要，因为不同类型数据的分析将需要采用不同的统计方法。

13.3 测量过程

如何测量变量并将其转化为变量值，取决于多种因素，如研究者、研究问题的性质、资源的可用性以及测量技术和策略的可用性。从研究中收集数据的准确性和质量直接依赖于测量过程的具体操作。可用的测量策略受限于研究者的知识面、研究能力以及时间。依据数据来源以及特点的不同，本书这里简单介绍两种测量过程。

测量过程核心注意事项：

1. 如有可能尽量依次选用标度数据、有序数据以及名义数据。
2. 有序数据一定要用奇数表征类别，即3，5，7，9，一般常用的是5类。
3. 测量方法最好选取常用途径，以使数据具有可比性以及可重复性。
4. 测量过程需要考虑信度和效度。

13.3.1 由一般到具体的测量过程

绝大多数研究的测量过程，都可以概括为从一般概念逐渐演化到具体变量值，包含一个由大到小，由模糊到清晰的梯度。特别是实际测量结构化数据时，由一般概念到具体变量值的测量过程是常态。例如社会调查中的测量往往既包括定量测量，如年龄、身高、温度；也包括定性的测量，如满意度的高、中、低，环境质量的优、良、中、差等。具体要在什么水平上测量变量的值，需要结合具体情况区别进行。本书这里列举两个由一般概念到具体测量逐步的测量过程。

第一个案例（图13-3）尝试研究某一地区的生态重要性，而生态重要性可以从多方面进行考虑，后续研究将其聚焦到珍稀物种以及水源地质量两个层面。珍稀物种可以通过物种类别以及物种保护级别两个具体的变量来进行测量，物种类别可以测量为种属科目等的名义数据，而物种保护级别则可以根据《濒危物种红色名录》分为8级，成为一个有序数据。水源地质量同样可以用储水量和水质等级两个变量来表征，储水量可以直接为多少立方米的标度数据，而水质等级可以依据《地表水环境质量标准》GB 3838—2002分为5类，成为一个有序数据。

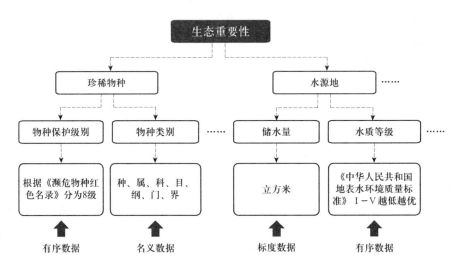

图13-3 生态重要性的
部分测量过程

第二个案例（图13-4）尝试研究某一公园的使用满意度，而满意度的概念可以分解成不同设施使用满意度以及公园整体满意度。公园整体满意度可以直接通过问卷打分测量，用1～5分值变成有序数据，值越大表示对整体公园越满意。不同设施使用满意度又可以进一步细化，通过界定设施类型为名义数据变量，找出不同的设施类型，之后再进行同样的打分测量，变成1～5之间的有序数据。

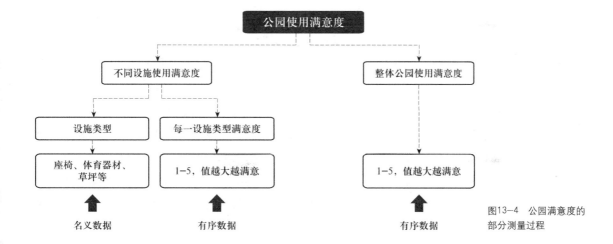

图13-4　公园满意度的部分测量过程

任何进行实际测量的研究方法都可以参考这个步骤，一步步思考如何实现概念、变量以及变量值之间的转换。即首先将模糊的概念变成可以操作的变量（第10章的重点内容），进而通过不同的测量转化为变量值，且每个变量值都有特定的数据类型，属于名义数据、有序数据以及标度数据的一种。

13.3.2　由非结构化到结构化的测量过程

这里所提及的过程主要是针对社会感知大数据的分析，因为大数据已经逐渐变成各种行业都尝试利用的数据来源。社会感知（Social Sensing）[7] 是近年来大数据背景下的热门话题，特指有助于理解社会经济状况的各种时空大数据以及这类数据的研究框架。它与遥感（Remote Sensing）相对应，指的是大数据时代产生的能够描述个体行为或者个体认知反馈的时空大数据，如出租车数据、手机数据、社交媒体数据等。这些数据可从三个方面揭示人地关系：① 活动和移动轨迹的刻画，如基于出租车、POI（Point of Interest）签到等数据获取海量移动轨迹，可以理解人在空间中的流动以及不同场所的使用状况[8]；② 情感和认知上的解读，如基于社交媒体数据可以揭示人们对于一个场所的感受[9]；③ 人际交互，如基于手机数据获取用户之间的通话联系信息获得人际交互的群体关系。

需要强调的是，社会感知大数据的产生本身不是为了分析"人地关系"而进行的测量，因而它的数据类型不具有研究的针对性，完全是一种自发的、非

[7]　Liu Y, Liu X, Gao S, et al. Social sensing: A new approach to understanding our socioeconomic environments[J]. Annals of the Association of American Geographers, 2015, 105(3): 512-530.

[8]　Donahue M L, Keeler B L, Wood S A, et al. Using social media to understand drivers of urban park visitation in the Twin Cities, MN[J]. Landscape and Urban Planning, 2018, 175: 1-10.

[9]　Wang Z, Jin Y, Liu Y, et al. Comparing social media data and survey data in assessing the attractiveness of Beijing Olympic Forest Park[J]. Sustainability, 2018, 10(2): 382.

结构化的数据。如果研究者在研究中要使用社会感知大数据进行分析，一定要进行数据类型的转化，即把各种非结构化、无针对性的大数据进行结构化转化，并在过程中实现对于变量的测量，进而形成对于研究有用的名义数据、有序数据以及标度数据。

本书这里以我们团队的研究为例，进行初步大数据转化的展示。主要利用的数据是大众点评对于公园的数据，考虑到数据获取的便利程度与研究的契合程度，以"北京""公园"为关键词在大众点评搜索，包含北京地区176个公园的数据。通过整理，数据被存储到本地数据库，详细的数据结构如表13-1所示，包含公园名称、评论时间、用户打分和评论内容这四部分。为深化研究这些数据，本团队最后选取六环内50个公园用于后续的分析。最终共得到17万条数据，时间跨度覆盖2006年10月到2018年12月。

表13-1：**数据结构**

公园	时间	星级	评论
北京奥林匹克森林公园	2018/10/13	5	奥林匹克森林公园很大，有好几个门，不过各个门交通都很方便，周末这里就是孩子们的天堂，深秋了，天气凉了，周日的孩子们也减少了，正好又可以一边锻炼，一边欣赏秋景了，只是跑起来老停下拍照，影响速度啊，不过能活动起来就是好猫，红叶银杏小菊花甚是漂亮啊！

由表13-1可以看出，文本数据完全是随意的观点表达，属于典型的非结构化数据，需要进一步的转化。除了前期的各种数据清洗以及数据准备工作，研究团队通过两个途径把这些非结构化的表述，转换成可以对公园进行评价的结构化数据。这里主要介绍的是我们的一个研究，即"如何通过社交媒体数据研究公园用户对于不同公园要素的评价"。这个研究题目包含两个变量用户评价（因变量）以及不同公园要素（自变量）。因而我们主要采用两个过程，分别对其进行测量。一个是通过建立景观要素词库，形成不同公园要素的名义数据，并结合数据分析形成另外一个变量值，不同公园要素出现频率（标度数据）；另外一个核心过程是通过机器学习，从文本中转换出公园要素的用户评价（标度数据）。主要的转化流程见图13-5。

公园要素分类的词库主要根据《公园设计规范》GB 51192—2016对公园要素的分类标准，同时结合城市公园绿色空间的特定环境，本研究归纳总结得到共计3大类，11小类的公园景观要素分类标准。过程中通过提取景观要素种子词库，同时借助知网进行"公园"关键词检索进一步丰富种子词库，并将其放入编码系统中。同时通过近义词和相似词语的删选，进一步扩大词库量。最终通过人工校对，删除、调整词语，形成完整的景观要素关键词词库。每个类别词语的个数和内容如表13-2所示。基于建立的景观要素词典，通过关键词

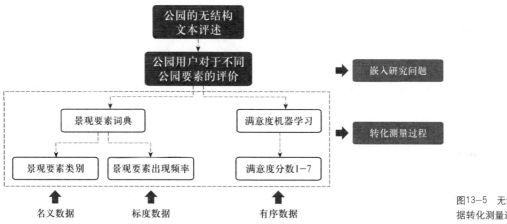

图13-5 无结构文本数据转化测量过程

匹配可以识别文本中哪些要素被提及，它属于什么类别，形成名义数据。同时通过计量每一类要素出现的次数，形成景观要素出现频率这一标度数据。

表 13-2：公园景观要素类型

	景观要素	要素说明
自然要素	地形	高程，坡度等
	植被	树木，花朵，草坪灯
	生物	鸟，蜜蜂，蝴蝶等
	水体	河流，湖泊等
文化要素	历史建筑	遗址建筑等
	游憩建筑	亭子，游廊，厅堂，展览中心等
	服务建筑	游客中心，厕所，餐厅等
配套设施	游憩设施	座椅，健身设备，活动场地，游船码头等
	服务设施	停车场，标志牌，垃圾桶和灯光等
	管理设施	景观维护设备，检票口，出入口等
	艺术设施	雕塑，石景等

满意度的打分主要依据李克特量纲[10]，将满意度分成七级。满意度分值如图13-6所示，由1到7满意度依次升高。其中，1~3分代表不满意4分代表满意度一般，无明显的满意度倾向，或者整体满意度为中性；而5~7分代表满意度较高。随机选取4500条评论作为机器学习的数据，在大致观察数据星级打分分布后，考虑到可能出现的数据分布不均问题，适当增加/删减部分星级的评论，保证机器学习任务的有效性。数据标注由两位专家共同完成。在数据标注过程中如果发生分歧，需要相互讨论、修改最终得到一致的值，保证数据标注的一致性标准，保证机器学习训练的科学性。专家标注的数据经过进一步的检验与核实后被分为两部分：训练集和测试集，前者占数据量的80%，后者占

---

[10] Likert R. A technique for the measurement of attitudes[J]. Archives of psychology, 1932.

20%。最后通过机器学习，将文本对于要素的满意度评价进行打分，形成有序数据。

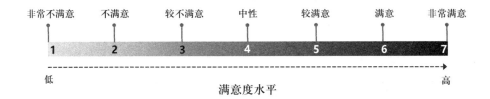

图13-6 满意度分值解释

需要说明的是，大数据的测量过程也包含由一般到具体的程序，只是这个过程直接和数据结构化处理相结合，其最终表现是一个将非结构化数据进行结构化处理的过程，且这个过程与如何开展和研究问题的界定密切相关。本书这里只是举了一个例子，其他相关研究也可以参照这里的程序，在明晰自己的研究问题以及自变量和因变量的基础上，巧妙地利用网络大数据开展相关变量的测量过程。

13.3.3　测量过程的核心注意事项

在进行测量的过程中，虽然可以采用的数据来源以及测量方法都很多，但无论具体采用哪种途径，本书建议重点关注以下几个事项。

（1）如有可能尽量依次选用标度数据、有序数据以及名义数据。前面已经提及了，高层次的数据可以转化成低层级的数据，而反之则不可行。同时采用高层次的数据类型可以在后续进行更多的数理分析，得到的研究发现也更多。因此在测量的过程中确保数据保持尽量高的层次是一种必要的思路。当然具体实施过程也要结合实际情况，比如有时受各种状况的限制，有些可以标度化测量的数据也不太能直接收集。例如，年龄和个人收入情况，这两个变量完全具有标度数据的属性，但一般在问卷中常常都以有序数据的形式存在，因为绝大多数人觉得这两方面的情况属于个人隐私，不喜欢直接回答自己的具体情况，但还是愿意选择一个范围值。在无法取得数据和降低数据质量的对比下，后者还是比前者要好。

（2）有序数据一定要用奇数表征类别，即3、5、7、9，一般常用的是5类。类型越多，得到的有效信息也越多，但测量起来也就越困难。选择奇数类别的优点是可以确保中间值是一个真正的中间状态，好的、坏的选项在两侧均匀分布。而初期做研究的人可能会用4或者6类测量有序变量，这使得数据分布不对称，造成不必要的误差。

（3）测量方法最好具有可比性以及可重复性。我们专业跨学科的研究可能需要紧密结合特定主题领域进行，而成熟的领域常常有既定的一些测量工具和方法，通过文献查找即可获得。例如，在心理学的研究文献中经常出现关于人格和抑郁的常见测量方法；生态学中也有各种对于生物多样性的测量方法。直接利用这些工具可以使自己所作研究的测量结果与已有研究之间进行比较。相反，使用晦涩或独特的工具和方法进行的研究，尽管其本身很有价值，但可能与已有研究或主题不太相关，最后会导致因为测量策略不一致而导致的结果不可比性。因此，建议直接找既定成熟的测量方法直接运用，除非特别有必要的情况下再自己建立新的测量体系。尽量避免把凭空想象当成创新的测量过程，这样会使研究不伦不类。

（4）测量过程需要考虑信度（reliability）和效度（validity）。无论采用何种方法，测量方法和仪器都应满足某些最低限度的测量要求确保研究中使用的测量策略的准确性和相关性。信度和效度是评价工具选择和其他测量策略相关的最常见和最重要的概念。信度是指测量结果的一致性、稳定性[11]。效度是指测量结果能够反映所想要研究内容的程度，测量结果与所需测量的事物越吻合，效度就越高，反之就越低[12]。比如测量某一地方生态重要性的时候，涉及一个变量"湿地面积"。研究通过一定的测量方法与过程，得到该地方有"1平方公里的湿地"，在这个测量里，1平方公里就是信度问题，如果每次用不同的方法都能得到1平方公里，那就说明这次测量的过程是可信的。而后面的湿地就是效度问题，如果不幸该研究过程通过遥感解译，误把一部分农业用地当成了湿地，那就说明这个测量过程的效度较差，无法有效测量研究想要测量的内容。

信度、效度整体而言还是比较复杂的概念，建议大家去查找相应的统计书，去深入学习信度、效度的不同类型。所有的研究都不能假定工具或战略是可靠或有效的，研究人员必须采取措施证明测量方法的可靠性和有效性。毕竟，研究必须以可靠和有效的方式测量变量，然后才能对它们之间的关系作出有意义的分析。

13.4　数据编码与码本

数据整理工作和数据测量过程密切相关，建议在数据测量的同时一定要同时启动数据检查以及数据编码工作，以防止后续工作中忘记记号或数值代表的含义，进而影响到研究工作的开展。

研究人员首先应该在数据测量的同时，建立一个数据码本（codebook）。

[11] Andrich D. Stability of response, reliability, and accuracy of measurement[J]. Educational and psychological measurement, 1981, 41(2): 253-262.

[12] Anastasi A, Urbina S. Psychological testing[M]. Prentice Hall/Pearson Education, 1997.

数据码本是一个书面的或计算机化的列表，它提供了数据库中包含的变量的清晰和全面的描述。当研究人员开始分析数据时，详细的代码本是必不可少的。此外，它还可以作为一个永久性的数据库指南，这样研究人员在试图重新分析某些数据时，不会受困于试图记住某些变量名的含义或某个分析中使用了哪些数据。最终，缺乏定义良好的数据码本可能会使数据库无法理解和无用。数据码本至少应包含每个变量的变量名、变量说明、可变格式（数字、数据、文本）、收集工具或方法等。参考图13-7。

问卷调查编码对照表					
项目	英文名称	变量代码	数据类型	值	备注
公园名称	Park	PARK	文本	公园名称（P1=奥林匹克森林公园、P2=北京市动物园、P3=天坛、P4=玉渊潭、P5=圆明园、P6=颐和园、P7=中华民族园、P8=红领巾公园、P9=玲珑公园、P10=植物园、P11=香山	
观鸟点	Position of Bird Observation	Posi_BO	文本	Pi+观鸟点代号，i为公园编号	
调查人员	Researcher	Researcher	文本	姓名首字母缩写	
问卷序号					
时间	date and time	DT	数值	按实际情况填写	
维度	Latitude	Lati	数值	按实际情况填写	
经度	Longitude	Longi	数值	按实际情况填写	
景观状况	Domain Landscape Type	Dom_LT	分类	1=以绿地景观为主，2=以地面铺装为主，3=均衡	
拥挤程度	Degree of Crowding	Crowd	分类	1=冷清，2=适中，3=拥挤	
天气	Weather	Weather	分类	1=晴天，2=多云，3=阴天	
性别	gender	GEN	计量	1=男，1=女	空格表示缺省
年龄	age	AGE	计量	按实际情况填写	
身份	identity	ID	分类	1=游客，2=新市民，3=老北京	空格表示缺省
家庭年收入	Annual Income	Annu_In	分类	1=6万元以下，2=6~10万元，3=10~14万元，4=11~19万元，5=19~30万元，6=30万元以上	空格表示缺省
公园访问目的	Purpose of Park Visiting	PPS_PV	计量	按重要性顺序赋值：第一选择赋值3，第二选择赋值2，第三选择赋值1	
公园访问频次	Frequency of Park Visiting	Freq_PV	分类	4=每周3-4次及以上，3=每周1~2次，2=每个月1~2次，1=数月一次或更低	
公园访问时长	Duration of Park Visiting	Dura_PV	分类	1=2小时以内，2=2~4小时，3=4~8小时，4=8小时及以上	
同伴	Companion	Companion	分类	1=无同伴，2=伴侣，3=孩子，4=父母，5=同学同事，6=亲戚朋友	
职业类别	Occupation	Occu	分类	1=党政机关工作人员	
				2=企事业单位职工	
				3=个体私营业主	
				4=大中专院校学生	
				5=农民	

图13-7 数据码本示例

数据码本的意义在于详细记录测量的过程以及方法，这样后续无论多久再重新回到数据进行分析，都可以数据码本为基础，很快开展工作。数据码本对于多人共同参与的研究更为重要，因为不同的研究者可能在过程中只参与了部分变量的测量工作，并不掌握项目数据的全局。数据码本就能很好地起到一个沟通交流的作用，通过标准化、明晰化整个测量以及测量记录过程，使得所有人都能够快速熟悉数据状态，快速推动研究的展开。

本章要点

1）什么是数据测量？数据测量的意义在哪里？

2）数据类型的常规分类有哪些？不同分类各自的特点是什么？

3）具体的测量过程如何操作，以及有哪些注意事项？

本章推荐练习

结合第10章作业里，你自己提出的研究问题以及因变量与自变量，通过不同的测量方法对你的变量进行测量，并说明变量值的数据类型。

第14章 数据分析基本方法

　　在前几章案头研究、研究综述、数据测量等基础上，本章进一步介绍实证研究最核心的步骤——数据分析。本章主要基于SPSS、Amos以及ArcGIS等软件，介绍几种常见的数据分析方法，并对其使用过程和结果进行初步解读，以帮助读者加深有关设计研究的基础分析方法的认识和理解，进而在处理数据时选择适合的分析方法，同时思考如何将不同的分析方法有机联系以加深对研究问题的认识。

　　本章内容主要介绍五种基本目的下的数据分析方法：描述统计、差异性分析、降维分析、关系分析以及空间分析。除了空间分析是比较独特的基于地理空间数据的分析，其他四种类型的数据分析涵盖了数据收集完毕之后的各种基本的分析流程。如图14-1所示，研究数据经过初步数据检查，剔除无效数据，确保数据质量之后，研究者就可以对自变量和因变量的相关数据进行描述统计分析（第①步），从而初步了解各个变量的基本分布规律以及数据情况。变量的描述统计是所有研究的必要步骤。之后根据变量个数的多少，判断研究的复杂性，确定是否需要进行降维分析以进一步对变量进行整理归类（第②步）。如不需要，可进一步考虑通过差异性分析，初步建立自变量和因变量之间的关系（第③步）。之后也可根据需要进一步通过关系分析，深层次理解自变量和因变量之间的关系（第④步）。

　　需要强调的是，并不是所有的研究都需要进行完整的四步。大部分设计研究只需第①和②步，或者简单开展第③步差异对比中所提到的各种分析就能得

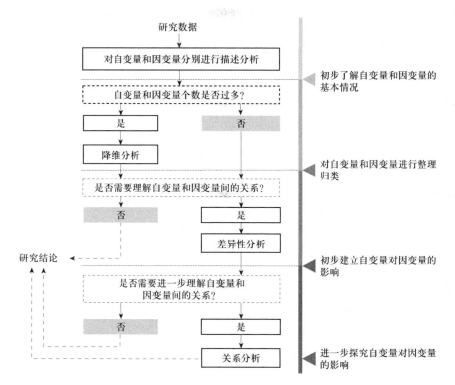

图14-1　由数据到研究结论的分析步骤及相关方法

到足够的发现与结论。仅少数设计研究需要走到第④步进行深入的数理关系分析。同时还有少量纯描述性研究，研究重点即是精确和全面的概括描述（第①步），只结合第①步已经能直接得出研究结论。

在本章中，描述统计分析主要讲述了频率分布描述和集中趋势描述；差异性分析，主要讲述T检验、方差分析、卡方检验和对应分析；降维分析，主要是因子分析和聚类分析；关系分析主要概括了相关性分析、线性回归分析、因果回路模型和结构方程模型；空间分析方面简单介绍景观格局指数和GIS空间分析的基本技术。对于每一部分，基本采用相同的叙述形式，即围绕一个或多个简单的案例，简要讲解每种分析方法的内涵，并附各相应分析的操作步骤及案例。需要说明的是，本章并没有概括所有的数理统计分析方法，而是挑选其中一些简单又基础的过程，初步讲解如何选用不同的分析方法，抛砖引玉，帮助读者在实际的工作和学习过程中，借助这些方法处理设计研究中的相关数据。若读者想要进行更深一步的了解，推荐阅读由北京大学陈彦光教授编写的两本书籍，出版于2011年的《地理数学方法》和出版于2010年的《基于Excel的地理数据分析》。

本章以课题组对城市公园用户的满意度研究为案例，具体介绍各种基本方法。研究的具体问卷（节选）如下：

问题1：请根据你所在的公园景观服务的状况进行满意度评估。答案没有对错之分，请在相应题号右边的评价值一栏中，在你认为最适合的数值上划√。注意：数字的含义如下：

1-------------2--------------3-------------4--------------5

非常不满意　不满意　　不确定　　满意　　非常满意

问题2：请您回答一些个人信息方面的问题：

（1）您的年龄：＿＿＿岁

（2）您的性别：①男　②女

（3）您目前家庭每月人均收入：①0-5000元　②5000-10000元　③10000-15000元　④15000元以上

（4）您的职业：①党政机关工作人员　②企事业单位职工　③个体私营业主　④大中专院校学生　⑤农民　⑥自由职业者　⑦无职业或其他

问题3：请根据你所在的公园整体的状况进行满意度评估。答案没有对错之分，请在相应题号右边的评价值一栏中，在你认为最适合的数值上划√。注意：数字的含义如下：

1-------------2--------------3-------------4--------------5

非常不满意　不满意　　不确定　　满意　　非常满意

研究具体数据集（节选）如下，其中公园用户的年龄和各类景观服务满意度评分为标度数据，公园用户的收入为有序数据，公园用户的性别和职业为名义数据（图14-2）：

序号	环境改善	生物多样性	历史文化	美学欣赏	教育	宗教	修复	娱乐活动	社会交往	年龄	性别
13	4	4	4	4	4	3	4	4	4	18	女性
14	5	5	5	5	5	5	5	5	5	16	男性
15	5	4	4	4	4	3	4	4	4	23	男性
19	4	4	4	4	4	3	4	4	4	26	男性
22	4	4	4	4	4	2	4	4	4	18	男性
25	5	5	4	5	5	3	5	5	5	39	男性
26	4	4	4	2	4	2	4	3	4	35	女性
27	4	4	4	4	4	4	5	5	5	42	女性
30	5	5	4	5	5	5	5	5	5	37	女性
33	4	4	3	4	2	4	4	4	4	36	女性
34	5	5	5	5	5	1	5	5	5	37	女性
35	5	5	5	5	5	5	5	5	5	5	男性
38	4	4	4	4	4	4	4	4	4	36	女性
39	3	3	3	3	3	4	3	3	4	26	男性
40	5	4	4	3	3	2	5	3	5	20	女性
41	5	4	3	4	4	3	4	4	4	39	男性
45	4	4	4	4	5	4	5	4	4	29	女性
53	5	5	5	1	5	1	5	5	5	22	男性
57	4	3	4	3	4	4	3	4	3	26	女性
58	4	4	4	4	4	4	4	5	4	18	男性
61	5	4	4	2	4	3	4	4	4	24	女性
65	5	5	4	4	5	3	4	5	4	20	女性
82	4	4	4	4	4	4	4	3	3	21	女性
86	4	5	4	4	5	2	4	5	4	22	男性
87	4	3	4	4	4	3	4	2	4	23	男性

图14-2　数据分析案例数据集（节选）

14.1　描述的常用分析方法

描述统计（Descriptive statistics）是通过数值表格或图形等形式，对研究数据进行汇总分析，以便于理解研究数据的一类统计方法并为推断研究的假设、推断和结论提供了必要的事实依据。描述统计是数理研究的中心与基础，不管是定性数据还是定量数据都是如此。在进行更高阶分析方法之前，描述性分析通常用于对研究样本进行初步了解与总结。描述性分析能够提供样本对于总体的代表性信息以及不同变量的数据分布情况。这一步骤建议对所有自变量以及因变量分别进行分析，以理解数据中的分布规律。本部分主要介绍频率分布和集中趋势描述。

如何选用恰当的描述统计方法见图14-3。基本逻辑是依据数据类型进行判断。无论是自变量还是因变量，如数据类型是名义数据，只能进行频率分布

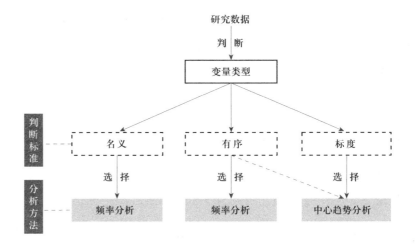

图14-3 描述统计的各类方法适用性（付宏鹏、徐敏 绘）

描述统计；如果是标度数据，可以进行集中趋势描述。有序数据绝大多数情况下采用频率分布描述，偶尔结合研究的需要，也可以采用集中趋势分析。

14.1.1 频率分布

1）方法介绍

频率分布是描述统计中最基本的方法之一，也是几乎所有统计分析的出发点和基础。频率分布是一个特定变量的所有可能值或分数的完整列表，以及每个值或分数在数据集中出现的次数（频率）。

频率分析能够揭示数据的分布类型和分布特征，对于定量数据，可以通过频率分布表、频率分布直方图等形式显示分布特征；对于定性数据，可通过饼图和条形图显示分布情况。但是，建议在分析数据分布时，特别是在差别不明显的时候，尽量不选用饼图，因为饼图并不容易看出大小差异，建议选择直方图或者柱状图代替。

2）操作过程与结果解读（图14-4~图14-6）

频率分布描述案例：公园用户年龄和性别的频率分布

分析方法	频率分布
操作过程	基于SPSS统计软件，SPSS数据视图下，点击图形→旧对话框→人口金字塔，将变量"样本来源"传入"拆分依据"，将变量"年龄组"传入"显示基于下列各项的分布"。

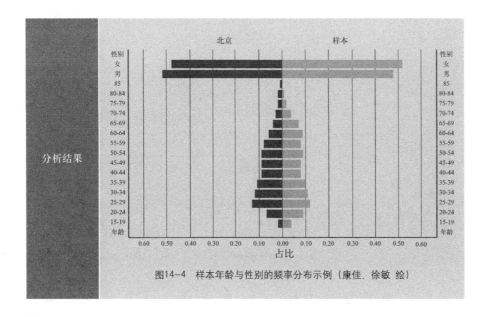

图14-4 样本年龄与性别的频率分布示例（康佳、徐敏 绘）

频率分布描述案例：公园用户年龄组的分布分析

分析方法	饼图和柱状图
操作过程	在SPSS中，饼图基本操作为：SPSS数据视图下，点击图形→旧对话框→饼图→个案组摘要，分区切片中勾选"个案百分比"，将变量"收入"传入"分区定义依据"，点击确定。双击图片，右键选择"添加数据标签"。 　　在SPSS中，柱状图基本操作为：SPSS数据视图下，点击图形→旧对话框→条形图→个案组摘要，分区切片中勾选"个案百分比"，将变量"收入"传入"类别轴"。双击图片，右键选择"添加数据标签"。
分析结果	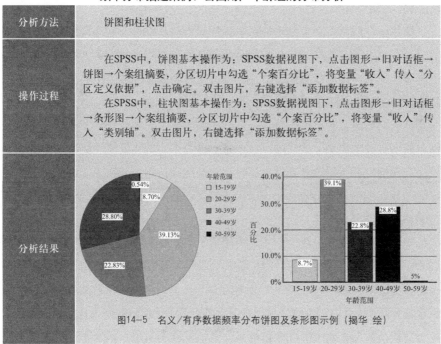

图14-5 名义/有序数据频率分布饼图及条形图示例（揭华 绘）

频率分布描述案例：公园用户对生物多样性服务的满意度分布分析

分析方法	频率分布直方图
操作过程	在SPSS中，其基本操作为：SPSS数据视图下，点击分析→描述统计→频率→选择"图标"→勾选"直方图"及"在直方图中显示正态曲线"。

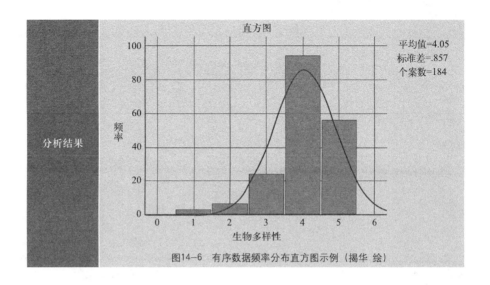

图14-6 有序数据频率分布直方图示例（揭华 绘）

14.1.2 集中趋势描述

1）方法介绍

描述统计的另一个重要指标是数据的集中趋势描述，即寻找数据的中心位置，这个中心值可以很好反映事物目前所处的位置和发展水平，通过对事物集中趋势指标的多次测量和比较，还能够说明事物的发展和变化趋势。衡量集中趋势广泛使用的指标包括算数平均数、中位数、众数。

算数平均数：算数平均数是最广泛使用的集中趋势指标。计算时只需将数据集的所有数字相加，然后除以样本量。算数平均数受极值或离群值的影响强烈，当数据集近似正态分布时，算数平均数比较接近中间位置，在数据偏离正态分布时，或者在数据集中存在极值时（偏态分布，Skewed Deistribution），会偏离中间位置。

中位数：中位数是数据分布的中间值。一般将所有值从最低到最高排序，居于中间位置的值为中位数。中位数与算数平均值相比，优势在于不受数据集合中异常值（Outlier）的影响。当数据呈偏态分布时，能够保持对数据集合中心位置的估算。因此，中位数常被用来度量具有偏斜性质的数据集合的集中趋势。

众数：数据集合中出现次数最多的数值被称为众数。如果在一个数据集合中，只有一个数值出现的次数最多，那么这个数值就是该数据集合的众数；如果有两个或多个数值出现的次数并列最多，那么这两个或多个数值都是该数据集合的众数；如果数据集合中所有数据值出现的次数相同，那么该数据集合没有众数。

以上三种反映集中趋势的指标各有特点，在反映集中趋势时也各有利弊。使用这些指标时，应根据不同的场合以及数据的不同特点加以选择，相互参考，相互印证。

2) 操作过程与结果解读（表14-1、图14-7）

集中趋势描述案例：一组服务满意度的集中趋势描述

分析方法	计算中位数、平均值和众数
操作过程	在SPSS中，其基本操作为：SPSS数据视图下，点击分析→描述统计→频率，将变量"生物多样性服务满意度"传入"变量"视窗，点击"统计"卡，在"集中趋势"切片中，勾选"平均值""中位数""众数"等。
分析结果	表14-1：中位数、平均值和众数计算结果（揭华 绘） 统计 生物多样性

表14-1：中位数、平均值和众数计算结果（揭华 绘）

统计		
生物多样性		
个案数	有效	184
	缺失	0
平均值		4.05
中位数		4.00
众数		4

SPSS将会快速计算一组数据中的平均值，中位数和众数。并对个案数有效与否进行判断。结果显示该组生物多样性服务满意度的平均值是4.05分，中位数为4.00分，出现最多的打分为4分。

集中趋势描述案例：一组公园用户年龄的集中趋势描述

分析方法	绘制箱型图
操作过程	在SPSS中，其基本操作为：SPSS数据视图下，图形→旧对话框→箱图→单独变量摘要，将变量"年龄"传入"箱表示"。
分析结果	

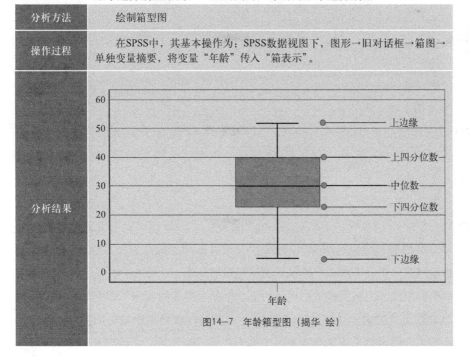

图14-7 年龄箱型图（揭华 绘）

14.2　降维分类的常用分析方法

使用提示：

因子分析主要针对变量进行降维，聚类分析主要针对样本进行分类。

　　数据分析中，一般在两种情况下需要考虑降维与分类相关的分析：一是研究本身想探究样本之间的关系并希望对整体样本进行分类；二是面对较大的数据集，也常常需要降维。这里的"大"，一是指样本量大（如千万量级），二是指高维度，如几十、几百个变量，且不同变量之间存在各种复杂的相关性。在正式分析这些数据前，需要对它们做预处理，从而缩减数据维度，提升后期数据分析的质量以及数据结果的解释力度。

　　方法选择上，虽然变量也可以进行聚类分析，但设计研究中并不常用。因而本章主要介绍适用于变量降维的因子分析，以及能够将样本进行分类的聚类分析。图14-8针对变量进行的，采用因子分析，针对样本进行的分类，采用聚类分析。

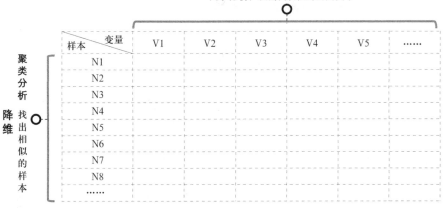

图14-8　各降维与分类的差异（付宏鹏 王璐 绘）

　　本章简单介绍三种最常用的方法与概念：主成分分析（PCA）、因子分析、聚类分析，三种分析方法既有区别也有联系。主成分分析是一种处理高维数据的方法，它将高维数据以尽可能少的信息损失投影到低维空间，也就是找出少数几个主成分（变量），使它们尽可能多地保留原始变量的信息，且彼此不相关。每个原始变量在主成分中都占有不同的分量，之间的大小没有清晰的分界线，因此这就造成无法明确表述主成分代表原始变量，简单而言所提取出来的主成分无法准确地解释其代表的含义。

因子分析是另一种简化数据的方法，它着重于研究变量的内在关系。因子分析将每个变量分解为公共因子和独特因子两部分，公共因子部分是由原始变量内含的公共因子构成，独特因子部分是每个变量独有的因子。因子分析在提取公因子时，不仅考虑了变量间是否具有相关性，而且结合了相关关系的强弱，因而提取的公因子不仅起到降维的作用，而且能够被很好的解释。

聚类分析是通过刻画每个个体或每个变量之间关系密切程度，根据相似程度，将个体或变量进行分类，更客观实际地反映事物的内在必然联系。聚类可以理解为：类内的相关性尽量大，类间相关性尽量小。其目的是把原来的对象集合分成相似的组或簇，来获得某种内在的数据规律。

从三类分析的基本思想可以看出，聚类分析中并没于产生新变量，但是主成分分析和因子分析都产生了新变量。从三种方法的数据标准化的过程可以看出，聚类分析中，需要根据实际情况确定是否对变量值进行标准化，即消除量纲的影响，且不同标准化方法，会导致不同的聚类结果。主成分分析通常需要将原始数据进行标准化，将其转化为均值为0方差为1的无量纲数据。而因子分析不要求得分标准化，因为在因子分析中可以通过很多解法来求因子变量，并且因子变量是每一个变量的内部影响变量，它的求解与原始变量是否同量纲关系并不太大。不过在实际应用的过程中，建议在使用因子分析前还是要进行数据标准化。

14.2.1　因子分析

1）方法介绍

因子分析法和主成分分析法都是用少数的几个变量（因子）来综合反映原始变量（因子）的主要信息。变量虽然较原始变量少，但所包含的信息量却最好要占原始信息的80%以上，所以，即使用少数的几个新变量表示，可信度也很高，也可以有效地解释问题。在主成分分析中，最终确定的新变量是原始变量的线性组合。如原始变量为X_1，X_2，...，X_3，经过坐标变换，将原有的p个相关变量X_i作线性变换，每个主成分都是由原有p个变量线性组合得到。在诸多主成分Z_i中，若Z_1在方差中占的比重最大，说明它综合原有变量的能力最强，越往后主成分在方差中的比重也小，综合原信息的能力越弱。

因子分析与主成分分析是包含与扩展的关系。由于主成分分析存在现实含义解释力弱的缺陷，斯皮尔曼在主成分分析的基础上进一步扩展出新的分析方法——因子分析。因子分析通过因子轴旋转克服主成分分析解释障碍。因子轴旋转可以使原始变量在公因子（主成分）上的载荷重新分布，从而使原始变量在公因子上的载荷两极分化，这样公因子（主成分）就能够用那些载荷大的原始变量来解释。对新产生的主成分变量及因子变量计算其得分，就可以将主成分得分或因子得分代替原始变量进行进一步的分析。SPSS中根据两者的关系将主成分分析嵌入到因子分析中，且对于设计研究，因子分析更加实用，运用更加广泛，本章主要为读者介绍因子分析的过程和结果。

2）操作过程与结果解读

因子分析操作过程：

在SPSS中，其基本操作为：SPSS数据视图下，点击分析→降维→因子分析。将所有目标变量传入变量视窗。点击"描述"，勾选"KMO和巴特利特球形度检验"。点击"提取"，勾选"碎石图"。点击"旋转"，勾选"最大方差法""旋转后的解""载荷图"。继续点击"选项"，勾选"按大小排序""排除小系数"。

以课题组对北京市城市公园9项景观服务满意度调研结果为例，在SPSS中进行因子分析。结果如下（表14-2a）：

表14-2a：KMO和巴特利特检验

KMO和巴特利特检验		
KMO取样适切性量数		0.847
巴特利特球形度检验	近似卡方	2169.257
	自由度	36
	显著性	0

可见，KMO巴特利特球形检验为0.847（KMO>0.6，显著性为0.000<0.05），说明主成分提取有效（表14-2b）。

表14-2b：因子分析解释示例

成分	初始特征值			提取载荷平方和		
	总计	方差百分比	累积%	总计	方差百分比	累积%
1	3.796	42.173	42.173	3.796	42.173	42.173
3	1.234	14.709	67.402	1.234	14.709	67.402
5	1.037	11.520	81.153	1.037	11.520	81.153
6	0.502	5.578	86.731			
7	0.446	4.951	91.682			
8	0.394	4.374	96.056			
9	0.355	3.944	100.000			

由表可知，特征值大于1的主成分为3项，且因子分析的方差解释度大于80%，同时问卷结构有效（KMO>0.6），所以在本案例中，9项景观服务变量

可以通过因子分析法降维为3项变量（表14-2c）。

表 14-2c：因子载荷矩阵表

	旋转后的成分矩阵a，b		
	成分		
	1	2	3
娱乐活动	0.797		
社会交往	0.696		0.274
修复	0.644	0.499	
环境改善	0.621	0.526	0.167
教育		0.803	0.169
历史文化		0.782	0.244
美学欣赏	0.564	0.587	
宗教		0.14	0.887
生物多样性	0.309	0.279	0.718

由上表可见，阴影字体是每个成分上的载荷。根据每个成分上变量的综合性质，可将成分1命名为身体健康服务，成分2命名为精神健康服务，成分3命名为其他服务。

此外，通过旋转前后的因子空间载荷图，可以得出各个因子对于不同成分的重要程度，即成分得分系数矩阵（表14-2d）：

表 14-2d：成分得分系数表

	成分得分系数矩阵a		
	成分		
	1	2	3
环境改善	0.206	0.144	−0.04
生物多样性	0.03	−0.047	0.488
历史文化	−0.216	0.451	0.034
美学欣赏	0.171	0.227	−0.155
教育	−0.193	0.471	−0.036
宗教	−0.109	−0.111	0.686
修复	0.251	0.168	−0.222
娱乐活动	0.468	−0.255	−0.014
社会交往	0.365	−0.214	0.147

根据以上的成分得分系数矩阵可以计算出各个公因子的得分，将9个服务指标的内在隐含因素提取出来，计算公式为：

$$F_1=0.206X_1+0.03X_2+...+0.365X_9$$
$$F_2=0.144X_1-0.047X_2+...-0.214X_9$$
$$F_3=-0.04X_1+0.488X_2+...+0.147X_9$$

14.2.2　聚类分析

1）方法介绍

聚类分析指的是对称矩阵来探索相关关系分析的结果为群集。依据实验数据本身所具有的特征对进行分组和归类，从而了解数据集内在结构，描述每一个数据集过程。

聚类分析的基本思想是：通过分析多因素的联系和主导作用，采用多样本的统计值定量地确定各样本之间的关系，并按亲疏差异程度将样本归入不同的分类，使分类更具客观实际并能反映事物的内在必然联系。简单而言，这是根据变量域之间的相似性把研究对象转换多维空间中的点，并逐步归群成类的方法，它能客观地反映这些变量或区域之间的内在组合关系。

常用的聚类方法分为两步聚类、K聚类和系统聚类，三者之间比较见图14-9。具体使用时，需要结合数据类型以及样本大小进行选择。选择上来讲，K聚类只适用于大样本（5000个以上）标度数据。K聚类（K-Means）是聚类算法中最常用的一种。该算法最大的特点是简单，好理解，运算速度快，可人为指定初始位置。然而，聚类数量主要依靠经验判断，一般需要反复尝试，以提高研究结果的解释性。

设计研究一般情况下样本量都不大，且常常使用名义和有序变量，更适合

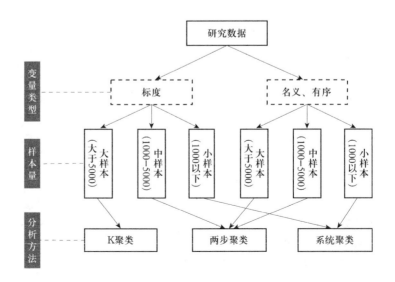

图14-9　聚类分析的各类方法适用性（付宏鹏、徐敏 绘）

使用两步聚类和系统聚类。两步聚类是一个探索性的分析工具，为揭示自然的分类或分组而设计，是数据集内部的而不是外观上的分类，目前主要在数据挖掘和多元数据统计的交叉领域应用较多。系统聚类又称层次聚类，顾名思义是指聚类过程是按照一定层次进行的。数据分析过程中如果需要按变量（标题）聚类，一般使用分层聚类，并且结合聚类树状图进行综合判定分析。系统聚类的基本思想是，在聚类分析的开始，每个样本（或变量）单独作为一组，然后按照某种方法度量所有样本（或变量）之间的亲疏程度，把距离相近的样本（或变量）先聚成类，距离相远的后聚成类，如此反复，直到所有样本（或变量）聚成一类为止。

2）操作过程与结果解读

聚类分析操作过程：

两步聚类：在SPSS中，其基本操作为：SPSS数据视图下，点击分析→分类→二阶聚类。根据变量类型，将相应的目标变量传入变量视窗。点击"选项"，勾选"使用噪声处理"。将所有连续变量从左侧传入右侧。

K聚类：在SPSS中，其基本操作为：SPSS数据视图下，点击分析→分类→K聚类。将相应的目标变量传入变量视窗。根据需要，传入个案标注依据。根据需要更改"聚类数"。点击保存，勾选"聚类成员"。

系统聚类：在SPSS中，其基本操作为：SPSS数据视图下，点击分析→分类→系统聚类。将相应的目标变量传入变量视窗。聚类类型选择"变量"。根据需要，传入个案标注依据。点击"图"，勾选谱系图。

以课题组对北京市11个城市公园进行的9项景观服务满意度为例。将9项有序服务变量进行二阶聚类，结果如图14-10所示。

由图可见，共输入9个变量，可将所有个案聚为2类，聚类的平均轮廓值为0.6（其范围为-1~1，值越大越好）。右侧饼图为各类占比情况。实际SPSS操

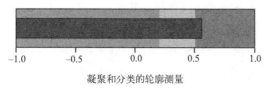

模型概要

算法	两步
输入	9
聚类	2

聚类质量

凝聚和分类的轮廓测量

聚类大小

27.3%

72.7%

最小聚类大小	108（27.3%）
最大聚类大小	288（72.7%）
大小的比率：最大聚类比最小聚类	2.67

图14-10　两阶聚类结果示例（王璐 绘）

作中，双击图片，可以在模型查看器的最下方，选择显示类别。

可见，在对聚类的重要性上，精神体验最重要，社会交往是最不重要的（如图14-11）。

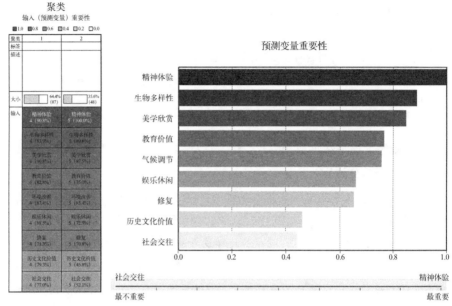

图14-11 两步聚类结果示例（王璐 绘）

14.3 差异性分析

> **使用提示：**
>
> 因为差异项检验对数据分布正态性有较严格的要求，所以一般首先需对变量进行正态性检验。然后再根据因变量数据类型和自变量的类别数量（如图14-12），选择合适的检验方法。

具体来说，在设计研究中，通常包括以下四类分析方法，分别是T检验、方差分析、对应分析和非参数检验。四种方法核心区别在于数据类型和自变量组别数量的差异，其中，非参数检验一般在因变量为未知分布或非正态分布数据时适用，适用于所有数据类型，一般对自变量的类别数量也无要求。对应分析一般在因变量为名义及有序数据等类别变量时适用，一般用于不同类别数据差异的分类可视化。如果因变量是符合正态分布的标度数据，一般使用方差分析或者T检验。方差分析和T检验的区别在于，对于T检验的自变量来讲，一次仅能检验两组，比如男和女。如果同时要检验的自变量组别为3个及以上，比如不同职业的公园用户，就只能使用方差分析。

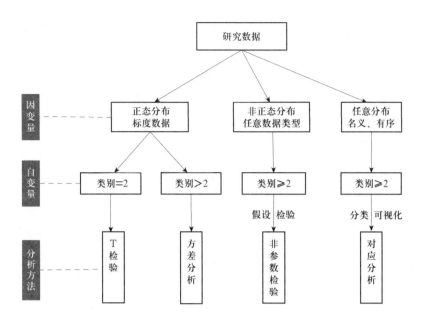

图14-12 差异性分析的各类方法适用性（付宏鹏、徐敏 绘）

14.3.1 T检验

1）方法介绍（图14-13）

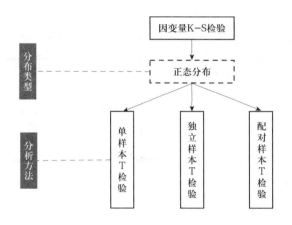

图14-13 T检验的各类方法适用性（付宏鹏、徐敏 绘）

T检验一般可分为三大类型，分别是独立样本T检验，配对样本T检验和单样本T检验，三种检验方法均要求因变量服从正态分布，若因变量不符合正态分布，则需要使用非参数检验。对设计研究而言，最为常用的T检验方法是独立样本T检验。

独立样本T检验是对两个独立样本均值之间的差异性进行检验，用于检验两个独立样本是否来自具有相同均值的总体。该检验方法的特点是要求样本数量为两个，且相互独立，比如男性和女性。

配对样本T检验是用于检验两个相关的样本是否来自具有相同均值的总

体。该检验方法要求研究的两组样本量需要完全相等，且样本值之间的配对是一一对应的，一般比较两个配对样本（如实验组和对照组）之间的差异。

单样本T检验是检验单个变量的均值是否与假设检验值（给定的常数）之间存在差异。比如，问卷某题选项1～5分分别代表非常不满意—非常满意，当分析样本对此题项的态度是否有明显的倾向，比如明显高于3分或者明显低于3分时，即可使用单样本T检验。

2）操作过程与结果解读
单样本T检验操作过程：

在SPSS中，其基本操作为：SPSS数据视图下，点击分析→比较平均值→单样本T检验。将变量"各项服务满意度"传入检验变量视窗，将"检验值"设为3。点击确定。验证用户满意度评分与预设目标之间的差异性。

以课题组对城市公园用户的各项景观服务满意度调研结果为例，在SPSS中进行单样本T检验，分析用户对各项服务的实际满意度均分与理论平均得分（即3分）是否存在显著性差异。结果如下：

表 14-3a：公园用户对于各项景观服务满意度的单样本 T 检验结果

	检验值=3				差值 95% 置信区间	
	t	自由度	显著性（双尾）	平均值差值	下限	上限
环境改善	23.986	183	0.000	1.1576	1.062	1.253
生物多样性	18.218	183	0.000	1.0217	0.911	1.132
历史文化	14.028	183	0.000	0.8152	0.701	0.930
美学欣赏	11.241	183	0.000	0.6957	0.574	0.818
教育	20.452	183	0.000	1.1304	1.021	1.239
宗教	-.437	183	0.663	-0.0326	-0.180	0.115
修复	23.191	183	0.000	1.1793	1.079	1.280
娱乐活动	10.100	183	0.000	0.6630	0.534	0.793
社会交往	25.717	183	0.000	1.3098	1.209	1.410

由表14-3a，首先判断显著性是否小于0.05，p<0.05为显著差异。然后，通过平均值差值分析实际评分与理论平均分差异。由表14-3a可知，公园用户对宗教的实际满意度均分与理论平均分没有显著差异，对其他8种服务的实际满意度均分与理论平均分具有显著差异，且普遍高于理论平均分。

独立样本T检验操作过程：

在SPSS中，其基本操作为：SPSS数据视图下，点击分析→比较平均值→独立样本T检验，将变量"满意度"传入检验变量视窗，将变量"性别"传入分组变量视窗。点击"定义组"，将公园类型中的要比较的组的序号分别传入"男性"、"女性"。

以课题组对不同性别城市公园用户的满意度评价差异分析结果为例，在SPSS中进行独立样本T检验。结果如下（表14-3b、表14-3c）：

表 14-3b：不同性别对于公园的满意度差异的独立样本 T 检验结果

	性别	个案数	平均值	标准差
公园满意度	男性	253	2.17	1.077
	女性	209	2.14	1.023

表 14-3c：不同性别对于公园的满意度差异的独立样本 T 检验结果

		莱文方差等同性检验		平均值等同性 t 检验		
		F	显著性1	t	自由度	显著性2
公园满意度	假定等方差	0.96	0.33	0.31	460.00	0.76
	不假定等方差			0.31	451.12	0.76

首先需要注意的是，先进行假设检验，设定显著性水平alpha，alpha=0.05或0.01比较常见，p-value<alpha，则拒绝原假设，然后判断显著性1是否小于0.05，显著性1小于0.05的时候，选择显著性2的第二行的结果；显著性1大于0.05的时候，选择显著性2第一行的结果。然后判断显著性2的结果p是否<0.05，如p<0.05，则代表具有显著差异。由表14-3c可知，显著性1的p>0.05，显著性2第二行的p>0.05，因而不同性别对于公园的满意度评价没有显著差异。

14.3.2　方差分析

1）方法介绍

方差分析是对数据的变异量进行分析，一般用于多个样本均数差别的显著性检验，研究诸多自变量中对于因变量具有显著性影响的变量，及其影响的最佳水平。因素是指方差分析中的每一个独立的变量，因素中的内容称为水平。一般将研究对象的总体取值称为观测因素或因变量，而影响因变量的因素称为控制因素或自变量。根据因变量的个数，方差分析可分为单变量方差分析和多变量方差分析。根据因素的个数，方差分析又可以分为单因素方差分析和多因素方差分析。

　　SPSS中，也提供了针对每种方差分析方法的命令，本节将对设计研究常用的单因素方差分析和多因素方差分析方法进行介绍，两种方法均要求自变量为有序/名义变量，因变量为标度变量，且因变量数据分布属于正态分布，若因变量不属于正态分布，且样本量很小则可以考虑使用非参数检验方法。方差分析的步骤一般包括方差齐性检验，计算各项的平方和与自由度，F检验和事后多重比较四个步骤，特别需要注意的是在事后多重比较中，包括"假定方差齐性"和"未假定方差齐性"两类，前者包括14种均值比较方法，其中LSD、Bonferroni、Sidak、Scheffe、Hochberg's、GT2、Gabriel、Dunnet可以用于多重比较检验，其余方法用于范围检验，后者包括Tamhane、Games-Howell、Dunnet's T和Dunnet's C四种检验方法。对于"假定方差齐性"，一般进行验证性研究，宜用LSD和Bonferroni法，若进行探索性研究，且各组人数相等，宜用Tukey法，其他情况宜用Scheffe法。对于"未假定方差齐性"，一般宜用Tamhane或Games-Howell法。由于这方面目前统计学尚无定论，该标准仅供参考，建议读者在方差不齐时直接使用非参数检验的方法。

　　单因素方差分析，用于分析单个自变量的不同水平是否对因变量产生显著影响。该检验方法不仅可以检验单一因素是否显著影响因变量，还可以检验自变量的若干水平分组中，哪一组与其他各组均值具有显著性差异，具体步骤如图14-14所示。在使用单因素方差分析时，一般要求每个选项的样本量大于30。如某个选项样本量过少时，应该首先进行组别合并处理。比如，研究不同年龄组样本对公园的满意度时，18岁及以下年龄组的样本量为10个，此时需要将18岁及以下年龄组与其他组（比如19~29岁）进行合并后，再进行单因素方差分析。如果选项无法进行合并处理，比如研究不同职业对于某一公园满意度的差异时，研究样本的职业共分为企事业单位职工、大中专院校学生、农民、自由职业者、无业人员五类，其中无业人员样本量仅有10个，不具代表意义，

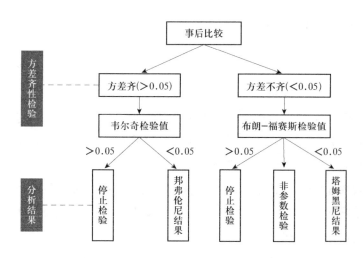

图14-14　单因素方差分析事后比较读取顺序（徐敏、付宏鹏 绘）

同时这五类职业之间彼此独立，无法进行组别合并，因此可以考虑剔除无业人员的样本，仅比较其他四类职业对于公园满意度的差异（图14-14）。

多因素方差分析，用于分析多个因素对一个因变量产生的影响，它与单因素方差分析最大的区别是既研究多个因素对一个因变量的影响，还研究这些因素之间的交互作用对因变量的影响。比如，研究者测试不同公园用户对公园的满意度是否有影响；研究共招募90名受访者，男女各45名，男女分别再细分为年轻人和老年人；同时不同职业对于公园满意度的评价可能有干扰，因而也纳入考虑范畴中。因而最终，自变量共分为三个，分别是年龄组、性别，职业；因变量为满意度水平，因而需要进行多因素方差分析（图14-15）。

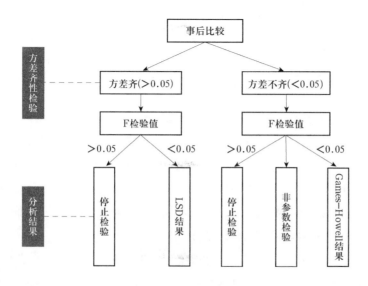

图14-15 多因素方差分析事后比较读取顺序（徐敏、付宏鹏 绘）

2）操作过程与结果解读

单因素方差分析操作过程：

在SPSS中，其基本操作为：SPSS数据视图下，点击分析→比较平均值→单因素ANOVA，将变量"环境改善"和"社会交往"传入"因变量列表"视窗，将变量"职业"传入"因子"视窗。点击确定。

当组别超过3个时，考虑事后检验。SPSS中，在上一步操作的基础上，点击"事后比较"，在"假定等方差"中，检验类型可根据研究需要进行选择，本研究勾选"邦弗伦尼"，在"不假定等方差"切片中，勾选"塔姆黑尼"。点击继续。点击"选项"卡，勾选"描述"、"方差齐性检验"、"布朗-福赛斯"、"韦尔奇"。

以课题组对城市公园不同职业用户对两项服务的满意度调研结果为例，在SPSS中进行单因素ANOVA检验。结果如下（表14-4）：

表14-4a：方差齐性检验

	莱文统计	自由度1	自由度2	显著性
环境改善	1.123	6	428	0.348 ①
社会交往	1.327	6	428	① 0.013

表14-4b：单因素方差分析结果

		平方和	自由度	均方	F	显著性
环境改善	组间	493.331	6	82.222	3.590	0.002 ②
	组内	5015.487	219	22.902		
	总计	5508.819	225			
社会交往	组间	439.756	6	73.293	1.315	0.252
	组内	12207.926	219	55.744		
	总计	12647.681	225			

表14-4c：韦尔奇及布朗-福赛斯检验结果

		统计a	自由度1	自由度2	显著性
环境改善	韦尔奇	3.010	6	80.343	0.011
	布朗-福赛斯	3.198	6	90.075	0.007
社会交往	韦尔奇	2.697	6	80.045 ②	0.020
	布朗-福赛斯	2.206	6	79.096	0.041

a. 渐近 F 分布。

表14-4d：事后检验结果（部分）

因变量		I职业	J职业	平均值差值	标准误差	显著性
环境改善	邦弗伦尼	1	2	0.9	2.654	1
			3	4.412	2.633 ③	1
		2	1	- 0.9	2.654	1
			3	3.512	1.681	0.795
		3	1	-4.412	2.633	1
			2	-3.512	1.681	0.795
	塔姆黑尼	1	2	0.9	3.878	1
			3	4.412	3.839	0.999
		2	1	- 0.9	3.878	1
			3	3.512	1.613	0.502
		3	1	-4.412	3.839	0.999
			2	-3.512	1.613	0.502
社会交往	邦弗伦尼	1	2	3.084	1.701	1
			3	5.559*	1.688	0.024
		2	1	-3.084	1.701	1
			3	2.474	1.078	0.475
		3	1	-5.559*	1.688	0.024
			2	-2.474	1.078	0.475
	塔姆黑尼	1	2	3.084	2.212	0.988
			3	5.559	2.224 ③	0.468
		2	1	-3.084	2.212	0.988
			3	2.474	0.943	0.199
		3	1	-5.559	2.224	0.468
			2	-2.474	0.943	0.199

* 平均值差值的显著性水平为0.05。

通过方差齐性检验，得到公园环境改善齐性检验的显著性水平为0.348，大于0.05，所以方差齐，选择F检验的结果；公园社会交往齐性检验的显著性为0.013，小于0.05，方差不齐，选择韦尔奇及布朗-福赛斯检验结果。

由表14-4b可见，环境改善的F检验结果为0.02，小于0.05，所以事后检验选择邦弗伦尼检验结果，如表14-4d，可知不同职业的公园用户的对于公园环境改善服务的满意度评价无显著性差异。

由表14-4c可见，社会交往的韦尔奇检验和布朗-福赛斯检验的结果均小于0.05，因而在事后检验中选取塔姆黑尼检验结果，如表14-4d，可知不同职业的公园用户的对于公园社会交往服务的满意度评价无显著性差异。

多因素方差分析操作过程：

在SPSS中，其基本操作为：SPSS数据视图下，点击分析→一般线性模型→单变量，将"满意度"传入"因变量"中，将"收入"和"性别"传入"固定因子"视窗。点击"事后比较"，在弹出的对话框中，将左侧变量传入右侧框中，"假定方差齐性"检验类型可根据研究需要进行选择，本研究选择"Tukey"和"LSD"，点击确定。点击"模型"，在弹出的"单变量：模型"的对话框中选择"全部"（当变量之间不存在交互作用时，构建项类型选"主效应"，当变量之间存在交互作用时，构建项类型中选"全部"），将左侧变量传入右侧，点击继续。点击"选项"，勾选"描述统计"和"齐性检验"。

以课题组对城市公园不同收入、不同性别用户对公园的满意度调研结果为例，在SPSS中进行多因素方差分析检验。结果如下（表14-5）：

通过方差齐性检验，得到公园满意度齐性检验的显著性水平为0.449，大于0.05，所以方差齐，事后比较选择"LSD"检验的结果。

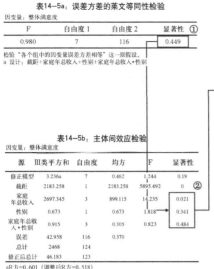

表14-5a：误差方差的莱文等同性检验

因变量：整体满意度

F	自由度 1	自由度 2	显著性 ①
0.980	7	116	0.449

检验"各个组中的因变量误差方差相等"这一原假设。
a 设计：截距+家庭年总收入+性别+家庭年总收入*性别

表14-5b：主体间效应检验

因变量：整体满意度

源	III类平方和	自由度	均方	F	显著性 ②
修正模型	3.236a	7	0.462	1.244	0.19
截距	2183.258	1	2183.258	5895.492	0
家庭年总收入	2697.345	3	899.115	14.235	0.021
性别	0.673	1	0.673	1.818	0.341
家庭年总收入*性别	0.915	3	0.305	0.823	0.484
误差	42.958	116	0.370		
总计	2468	124			
修正后总计	46.183	123			

aR方=0.601（调整后R方=0.518）

表14-5c：多重比较

因变量：整体满意度

(I) 家庭年总收入	(J) 家庭年总收入	平均值差值 (I-J)	标准误差	显著性 ④	95% 置信区间 下限	置信区间 上限
4	5	-.34*	0.168	0.047	-0.67	0
	6	-0.26	0.16	0.107	-0.58	0.06
	7	-0.28	0.155	0.071	-0.59	0.02
5	4	.34*	0.168	0.047	0	0.67
	6	0.08	0.151	0.609	-0.22	0.38
	7	0.06	0.145	0.705	-0.23	0.34
6	4	0.26	0.16	0.107	-0.06	0.58
	5	-0.08	0.151	0.609	-0.38	0.22
	7	-0.02	0.136	0.87	-0.29	0.25
7	4	0.28	0.155	0.071	-0.02	0.59
	5	-0.06	0.145	0.705	-0.34	0.23
	6	0.02	0.136	0.87	-0.25	0.29

LSD ③

整体满意度

	家庭年总收入	个案数	子集1
Tukey	4	22	4.18
	6	34	4.44
	7	41	4.46
	5	27	4.52
显著性			0.054

将显示齐性子集中各个组的平均值。
误差项为均方（误差）=0.370。
a 使用调和平均值样本大小=29.348。
b 组大小不相等，使用了组大小的调和平均值。无法保证1类误差级别。
c Alpha=0.05。

由表14-5b可见，主体间效应检验的结果中，收入的主效应显著为0.021<0.05，性别的主效应为0.341>0.05，说明不同收入的公园用户满意度差异显著；收入和性别的交互效应为0.484>0.05，说明性别与收入的交互效应不显著。

由于方差齐，因而在事后比较中选取"LSD"检验。由表14-5c可见，事后比较中，由于性别只有两个类别，无需多重比较。收入的结果中，组4和组5的显著性水平小于0.05，具有显著性差异，而其他组别之间无显著性差异，因而可知不同收入的用户对于公园的满意度评价具有显著性差异，主要是由于收入组别中组4与组5之间存在显著性差异。

14.3.3 非参数检验

1）方法介绍

在设计研究中，很多情况下，我们无法确定变量是否服从正态分布或其他参数分布，此时，在对两个或多个总体分布特征是否相同进行假设检验时，往往需要进行非参数检验方法。非参数检验是对总体分布不做假定，直接从样本的分析入手推断总体的分布。非参数检验适用于小样本数据、总体分布未知或偏态、方差不齐等情况。与参数检验相比，非参数检验具有不需要假设总体分布、检验结果稳定、运算过程简单、适用范围广等优点。但是同时也会存在检验效能低、无法检验交互作用等缺陷。一般在数据符合参数检验条件时，建议优先采用T检验、方差分析等参数检验方法。

SPSS中提供了多种非参数检验方法的命令，本节将对设计研究常用的卡方检验、两独立样本检验和多独立样本检验三种方法进行介绍，三种方法均对变量的数据类型和总体分布类型没有要求。

卡方检验用于检验总体分布是否服从指定分布的一种检验方法。卡方检验既可以引用于单个样本的频率分布是否符合给定的理论分布，即拟合优度检验，也可以应用于检验两个或以上样本的总体分布是否相同，即差异性检验。例如，分析两组公园用户对于公园满意度的差异情况。卡方检验的基本步骤一般包括建立虚无假设，计算理论频率和卡方值，依据分析结算结果进行统计推断，其中最常用的卡方检验统计量是Person统计量。

两独立样本检验，是通过对两组独立样本进行分析，推断来自两个总体的中位数或分布是否存在显著性差异的方法。其中，独立样本即是在一个总体中随机抽样与在另一个总体中随机抽样没有影响的情况下获得的样本，如男性与女性公园使用者即是两组独立样本。SPSS中提供了多种两独立样本非参数检验方法，主要有Mann-Whitney检验，K-S检验，W-W检验和Moses极端反应检验。

Mann-Whitney检验用于检验两组独立样本所属的总体是否具有相同的分布，是T检验有效的非参数检验替代方法；K-S检验主要用于推测两组样本是否来自具有相同分布的总体，主要对于检验两个分布的中位数、离散、偏度等差异比较敏感。W-W检验主要用于推测两组样本是否来自具有相同分布的总体，对于检验两个分布的集中趋势、偏斜度和变化性等差异比较敏感。Moses极端反应检验主要用于检验两组独立样本的观察值散布范围是否具有差异，以推测两组样本是否来自具有相同分布的总体。具体的检验原理读者可自行查阅统计学工具书。

多独立样本检验，是通过对多组独立样本进行分析，推断来自多个总体的中位数或分布是否存在显著性差异的方法，如研究不同年龄段用户的满意度差异，即可使用多独立样本检验。SPSS中提供了多种多独立样本非参数检验方法，包括K-W检验，中位数检验，J-T检验。

K-W检验和J-T检验用于检验多个独立样本的总体分布是否存在显著性差异，以判断他们是否属于不同总体。一般来讲，对于连续型数据建议使用K-W检验，当数据为有序或分类数据时，J-T检验方法效能更佳。中位数检验主要通过多独立样本的中位数推测多组样本分布是否存在显著性差异。具体的检验方法选择和检验原理读者可自行查阅统计学工具书。

2) 操作过程与结果解读
卡方检验操作过程：

在SPSS中，其基本操作为：SPSS数据视图下，点击分析→非参数检验→旧对话框→卡方。将要检查的变量分别传入检验变量列表。点击选项，勾选描述点击确定。

以课题组对城市公园两组受访者对公园的满意度调研结果为例，在SPSS中进行卡方检验。结果如下：

表14-6a：正态性检验

	柯尔莫戈洛夫-斯米诺夫a			夏皮洛-威尔克		
	统计	自由度	显著性	统计	自由度	显著性
整体满意度	0.312	24	① 0	0.739	24	0

a里利氏显著性修正

表14-6b：卡方检验结果

	值	自由度	渐进显著性（双侧）
皮尔逊卡方	39.649a	24	0.023 ②
似然比	37.865	24	0.036
线性关联	0.157	1	0.692
有效个案数	435		

由表14-6a，正态性检验结果p<0.05，变量为正态分布；而后由表16-6b，Pearson卡方值为39.649，对应的显著性P值为0.023<0.05。说明两组受访者对公园的满意度是有差别的。

两独立样本非参数检验操作过程：

在SPSS中，其基本操作为：SPSS数据视图下，点击分析→非参数检验→旧对话框→两个独立样本。将变量"景观服务满意度"传入检验变量视窗，将"性别"传入分组变量。检验类型可根据研究需要进行选择，此处选择Mann-Whitney检验，点击确定。

以课题组对城市公园用户的景观服务满意度调研结果为例，在SPSS中进行两独立样本非参数检验，分析不同性别公园用户对公园景观服务满意度是否存在显著性差异。结果如下：

表14-6c：不同性别用户对景观服务满意度的两独立样本非参数检验结果

秩

	性别	个案数	秩平均值	秩的总和
生物多样性满意度	男	118	135.88	16033.50
	女	122	105.63	12886.50
	总计	240		
教育意义满意度	男	118	123.62	14587.50
	女	122	117.48	14332.50
	总计	240		

检验统计[a]

	生物多样性满意度	教育意义满意度
曼–惠特尼 U	5383.500	6829.500
威尔科克森 W	12886.500	14332.500
Z	−3.774	−0.717
渐近显著性（双尾）	0.000	0.473

a. 分组变量：性别。

    由表14–6c，不同性别的用户对生物多样性满意度的显著性水平小于0.05，不同性别的用户对教育意义满意度的显著性水平大于0.05。因而可知，不同性别的公园用户对生物多样性满意度具有显著性差异，对于教育意义的满意度不存在显著性差异。

多独立样本非参数检验操作过程：

    在SPSS中，其基本操作为：SPSS数据视图下，点击分析→非参数检验→旧对话框→K个独立样本。将变量"景观服务满意度"传入检验变量视窗，将"收入组别"传入分组变量。检验类型可根据研究需要进行选择，此处选择J–T检验，点击确定。

    以课题组对城市公园用户的景观服务满意度调研结果为例，在SPSS中进行多独立样本非参数检验，分析不同收入公园用户对公园景观服务满意度是否存在显著性差异。结果如下：

表 14–6d：不同收入用户对景观服务满意度的多独立样本非参数检验结果

约克海尔–塔帕斯特拉检验[a]

	娱乐休闲满意度	教育意义满意度
家庭年总收入 中的级别数	7	7
个案数	240	240
实测J–T统计	13619.000	13027.500
平均值J–T统计	12253.000	12253.000
J–T统计的标准差	558.751	586.532
标准J–T统计	2.445	1.320
渐近显著性（双尾）	0.014	0.187

a. 分组变量：家庭年总收入。

    由表14–6d，不同收入的用户对娱乐休闲满意度的显著性水平小于0.05，不同收入的用户对教育意义满意度的显著性水平大于0.05。因而可知，不同收入的公园用户对娱乐休闲满意度具有显著性差异，对于教育意义的满意度不存在显著性差异。

14.3.4 对应分析

1）方法介绍

对应分析基于对卡方统计量的分解与贡献，将二维或多维交叉表转换为相应的对应分析图，可以在一个低维度空间中描述各变量分类间的关系，并借助图形观察对应关系，其本质是展示同一变量的不同类别间的差异，以及不同类别变量各个类别之间的对应关系。对应分析适用于多分类变量（比如公园用户的生态系统服务IPA评价研究中，生态系统服务的评价有4类、用户类型有3类），对应分析省去了因子选择和因子轴旋转等复杂过程，将样本和变量的分类及对应关系直观的展示出来，是一种简单直观的多元统计分析方法。然而，对应分析无法进行具体关联的检验，也不能自动判断最佳维度数，且分析结果对极端值比较敏感，因而在实际使用中，应根据实际需要反复判断。

2）操作过程与结果解读

对应分析操作过程：

简单的对应分析在SPSS中的操作为：点击分析→降维→对应分析，将目标变量分别传入行、列，定义其范围。

当考察多个分类变量间的关联时，需要用到多重对应分析。基于最优尺度变换的多重对应分析在SPSS中，其基本操作为：SPSS数据视图下，点击分析→降维→最优标度，将相应的变量传入"分析变量"，在"图"切片中点击"变量"，将所有变量传入"联合类别图"。

以课题组对于不同用户群体与公园教育意义IPA评价结果之间的对应关系研究为例，研究前期分析确定了城市公园用户分为三种类型：

（1）"个人康健型"用户：以老年（65岁以上）、无同伴出行、高频短时（每周多次，每次2小时以内）、维护身心健康为主要特征；

（2）"社交休闲型"用户：以青年（25岁以下）、与好友结伴出行（亲戚朋友、同学同事）、低频中时（偶尔访问，每次2~4小时）、休闲聚会为主要特征；

（3）"家庭出游型"用户：以中年（25~65岁）、携家庭出行（伴侣、孩子、父母）、中频长时（每月1~2次，每次4~8小时）、增进家庭关系为主要特征。将三种用户类型与公园教育意义IPA评价结果进行对应分析，结果如图14-16所示：

由图14-16分析结果可知，"社交休闲型"用户更倾向于将教育意义服务评价为机会区和维持区；"家庭出游型"用户更倾向于将教育意义服务评价为改进区。个人康健型用户更倾向于将教育意义服务评价为优势区。

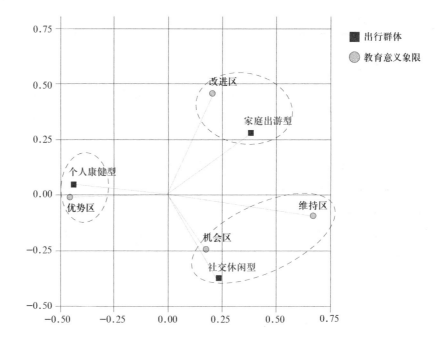

图14-16 对应分析示例
（付宏鹏 王璐 绘）

14.4 关系的常用分析方法

使用提示：

关系分析是研究变量之间关系的基础，常见的分析方法有相关性分析、回归分析和结构方程模型。

一般来说，所有数据类型均可以进行相关性分析。回归分析中，因变量是标度数据时，最好进行线性回归，因变量是名义或有序数据时，最好进行逻辑回归。而结构方程模型变量最好是标度数据和有序数据。

在描述变量分布的形态，分析变量的差异性，并将数据进行适当降维后，描述性统计的另一个重要任务是关系分析，以检查和描述变量之间的关系或影响。

关系分析是思考自变量彼此之间的相互影响，自变量与因变量之间的线性或非线性关系。常用的统计方法的分析方法有相关性分析、回归分析、因果回

图14-17 各关系分析方法的关系（付宏鹏 绘）

路图和结构方程模型（图4-17）。相关性分析是最基本的关系分析，而回归分析在此基础上将自变量和因变量的关系进行模型化，结构方程模型进一步将多重自变量和因变量的关系进行系统化展示（图14-18）。

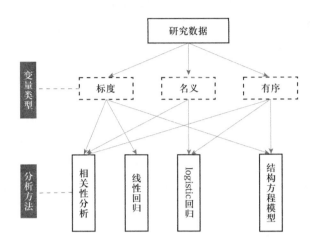

图14-18 各关系分析方法的适用性（徐敏、付宏鹏 绘）

方法选择上，所有数据类型均可以进行相关性分析。回归分析中，因变量是标度数据时，一般选择线性回归分析，因变量是名义或有序数据时，一般选择逻辑回归分析。而结构方程模型的因变量最好是标度数据或有序数据。

14.4.1 相关性分析

1) 方法介绍

相关性是两个或多个变量之间联系的最基本和最有用的衡量标准（图14-19）。相关性用一个称为相关系数（r）的数字表示，它提供了关于关系方向（正或负）和关系强度的信息（-1.0至+1.0）。此外，相关性测试还提供相关性是否具有统计意义的信息。在大多数情况下，各种相关性都是由所分析的变量类型（例如，分类的、连续的）决定的。关于相关性的方向，如果两个变量趋向于同一

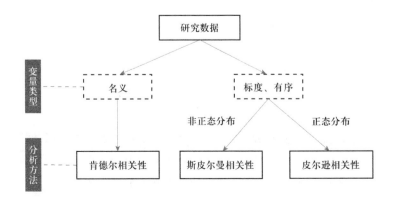

图14-19 各相关性分析方法适用性（付宏鹏 绘）

方向移动（例如身高和体重），则认为它们具有正相关或直接关系。或者，如果两个变量朝相反的方向移动（例如，吸烟量和肺活量），则它们被认为是负相关。

然而，相关性不等于因果关系。例如，如果研究人员发现吃冰淇淋与较高的溺水率相关（即与之正相关），但不能得出吃冰淇淋会导致溺水的结论。可能是另一个变量导致了较高的溺水率。例如，大多数人会在夏天吃冰淇淋，且大多数游泳发生在夏天。所以，溺水率的上升并不是因为吃了冰淇淋，而是因为在夏天游泳的人数增加了。

2）操作过程与结果解读

相关性分析操作过程：

在SPSS中，其基本操作为：SPSS数据视图下，点击分析→相关→双变量，将要检查的变量传入"变量"视窗，勾选"皮尔逊"（针对正态分布数据）、"斯皮尔曼"（针对非正态分布数据）。点击确定。

以课题组对生物多样性满意度与其他几项服务满意度的关系分析为例，表14-7给出了SPSS中相关性分析结果的解读示例（表14-7）。

表14-7：生物多样性满意度与其他几项服务满意度之间的相关性分析示例

		教育价值	精神体验	历史文化价值	社会关系
生物多样性	相关系数	0.637**	0.674**	0.09	0.164
	p 值	0	0	0.535	0.256

通过SPSS相关性分析，研究生物多样性满意度和其他四项景观服务满意度之间的相关关系。通过显著性水平与皮尔逊（Pearson）相关系数来判断是否具有相关关系以及相关关系的强弱情况。由上表可知，生物多样性与教育价值，精神体验两项服务满意度之间的显著性水平小于0.05，呈现出显著相关，相关系数值分别是0.637，0.674，均大于0，为正相关关系。同时，生物多样性与历史文化价值，社会关系两项服务满意度之间显著性水平大于0.05，说明生物多样性满意度这两项项服务满意度之间无相关关系。

14.4.2 回归分析

1）方法介绍

线性回归等价于函数拟合，即使用一条函数曲线使其很好的拟合已知函数且很好的预测未知数据。虽然回归分析与相关性均是分析变量之间的关联或关系，但是回归的主要目的是预测。例如，保险理算师可以根据一个人的当前年龄、体重、病史、吸烟史、婚姻状况和当前行为模式来预测或接近预测其寿命。回归分析有两种基本类型：简单回归和多元回归，简单回归一般用一个独立变量来预测因变量，多元回归中可以使用任意数量的自变量来预测因变量。

此外，研究自变量对于因变量的影响，如果因变量为定量数据则可以使用线性回归分析；如果因变量是名义/有序变量，此时则需要使用Logit（logistic）回归分析。Logit回归共分为三种，分别是二元Logit回归、多分类Logit回归，有序Logit回归（也称Oridinal回归），三个方法的区别在于因变量的数据类型。

然而，回归分析还是有以下几方面的限制：①不允许有多个因变量或输出变量；②中间变量不能包含在与预测因子一样的单一模型中；③预测因子假设为没有测量误差；④预测因子间的多重共线性会妨碍结果解释。然而，结构方程模型不受这些方面的限制（表14-8）。

表 14-8：逻辑回归分类

项	特征	举例	其他
二元logit回归	因变量为名义且选项仅2个	是否满意（满意用1表示，不满意用0表示）	因变量类别仅2个，且数字只能为1或0
多分类logit回归	因变量为名义且选项大于2个	公园偏好类别（历史公园、专项公园、综合公园）	类别通常较少，3~8之间
有序logit回归	因变量为有序且多于2项	公园满意度（不满意，比较满意，非常满意）	类别通常较少，3~8之间

2）操作过程与结果解读

线性回归操作过程：

在SPSS中，其基本操作为：SPSS数据视图下，点击分析→回归→线性，将因变量与自变量分别传入各自的视窗。点击确定。

在自变量共线性较高，或者存在强影响点的情况下，可以在"块"切片中，选择"方法"为"步进"。点击"统计"，勾选"共线性诊断""德宾—沃森"和"个案诊断"。点击确定，点击继续。

以课题组对北京城市公园满意度的影响机制研究为例，对自变量（生物多样性、娱乐休闲、社会关系和环境改善的满意度）及因变量（公园整体满意度）进行拟合，结果为：

$$Y = 0.338X_1 + 0.394X_2 + 0.359X_3 + 0.219X_4$$

其中Y是公园整体满意度得分，X_1到X_4是生物多样性、娱乐休闲、社会关系和环境改善的满意度。

表 14-9a：多元线性回归结果模型摘要

模型	R	R 方	调整后 R 方	标准估算的误差
1	0.473a	0.224	0.221	0.521
2	0.509b	0.259	0.253	0.510
3	0.545c	0.297	0.285	0.502
4	0.615d	0.378	0.365	0.499

表 14-9b：多元线性回归结果示例

Model	Unstandardized Coefficients		Standardized Coefficients	t	sig
	B	Std. Error	Beta		
常数	−1.528	0.762		−2.005	0.051
生物多样性	0.486	0.148	0.338	3.520	0.001
娱乐休闲	0.572	0.146	0.394	4.224	0.000
社会关系	0.274	0.069	0.359	3.962	0.000
环境改善	0.182	0.075	0.219	2.434	0.019

由表14-9a和表14-9b，模型拟合良好，$R^2 = 0.378$（调整后的$R^2 = 0.365$）。对公园整体满意度模型来讲（B值，即自变量系数），娱乐休闲的满意度在模型中最为重要，其次是社会关系、生物多样性和环境改善，均对于因变量公园整体满意度为正向的解释或预测关系，共同解释62.2%的变异量。

14.4.3 结构方程模型

1）方法介绍

结构方程模型（SEM）是综合运用回归分析、路径分析和验证性因子分析方法而发展而来的统计分析工具。该方法主要用于解释一个自变量或多个自变量与一个或多个因变量之间的关系，可认为是广义的一般线性模型。它允许研究人员同时检验一批回归方程。优点是可以同时处理多个因变量、允许自变量及因变量存在测量误差、允许潜在变量由多个因变量存在、构建变量之间的关系模型并评估拟合效果等优点（Bollen&Long，1993），在处理因变量以及复杂关系之中具有较明显的分析优势。结构方程模型最为显著的两个特点是：①评价多维的和相互关联的关系；②能够发现这些关系中没有察觉到的概念关系，而且能够在评价的过程中解释测量误差。

2）操作过程与结果解读

SPSS分析软件无法直接进行结构方程模型分析。推荐安装IBM AMOS，此处不对具体操作进行详细解释。案例供参考。

表 14-10：结构方程模型：公园用户满意度影响分解效应表

变量关系	直接效应	间接效应
景观要素感知→景观服务感知	0.820	0.000
景观要素感知→用户满意度	0.000	0.400
景观服务感知→用户满意度	0.490	0.000

　　以课题组对公园用户反馈的景观要素感知、景观服务感知及满意度三者的关系为例，通过构建结构方程模型，探究影响用户满意度的影响机制模型（图14-20）。由图表可知，景观要素可以通过影响景观服务间接影响到用户满意度。

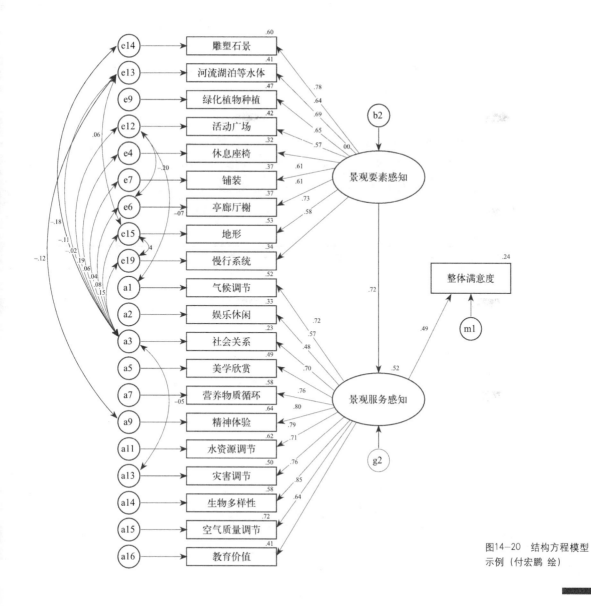

图14-20　结构方程模型示例（付宏鹏 绘）

14.5 空间分析

空间分析是针对地理空间现象进行的定量研究，利用计算机对空间数据进行运算和分析，获取所需要的信息。主要是考察空间位置、属性及空间上的拓扑关系。对于设计研究，GIS空间统计与分析是最主流的分析方法，计算景观格局指数是另外一种常用的空间分析方法。其中，对于栅格数据，两种空间分析方法均可进行，对于矢量数据一般只能通过GIS空间统计与分析。

14.5.1 景观格局指数

1）方法介绍

景观格局指数能够反映景观格局的相关信息，是景观生态学研究中广泛使用的定量研究方法。景观格局通常是指景观的空间结构特征，即由自然或人为形成的，一系列大小、形状各异，排列不同的景观镶嵌体在景观空间的排列。景观格局及其变化是自然和人为等多种过程在不同尺度上相互作用的结果，同时是一定区域内景观异质性的具体表现，对于区域的生态过程和边缘效应具有重要影响。空间斑块性是景观格局的最普遍形式，通过对不同尺度上的景观格局指数的特征研究，是揭示区域的生态环境状况及空间变异特征的重要手段，具体包括类型、形状、大小、数量和空间组合等指标（表14-11），关于各指标的详细生态学内涵，请参考相关文献理解。

表 14-11：Fragstats 景观指标列表

类别	名称	代号	应用尺度	单位
面积指标	斑块面积	AREA	斑块	ha
	斑块相似系数	LSIM	斑块	%
	斑块类型面积	CA	类型	ha
	斑块所占景观面积比例	%LAND	类型	%
	景观面积	TA	类型/景观	ha
	最大斑块占景观面积比例	LPI	类型/景观	%
密度指标	斑块数量	NP	类型/景观	#
	斑块密度	PD	类型/景观	#/100ha
	斑块平均大小	MPS	类型/景观	ha
	斑块面积方差	PSSD	类型/景观	ha
	板块面积均方差	PSCV	类型/景观	%

续表

类别	名称	代号	应用尺度	单位
边缘 指标	斑块周长	PERIM	斑块	m
	边缘对比度	EDCON	斑块	%
	总边缘长度	TE	类型/景观	m
	边缘密度	ED	类型/景观	m/ha
	对比度加权边缘密度	CWED	类型/景观	m/ha
	总边缘对比度	TECI	类型/景观	%
	平均边缘对比度	MECI	类型/景观	%
	面积加权平均边缘对比度	AWMECI	类型/景观	%
形状 指标	形状指标	SHAPE	斑块	
	分维数	FRACT	斑块	
	景观形状指标	LSI	类型/景观	
	平均形状	MSI	类型/景观	
	面积加权的平均形状指标	AWMSI	类型/景观	
	双对数分维数	DLFD	类型/景观	
	平均斑块分维数	MPFD	类型/景观	
	面积加权的平均斑块分形指标	AWMPFD	类型/景观	
核心 面积 指标	核心斑块面积	CORE	斑块	ha
	核心斑块数量	NCORE	斑块	#
	核心斑块面积比指标	CAI	斑块	%
	核心斑块占景观面积比	C%LAND	类型	%
	核心斑块总面积	TCA	类型/景观	Ha
	核心斑块数量	NCA	类型/景观	#
	核心斑块密度	CAD	类型/景观	/100ha
	平均核心斑块面积	MCA1	类型/景观	ha
	核心斑块面积方差	CASD1	类型/景观	ha
	核心斑块面积均方差	CACV1	类型/景观	%
	独立核心斑块平均面积	MCA2	类型/景观	ha
	核心斑块面积方差	CASD2	类型/景观	ha
	核心斑块面积均方差	CACV2	类型/景观	%
	总核心斑块指标	TCAI	类型/景观	%
	平均核心斑块指标	MCAI	类型/景观	%

续表

类别	名称	代号	应用尺度	单位
邻近度指标	最近邻距离	NEAR	斑块	m
	邻近指标	PROXIM	斑块	
	平均最近距离	MNN	类型/景观	m
	最近邻距离方差	NNSD	类型/景观	m
	最近邻距离标准差	NNCV	类型/景观	
	平均邻近度指标	MPI	类型/景观	%
	香浓多样性指标	SHDI	景观	
	Simpson多样性指标	SIDI	景观	
	修正Simpson多样性指标	MSIDI	景观	
	斑块多度（景观丰度）	PR	景观	#
	斑块多度密度	PRD	景观	#/100ha
	相对斑块多度	RPR	景观	%
	香浓均匀度指标	SHEI	景观	
	Simpson均匀度指标	SIEI	景观	
	修正Simpson均匀度指标	MSIEI	景观	
	散布与并列指标	IJJ	类型/景观	%
聚散性	蔓延度指标	CONTAG	景观	%

2）操作过程与结果解读

景观格局指数（Fragment Statistic）是一款为揭示分类图的分布格局而设计的、计算多种景观指数的桌面软件程序。通过Fragstats计算的景观指数共分path、class、landscape三个尺度，分别对应不同的指数和不同的生态学意义。Fragstats提供的景观指标包含面积指标、密度大小及差异、边缘指标、核心面积指标、邻近度指标、多样性指标、聚散性指标等（见表14-11），此处不对具体操作进行详细解释。案例供参考。

以课题组基于景观格局指数的中国县域土地利用特征评价研究为例，研究利用中国向联合国提供的首个全球地理信息公共产品，即30m精度的全球范围土地利用数据，提取中国国土范围内县域尺度的土地利用tif格式的栅格影像数据，计算县域土地利用的景观格局指数，从class和landscape两个尺度，对县域空间的土地利用进行空间结构上的量化分析，结果如图14-21。

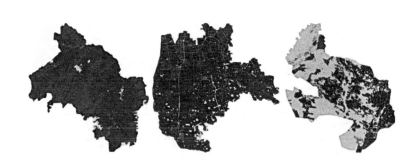

图14-21　景观格局指数
计算准备栅格影像示例
（王璐 绘）

课题组根据文献综述筛选了29个landscape尺度的景观格局指数以及16个class尺度的指标，这些景观格局指数各自描述了土地利用空间格局的面积、形状、大小、多样性、密度等多个方面的性质，而后通过Fragstats 4.2中进行景观格局指数计算，整理后得到的县域空间景观格局指数如下图，以北京市为例（图14–22）：

景观格局指数

区名称	LID（文件所在位置）	TA	NP	LPI	……	SIEI	MEISI	AI
北京市昌平区		134269.92	10029	37.8776		0.8371	0.5776	91.4864
北京市密云区		222210	20814	15.8461		0.7494	0.4674	90.3148
北京市平谷区		94657.86	10280	16.4167		0.8397	0.6011	89.1673
北京市石景山区		8424.54	618	14.5461		0.8418	0.6154	88.3328
北京市顺义区		100836.63	3017	11.0475		0.825	0.5782	93.6628
北京市通州区		90346.5	3778	14.1915		0.8262	0.5799	91.5273
北京市西城区		5031.9	744	26.117		0.7902	0.5516	80.1257
北京市延庆区		199584.99	17032	39.5099		0.6689	0.3822	92.4609
……								

计算单元名称

图14–22　景观格局指数计算结果示例（王璐 绘）

14.5.2　GIS空间统计与分析

1）方法介绍

地理信息系统（Geographic Information System，GIS）是以地理空间数据库为基础，采用地理模型分析方法，适时提供多种空间的和动态的地理信息，为地理研究和地理决策服务的计算机技术系统。例如，在生态安全格局评价工作中，可将地理信息与降水、地质灾害、生物、文化遗产、游憩资源等要素的分析数据结合，利用GIS软件的空间分析，对区域的各个单一景观过程的生态问题进行客观、全面的评价，判别维护上述各种过程安全的关键性景观安全格局，同时通过叠加分析构建具有不同安全水平的综合生态安全格局，形成保障区域生态安全的生态基础设施等[1]。

2）操作过程与结果解读

常用的空间分析方法分为常规统计分析、空间关系分析以及模型构建三部分。表14–12给出ArcGIS空间分析工具箱中，常用的各空间分析工具所属的分析类别及作用，供读者认知理解。如需详细理解，请参考ArcGIS工具书，案例供参考。

[1]　俞孔坚，王思思，李迪华，李春波. 北京市生态安全格局及城市增长预景[J]. 生态学报，2009，29（03）：1189.

表 14-12：ArcGIS 分析工具

分析类别	空间分析工具	使用说明
常规统计分析	平均中心	识别一组要素的地理中心（或密度中心）
	方向分布（标准差椭圆）	汇总地理要素的空间特征：中心趋势、离散和方向趋势
	标准距离	测量要素在几何平均中心周围的集中或分散程度
	中位数中心	识别使数据集中要素之间的总欧氏距离达到最小的位置点
	平均最近邻	根据每个要素与其最近邻要素之间的平均距离计算其最近邻指数
关系分析	空间自相关（全局Moran I）	根据要素位置和属性值使用 Global Moran's I 统计量测量空间自相关性。可从结果窗口获取此工具的结果（包括可选报表文件）。如果禁用了后台处理，结果也将被写入进度对话框
	聚类和异常值分析（Anselin Local Moran I）	给定一组加权要素，使用聚类和异常值分析统计量来识别具有统计显著性的热点、冷点和空间异常值
	热点分析（Getis-Ord Gi）	给定一组加权要素，使用热点分析统计识别具有统计显著性的热点和冷点
	多距离空间聚类分析	确定要素（或与要素相关联的值）是否显示某一距离范围内具有统计显著性的聚类或离散
模型构建	地理加权回归	用于建模空间变化关系的线性回归的局部形式
	普通最小二乘法	全局"普通最小二乘法（OLS）"线性回归可生成预测，也可为一个因变量针对它与一组解释变量关系建模
	生成空间权重矩阵	构建一个空间权重矩阵（.swm）文件，以表示数据集中各要素间的空间关系
	生成网络空间权重	使用网络数据集构建一个空间权重矩阵文件（.swm），从而在基础网络结构方面定义要素空间关系

以课题组基于景观格局指数的中国县域土地利用特征评价研究为例，在经过县域土地利用空间上景观格局指数的计算后，研究在ArcGIS中，通过空间自相关工具，判断不同土地利用模式的景观格局特征差异，并以此为基础研究中国国土空间上呈现出的土地利用分布特征与空间差异。

空间自相关分析结果显示如图14-23所示，$p < 0.1$，且Moran I 指数等于0.444520，即对于景观斑块面积指数来说，全国在县域尺度上呈现空间正相关表征，倾向于发生空间聚类现象。一般在实际的分析研究中，除全局莫兰指数外，局域莫兰指数也同样需要计算。

之后研究结合聚类目的和变量类型，对具有不同景观格局指数的县域土地利用进行聚类分析，并将得到的结果返回ArcGIS中进行可视化呈现（见图14-24），最终得到四类具有不同土地利用特征的县域空间聚类群，这四类空间分别在土地的斑块数量、大小、土地破碎度、相似度等景观格局指数层面具有不同的特征。

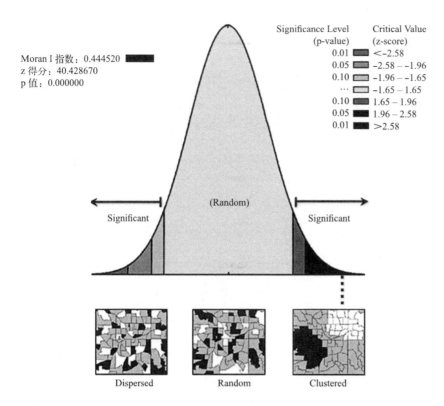

Moran I 指数：0.444520
z 得分：40.428670
p 值：0.000000

图14-23 空间自相关
（莫兰指数计算）示例
（王璐 绘）

总方差解释

成分	初始特征值			提取载荷平方和		
	总计	方差百分比	累积%	总计	方差百分比	累积%
1	5.84	34.351	34.351	5.84	34.351	34.351
2	4.312	25.363	59.714	4.312	25.363	59.714
3	1.738	10.221	69.935	1.738	10.221	69.935
4	1.131	6.654	76.589	1.131	6.654	76.589

成分矩阵a

	1	2	3	4
TA	0.415	0.536	0.579	−0.268
NP	0.07	0.836	0.234	−0.025
PD	−0.669	0.437	−0.212	−0.212
LPI	0.828	−0.001	−0.223	−0.086
ED	−0.791	0.434	−0.28	0.001
LSI	−0.191	0.877	−0.129	0.147
SHAPE_MN	0.09	−0.528	−0.227	−0.251
PAFRAC	−0.316	0.71	−0.26	0.078
PROX_MN	0.455	0.43	0.51	−0.394
CONTAG	0.9	0.113	−0.184	0.087
IJI	−0.43	−0.487	0.418	−0.045
COHESION	0.737	0.18	−0.167	0.39
SPLIT	−0.72	−0.002	0.271	−0.091
PR	−0.128	0.096	0.418	0.748
SHDI	−0.806	−0.227	0.425	0.157
AI	0.808	−0.445	0.306	0.081
AREA_CV	0.422	0.818	0.139	0.008

提取方法：主成分分析法
a. 提取了4个成分。

图14-24 聚类分析与可
视化结果示例（王璐 绘）

第15章

典型研究流程与文章写作

前面几个章节分别介绍了研究过程中各个不同的步骤以及技术方法，为让读者进一步理解如何在研究流程中，使用这些不同的步骤与方法，本章将前面的9～14章节串联起来，重点介绍型研究的全流程，以及每个过程在什么情况下会使用哪一个具体的章节。特此说明，这里所介绍的典型流程更偏向于科学研究的思路，而不是默会式的总结。科学研究的逻辑性，可以分解可以整合，而默会式的研究更依赖于自身的经验以及能力。虽然所有的研究可能都需要一定的经验来加以辅助，但自身经验相对而言难以概括并学习，本章这里介绍的是更能推广的科学研究思路，即设计实证研究的思路。

本书仅仅呈现出一些有用的方法与途径，以辅助设计研究者发现并制定出合适的研究路径。然而任何一本书籍都不能提供涵盖所有可能的研究秘籍，任何标准的流程与方法都可能扭曲设计研究的复杂性特点，而真正的研究应该根据特定的情形以及问题制定具体的研究过程，并仔细思考选择某一方法与过程的理由。希望本书中的材料有助于启发和充实研究者在研究过程中的各种判断与决策过程。

15.1 设计实证研究的流程

设计实证研究的流程大致上可以分为8个环节，本章这里简单概述各个流程，以及流程中的注意事项。不同流程之间的关系及注意事项见图15-1。

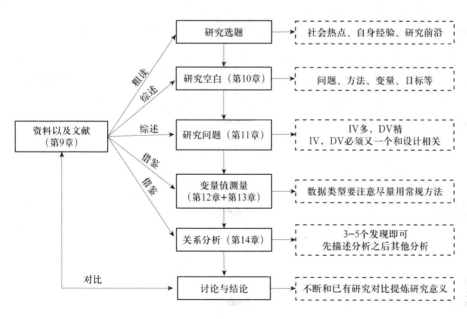

图15-1 研究流程及注意事项（揭华 绘）

1）明确研究选题

研究选题即选择科研领域，明确研究的大方向，确立研究论题。选定论题意义至关重要，它关系到能否完成研究任务。如果论题过大，可能会因变量以及影响因素太多而难以完成；如果论题过小过窄，研究意义可能无法得到保障。

研究选题的出发点很多，最简单的方法是直击社会热点，或者是生活中以及实践经历中的一些现象，这样的研究方向比较直接，实践以及现实意义比较突出。此处可以结合研究领域中最新出现的现象、概念、方法以及一些已有的结论确定研究方向。如果自己没有明确想法，建议初步浏览第九章介绍的各种网站，特别是设计案例以及竞赛类的网站，选择比较能够吸引自己的设计与研究，确定大致的选题。

结合初步选题，研究需要通过文献数据库检索，以了解相关方向的进展，为后续研究打下基础。建议这时候要开始直接搜索"知网"以及"web of science"的一些相关文献（第9章），初步了解在研究大方向上现状有的研究进展。初步了解的过程可以只看中英文文章的题目，以及局部的摘要，了解大体情况即可。并结合已有的研究以及研究思路，进一步缩小范围确定研究问题。

初步确定研究问题之后，最好能够进行详细的文献综述，特别是系统综述（第10章），以了解研究问题的相关历史发展和现状，揭示其影响因素、发展趋势和规律，并预测未来。文献综述需要以"广泛阅读相关领域"的文献为基础。一般来说，对于常规课题，要精读至少30篇相关文献，对于新兴的课题，要全部精读。也就是说，研究者首先成为"有相关领域足够知识"的人。

2）识别研究空白

文献综述最核心的一点是提炼研究空白。研究空白或文献空白指的是尚未被探索，或正在探索阶段，有进一步研究余地的领域、关系或是方法等。研究空白要提前发现，否则在研究开展完毕后，却发现同行早已发表类似的研究，自己的研究将失去价值。若是能提前找出研究空白，人力物力财力就会得到更高效的利用，研究成果也更有意义。

3）确定研究问题

从大方向选题中选择一个可做的研究问题，这一过程主要在第11章介绍。需要不断问自己四个问题，就能一步步确立可操作的研究问题。开展这一过程的同时要结合文献检索，以大致了解进展与前沿选题。这里再一次强调，自变量可以尽量多，特别是其他研究已经发现比较重要的自变量，一定不能少。而因变量则需要少而精。一个研究如果需要多个因变量，尽量把一个大研究变成几个小研究，逐一突破。

需要强调的是，作为设计研究，IV和DV中必须有一个和设计密切相关，如果没有一个和设计有关，那这个研究方向可能就是进入了其他领域的基础研究，可能就不需要设计研究者单独对其开展探索。

4）自变量和因变量的测量

自变量与因变量设定之后，研究就要开始有目的地收集数据。常规的数据获取方法在第12章里有概述性的介绍，而如何将"变量"变成"变量值"的测量过程主要在第13章，这里把核心的提示再重复一遍。建议首先参考相关文献，借用已有常规的测量途径与方法，不要"闭门造车"。同时要根据情况首先选用高层次的标度数据，最后再选择名义数据，因为高层次数据可以轻易转化成低层次数据，而反之则不行。有序数据要注意用奇数类别，避免用偶数。

5）关系分析与结果提炼

变量之间的关系分析主要见第14章。在众多的分析中，本书建议一般是首先分别对因变量以及自变量进行描述性分析，之后再根据需要进行其他复杂一些的分析，包括差异分析、关系分析等。如何结合数据和研究目的选择分析方法以及不同方法的具体操作流程本书有粗略介绍，但更多情况是需要读者进一步参考相关文献，进一步学习相关操作。

各种关系分析之后，要提炼3～5个核心结果即可，不用面面俱到。这几个结果直接针对前面的研究问题在文章写作时一般要求把一个大的研究问题再次分解为三个小的研究问题，这样研究发现直接和小的研究问题一一对应即可。如果某一个研究的结果很多，可以分解为多篇文章。不要在一篇文章里阐述过多内容。

各种复杂的统计分析以及模型模拟过程本书并没有详细展开，因为笔者认为，设计研究的起步以及核心，并不是特别复杂的分析过程与模型，初步的分类以及简单的数理统计就能够提炼设计实践里存在的各种经验，进而给予实践项目足够多的指导。

6）讨论与结论

讨论的目的是表达研究的意义与价值。不要在讨论中重申引言部分已经提及的观点，或重复结果部分的数据发现。讨论需要重点阐释研究发现的意义，重要性。讨论可以告诉读者研究者从研究中所获取的主要有趣信息以及结论，这些新知识会如何推动其所在领域的进步，并面向未来，建议读者利用这些发现在某些方面做进一步的探索。

提炼应用价值，这是我们专业的强项，也是设计研究一定要有的内容。如果一个研究没有明确的应用意义，那这个研究极有可能已经进入到其他领域的基础研究，不再是设计人员的强项。设计研究一定要有明确而清晰的应用建议提炼。

讨论中的文献要精选，不要列出一连串读过的文献，只需引用那些与主体研究形成对比的文献，比如那些内容相似或是完全不同的研究发现。同时所有的文献都要与前面的研究问题密切相关。不断与之前的研究进行对比，是讨论的要义。

讨论或是结论中很重要一部分内容就是，谦卑地表达该研究的局限性。这个局限性可以是直接对研究不足的归纳，也可以是面向未来的研究设想。但要小心不要让局限全部推翻已有的研究，同时也要注意不要给出任何超出了数据实际上所能支持的结论。结论要简单、简洁、明确，而不要带有推测性。结论部分要表现得谦逊，但又能突显出研究意义。

讨论与结论是研究者为读者提炼归纳研究重要信息的地方。一个好的讨论与结论部分可以推动交流的进行，提出新的解释，指出新的假设，传达了一个愿景，并且拓展所有读者的思维领域。努力使用尽可能少的文字，创作一个合理、有逻辑的故事。

7) 资料以及文献

资源与文献是基础中的基础，基本上和后续研究的每一步都密切相关。我们需要学会在不同的研究节点，巧妙地使用已有的文献以及资料。例如在确定大方向以及选题的时候，只需要粗略地阅读资料以及文献即可。而在寻找研究空白以及研究问题的时候，则需要进行精读、甚至是系统的文献综述，否则完全无法找出问题所在。而变量测量以及分析阶段则需要不断借鉴已有文献，深度学习各种技术与方法。而到了讨论与结论阶段，则又一次需要深层次地理解现有资料以及文献，因为讨论需在和已有文献进行深入对比的基础上，进行自身研究价值与意义的提炼。站在已有资料的基础上做研究，是所有研究的根本所在。

15.2　创新点提炼与研究意义

讨论与结论是写作的难点，而这当中最重要的，则是对于研究创新点以及研究意义的提炼。因而本书在这里单独进行强调。

15.2.1　如何寻找创新点

创新点的发现首先依赖于系统综述，因为综述有助于研究者在研究之初就明确一定的研究空白以及自己研究的创新性。这个目标说起来简单，做起来并不容易。找出兼具原创性和创新性的研究空白可能会面临许多挑战，比如需要处理大量信息，特别是新兴领域尚存诸多空白，或者是某一选题存在大量文献以至于多到让研究人员无从下手。同时，研究新手还可能会怯于挑战现有研究成果，举棋不定，犹豫不前。因而，本章建议大家首先应该像哥伦比亚大学经济学教授 Don Davis所说得一样："阅读你所研究领域的论著，承认这些文献做出的贡献，但不要因此感到畏惧，而要敢于质疑一切。"以此为基础，常用的识别研究空白以及创新点的方法包括但不限于以下方面：

（1）进行系统文献分析和评论，了解研究主题近5~10年来的研究进展和趋势。

（2）强化与同行交流，关注同行对该主题的研究进展及思路，并善于发现自己与对方的不同。

（3）向导师求助，探讨、理清自己的想法，这有助于确定研究领域，甚至找出研究方法中的错误。

（4）使用数字工具搜索热门话题或被引用最多的研究论文。

（5）查看高影响力期刊的网站，关注高引作者动态。

（6）文献阅读笔记。长期记录自己在阅读过程中的所感所想，可以使用表格、图表、图片或文献管理工具来进行记录。

15.2.2　创新点在哪里？

创新是对认识对象或实践对象的本质、规律和发展变化的趋势做出新的揭示和新的预见，或新的理性升华。原则上来说，研究流程的每一步会有创新点。但这并不意味着一个研究要从前到后，每一步都有创新。任何一个研究，特别是一篇文章，至少在一个点上有创新之处。

新问题：一个新的研究问题是典型的创新点。随着时间的变化和技术的革新，众多领域将会出现新的情况或现象，研究者可对其进行分析和探究，提出新的问题，并挖掘其内在发展的模式和机理。

新变量：对于既有的研究问题进行更加深入的变量选取和分析，加入新的自变量或是因变量，也可作为创新点。比如已有的研究发现人群的年龄对于景观偏好有影响，而另外一个研究把人群生活环境加入，变成一个新的自变量并发现其对景观偏好有影响，那这个新加入的自变量就是创新。

新场景：在新的场景之下探索自变量以及因变量之间的关系是创新。比如，针对自变量和因变量关系在不同尺度展开研究，并进行对比也是创新的一种，对比可以证明在不同的地方，因变量（DV）与自变量（IV）的特殊性或普适性。

新方法：还有一部分研究，着重于寻找研究方法的创新。一是尝试用新的方法对自变量或是因变量进行测量。但是大部分创新都是在寻找IV，或者探索新IV对DV的影响，也可能是发现IV与DV的新关系。二是尝试用新的方法来理解自变量和因变量之间的关系。研究方法的创新对于完善学科发展以及精确认知事物的规律具有重要作用。尤其是在设计研究中，与人相关的变量较多，缜密的研究方法能保证研究的有效性、全面性以及深入挖掘事物发生发展的规律。

新关系：当研究发现了变量之间新的关系，也可作为创新点。因为新关系能够拓展我们的认知，重新理解变量间的规律。

15.2.3 常规研究意义表达

研究意义（图15-2）通常可从三个方面进行论述：理论意义、方法意义以及实践意义。

理论意义：研究可以对现存的理论提出了新的证据，证明以前某个理论或者关系的论证是有问题的；或提出新的理论；或是为某一个具有极强争论性的理论提供了新的解释。在描述时，可以指明比前人同类命题增加了什么内容，有什么新见，与同时代相比，有什么突破之处，在某个理论体系中起了什么作用，对后续理论发展又有什么启示。

方法意义：是在方法以及技术途径方面的创新点，特别是用新的方法对自变量或是因变量进行测量，或用新的方法来理解自变量和因变量之间的关系。

实践意义：是对现实问题的贡献。例如有助于克服某种困难、有助于解决某个问题，有助于把某个场地做得更好等。对设计而言，最为核心的就是研究指导，能在不同的设计流程中起到应有的作用，就是研究的实践意义。实践意义一般是依据最后关系的创新点得到的，是创新性发现在实践应用上的价值提炼。

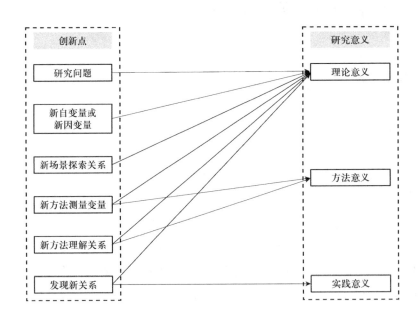

图15-2 设计创新点所在以及对应的研究意义
（揭华 绘）

15.3　文章写作结构

15.3.1　研究文章要点模板

不少写文章和研究报告的新手常常会丢三落四，做了这个部分忘了那个部分，使得不同部分之间的关系以及研究的整体架构并不能清晰地梳理与展示。因此，本书提供了一个简单的表格（表15-1），供读者借鉴参考。绝大多数实证方面的研究，只要能把表格填好，做好每一步，该研究就基本不会有太大的问题。

与此同时，为了帮助读者进一步理解如何填写该表格，本书用一篇文章为例详细展示（表15-2）。这个表格可以用来做一篇文章，也可以用来做一篇论文。但是，如果一篇论文的内容较多，建议读者将其分成不同的部分以及不同的表格，来分别进行阐述。本表格整体而言，更适用于一篇文章的研究体量，但整体思路亦适用于论文。

表 15-1：研究要点模板

研究题目							
研究背景	1. 2. 3.						
研究GAP	1. 2.						
研究问题	1. 2. 3.						
明确变量	自变量					因变量	
	IV01	IV02	IV03	IV04	IV05	DV01	DV02
测量单位							
测量过程							
分析方法：各自分析							
分析方法：关系分析							
主要发现	1. 2. 3.						
研究讨论	1. 2. 3.						
研究意义	理论意义		方法意义			实践意义	

表 15-2：研究要点模板使用案例

Title	生态贵族化以及谁能从城市绿色设施中获益：纽约的高架线区域为例[1]（topic：城市绿地公平问题）		
研究背景	● 纽约的高度城市化和人口密度，以及豪华设施的发展，如修剪整齐的绿地，导致了住房选择差异，从而在空间上生成了贫富悬殊的区域。 ● 城市地区生态贵族化趋势加剧		
研究GAP	没有文献研究密集城市绿地的引入与住宅价值之间的关系，也没有城市绿地垂直梯度溢价的研究		
研究问题	1. 对高架线区域的总体效益进行评估； 2. 绿地住房溢价与生态绅士化的关系； 3. 估计住宅溢价在垂直方向上是如何变化的		
核心概念	自变量		因变量
测量因子	距离（地块距离high line的距离）；地块年龄；建筑高度；地块面积		住宅销售价格
测量单位	米，年，是否，平方英尺		美元
测量过程	地块记录通过德克萨斯A&M的地理编码服务进行处理，以获得每次观测的地理坐标		从NYC.gov获取了2003年至2018年的住宅地块销售数据；
分析方法：各自分析	1. 计算每个地块到高架线的距离。 2. <80米的地块设为"相邻"，80至160米为"接近"，160至800米之间的地块为对照组。 3. 高架线开放路段post1，post2，post3		1. 远离高架线0.5英里以上的销售记录被取消，因为这些地块很可能会受到其他便利设施的影响。删除高线开放之前或之后3年以上的销售记录，以减轻不可比拟的数十年前销售所产生的潜在偏差。 2. 排除了公寓楼层值大于50的观察值，以减少因异常值而产生偏差的可能性
分析方法：关系分析	三重差分模型		
主要发现	1. 与新建绿地直接相邻的业主获得最大的收益。高架线区域的开放显著增加了切尔西社区的房屋价值。 2. 陡峭的变化：以80米为界限，随着距离设施的增加，溢价急剧下降；即，"接近"不会产生溢价，"临近"会产生溢价。 3. 逐渐的变化：高架线区域开放后，随着开放年限的增加，溢价程度逐渐减弱。 4. 垂直的溢价：相对于低层建筑，中层建筑因能否看到绿地而溢价显著。高层没有显著变化		
研究讨论	从公平的角度来看，高架线区域建设项目很可能是一个不成功的项目，因为它强化了生态贵族化趋势。城市绿化举措带来的生活质量改善应该由社区的现有居民来享受，而不是迎合富裕家庭（通常是白人家庭）的进入。忽视这一目标会导致过度的生态贵族化，这是一个意想不到的结果。 "just Green Space"的理论侧重于清洁，拒绝高端住宅和商业开发。事实是，这些绿色项目最终变成了高端住宅和商业项目的牺牲品。 【建议】：城市绿化是一把双刃剑，决策者必须慎用。一方面，政策制定者应关注楼层高度带来的差别溢价。另一方面，为现有的开放空间建设少一些的绿地，以减少房价的增长，从而缓和生态贵族化进程。相关的规划师应关注"扩建"而不是"新建"绿地		
研究意义	理论意义	方法意义	实践意义
	生态绅士化	不是重点	如何从公平的角度进行城市绿化

[1] Black K J, Richards M. Eco-gentrification and who benefits from urban green amenities: NYC's high Line[J]. Landscape and Urban Planning, 2020, 204: 103900.

15.3.2 不同部分的写作注意事项

一篇文章整体而言，大多由以下8个部分构成：中英文摘要、关键词、引言、方法、研究结果、讨论、结论以及参考文献。为方便写作，本书这里简要罗列一些各个部分的注意事项，仅供参考（表15-3）。

表 15-3：文章写作注意事项清单

1）中英文摘要
- 是文章的简化与提炼，需注意控制字数。部分期刊有明确的摘要内容与格式要求。
- 一般要涵盖以下几方面内容的概括：研究背景、研究目标、研究方法、研究结果，研究结论。
- 一般要在最后明确研究意义。

2）关键词
- 3~5个即可。
- 题目里出现的词不再需要出现在关键词里。
- 要有1~2个宽泛的词，涵盖研究聚焦的领域。

3）引言
- 一定要总结和归纳相关国际前沿和进展。
- 要有详细的研究背景以及相关文献综述。
- 一定清楚指出研究空白！
- 一定清楚阐述研究目的和研究意义。
- 一定要有主要研究问题，建议有三个研究问题。

4）方法
- 针对每一个研究问题，逐一阐述研究的具体技术方法与步骤。
- 最好画出研究框架图，帮助读者快速清晰研究机构。
- 既要概括自变量和因变量的测量方法，又要详细说明变量以及变量之间关系的分析方法。
- 注意：这部分不是研究方法的文献综述，而是使用这些方法解决科学问题的过程。

5）研究结果
- 研究结果的小标题要具有总结性，是对前期研究的回答。
- 结果一般要归纳成2-4个主要的发现。若非常多发现可将文章拆分为多篇。
- 每一段话的第一句一定要是概括性的发现！不要直接进行数据描述。每一段话的最后一句最好重复一下发现。
- 在行文组织方面，需写成完整文案，而不是如PPT一般罗列要点。

6）讨论
- 讨论要结合研究发现，针对研究问题进行深入探讨与评价。
- 需要陈述本研究与之前的研究发现有什么相同以及不同。
- 需要指出研究的不足之处。

7）结论
- 是研究意义的提升，不是结果的简单罗列！记得从理论、方法以及实践应用上提炼研究的价值。
- 需要展望相关研究的未来。

8）参考文献
- 严格按照所选期刊的要求修改，每个期刊的要求可能不同。
- 具体格式与要求参照第9章。

9）其他规范性要求
- 选定一个想要发表的期刊，按照该期刊所要求的格式排版。
- 引用目标期刊中已发表的文章，引用力度适当，尽量避免完全不引用的情况。
- 语言要正式、规范、合理，不要口语化。
- 图表要清晰规范，能自我解释，重点参考目标期刊内的图表

后 记

本书的写作得到北大建筑与景观设计学院老师们以及历届学生们的大力支持，在此表示感谢。特别是2020级正在上课的同学，课堂上讨论的内容很多成为本书的素材以及进一步修改的灵感来源，再次对他们一一表示感谢：宁静、朱伟望、黄志彬、杨一鸣、李博、魏姗姗、樊思恺、姜天姿、巩睿婷、王玮、黄可、王锡尊、卞辰龙、蔡茂、唐金潼、白勋、曹婉钰、陈画竿、牛源、徐琨璟、郑莉茵、叶涛。

同时要特别致谢我的硕士生们以及博士后，你们都积极主动地参与到本教材的编校工作中。其中徐敏和付宏鹏负责了难度系数最大的数据分析（14章），黄丽云帮忙统筹校正了第3，4，5，6，8章的内容；揭华、王璐帮助统筹了第2、3、7章的内容；付宏鹏帮忙统筹了第10章的内容；尚珍宇帮忙调整了第9章的内容。特别感谢王璐同学，帮忙把很多章节的图示重新绘制，提升图片质量。同时简钰清、张禹锡、康佳、詹昂铄等也都帮助阅稿校对，再次致谢！

本书涉及的内容极多，难免有错漏不足之处。然而"一个不犯错误的人必然没有任何作为（A man who never made a mistake never made anything）"。本书即将正式出版，但笔者却不敢保证没有错漏。设计研究本就是一个前沿与尝试性的探索，很多内容都是笔者近几年在教学以及研究中逐渐形成的想法与思路。敬请读者朋友们批评指正，笔者一定会后续不断改进更新。